JN288816

新版
河川工学

高橋　裕 著

東京大学出版会

River Engineering New Edition

Yutaka TAKAHASI
University of Tokyo Press, 2008
ISBN978-4-13-062817-4

序文

　大学で河川工学を学ぶのは，学生諸君が技術者的観点から川を見る眼を養うためである．さらに学生諸君が川に興味を持ち，川を見るのが楽しみになることを期待する．学生時代に川への眼識のほんの一端でも会得し，川と付き合うのが面白くなれば，卒業後は年々経験を積むことによって，河川技術者としての資質は高まっていくに違いない．重要なことは，それらが河川工学の目的や特性に鑑みて，どういう意味と役割を持っているかを知ることである．

　本書は，1990年3月に刊行した『河川工学』（以下，旧版）の新版である．旧版は大学の学部教科書としては少々大部であるが，幸いにして2006年までに13版を重ね，1992年には土木学会出版文化賞を授与された．しかし，初版以来すでに18年，その間の日本の河川をめぐる社会情勢，技術や行政の変化は著しく，河川技術者の役割も拡大してきた．初版当時，河川景観，生物，住民との協調などにも少々触れ，新鮮なつもりであったが，もはやこのままでは現代の"河川工学"としてはいかにも古くなってしまった．

　本書の構成を，新版に際しての追加を加えて以下に紹介する．

　河川工学の目的は第1章に述べてあるように，河川という自然を通して，自然と人間との共存のための技術を探索することである．換言すれば，河川への社会的ニーズに応ずる技術のあり方と方法，それを受けた河川の応答という，河川と人間の絶えることのない対話の追求である．

　第2章と第3章には，それぞれ河川の調査，河川現象の解析について，河川水文学や河川水理学など，現在の自然科学的手法に基づく具体的手法やその考え方などが解説されており，河川工学のいわば自然科学的基礎事項といえる．それらの手法は決して万能ではなく，限界があることも承知しておきたい．それを埋めるのが今後の河川工学の課題である．第4章と第5章は，それぞれ治水，水資源の開発と保全，という河川に対する現実の技術的行使に関する基礎事項の解説である．

　第6章の河川環境は新版において新たに加えた．旧版の河川景観，生物と河川を最新資料を加え充実加筆するとともに，河川環境保全に関する基本的考え方を提示した．森林と渓流環境，河川再生についても若干触れている．

第7章は，河川事業において建設される河川構造物についての一般的解説，設計の考え方，もしくは完成した構造物の見方など，河川工学の具体的成果の核心をなす部分である．

　第8章は流域における河川と題し，河川をより広く流域という観点から眺めることの必要性を述べる．具体的には流域管理と，森林の役割についての考え方である．

　第9章住民と河川においては，河川事業の究極の目的は，住民の安全と福祉向上であり，ひいては豊かな河川文化を築くという観点から，その課題についての序論を紹介した．

　付録1として，「日本の河川の特性」を加えたのは，河川は世界のそれぞれの地域によって，自然的ならびに社会特性および技術が著しく異なるので，まず日本の河川特性を十分に知る必要があるからである．本書は，全般に日本の河川を対象に叙述されているので，その特性を知ることが，外国の河川の特性や技術を知る大前提だからである．付録2に河川年表を加えたのは，第4章でも強調した治水史の重要性に鑑み，いままで日本の河川が辿ってきたおおよその経緯を知るためのメモである．付録3文献解題の冒頭に河川工学書の系譜を述べ，河川に関する学術書や一般向図書を列記したのは，これらの書によって，学生時代および実務に就いてから，河川工学についての見識を深め，知識を広げるための参考である．

　本書に盛られた内容を大学学部の半年ないし1年の講義ですべて消化するのは無理であろう．付録の「日本の河川の特性」から講義するのも一方法と思われる．また，本書は水文学，水理学をすでに履修していることを前提としているので，河川工学の講義においては，大学によっては第2章，第3章の手法の大部分は省いてもよいであろう．

　各章の最後に付した演習課題とキーワードは，復習の便宜のためのものであり，討論例題は，少々ハイレベルの大学院もしくは学部の卒業論文の段階に利用するにふさわしいと思う．河川工学はいまなお検討すべきさまざまな難問を抱えており，それらの多くは衆智を集め，後進の方々が挑まなければならない．それへの入門の討論例題であると理解されたい．河川工学は，現実の新しい課題について考えることによって発展させるべき工学だからである．現実に生じている河川のテーマについて，現場を見て従来の河川工事の経過や重要な調査例を調べることの価値を学生時代から知ってほしい．

なお，付録2および3は，新版において，初版以来の18年間の資料を追加している．

全般にわたって統計数字を最新データに加筆修正したのみならず，各章とも最新知見を適宜加えたとはいえ，第2章～第5章は小修正に止まり，最新版としては不十分となったことは否めない．

全国の大学土木工学科，この名称は最近次々と変わっており，カリキュラムの変更も甚しく，それに伴って"河川工学"名称の講義も激減している．河川工学の内容は，水工学，水資源工学などに組み込まれ，従来の河川工学に関する教育は実質的に減少している例が多い．

しかし，河川工学は，土木工学の特性であり本質である"自然との共生"の考え方を教育するのに最も適し，それは土木技術者にとって最も重要な資質である．自然の一要素である河川との付き合いを学ぶことこそ河川工学の醍醐味である．たとえ"河川工学"の名称の講義が減ろうとも，河川を含め自然と技術者との共生なくして，土木技術者はその本領を発揮できないと考える．

最近，地球温暖化による豪雨，大洪水の頻発が予想され，わが国では少子高齢化，人口減により，洪水と水害対策にも転換が求められている．本書ではそれに直接触れなかったが，河川工学への新たな要望が求められていることを指摘したい．

本書執筆にあたっては，文献を引用した多くの方々はもちろん，特につぎに記す方々のおかげであり，深く感謝申し上げる．

私は若い頃，安藝皎一，本間仁両先生の執筆された『河川工学』のお手伝いをした．両先生に教えていただいたことはもとより，その仕事は私にとってこの種の執筆の素地になったと思う．河川工学とは専門を異にする多くの先輩，同輩から日頃教えていただいた．初版においては水質について小島貞男，生物と水質の関係は森下郁子，地理学は阪口豊と大森博雄の先生方の御教示を得た点が多い．河川工学の個々の点については，私が東京大学時代の河川研究室出身の諸君から多くの示唆と指摘を得ている．水理学について玉井信行，水文学を虫明功臣，水文測定を吉野文雄，安藤義久と小池俊雄に，また水防など現場調査に関しては宮村忠の諸氏のご協力をいただいた．

この新版執筆にあたっては，新たに多くの方々のご教示と助言を賜った．すなわち，塚本良則（河川流出に関する森林の役割），篠原修（河川景観），今本博健（模型実験と数値計算），角哲也（ダム貯水池堆砂），小池俊雄（積雪調査などへ

の最新技術），山田正，山本浩二（魚道の写真），をはじめ，木下武雄，大熊孝，沖大幹さん方から種々最新の情報，考え方を提供いただいた．

　河川に関する種々の資料は初版では当時建設省河川局の青山俊樹，新版では河川局の尾島卓思室長，写真そのほかを同省中部地方整備局静岡河川事務所，関東地方整備局甲府河川国道事務所，北陸地方整備局富山河川国道事務所および立山砂防事務所からご提供いただいた．

　本書初版の執筆依頼は，東京大学出版会の鴨沢久代さんからであった．しかし，なかなか約束を果たせず，ようやく後任の清水恵さんの時代になって本書ができあがった．

　新版の編集に際しては東京大学出版会の光明義文，薄志保さんに大変お世話になった．

　ここにこれらの方々に深くお礼申し上げるとともに，本書が旧版同様，大学における教育，現場における土木技術者に読んでいただき，とくに河川技術を通して，自然との付き合いのこころに触れる契機となることを期待する．

2008 年 8 月
高橋　裕

目 次

序文　i

第1章　河川とその工学 ─────────────────────── 1
1.1　河川　2
1.2　河川工学の特性　9
1.3　河川工学をどう学ぶか　13
演習課題／キーワード／討議例題／参考・引用文献　17

第2章　河川の調査 ─────────────────────── 19
2.1　河川観察—現場をどう見るか　20
　2.1.1　流量を目測できる　20
　2.1.2　河床砂礫で勾配や流域の地質が推定できる　22
　2.1.3　河川の変化に注目する　22
　2.1.4　堤内地にも注目しよう　23
2.2　水文量のとらえ方　26
　2.2.1　主要な水文要素　26
　2.2.2　人間活動と水文量　27
　2.2.3　水文観察の原則　28
　2.2.4　降水量　30
　2.2.5　水位　34
　2.2.6　流量　38
　2.2.7　地下水　44
2.3　水質調査　47
　2.3.1　物理・化学的水質判定　47
　2.3.2　生物指標による水質の判定　52
演習課題／キーワード／討議例題／参考・引用文献　54

第3章　河川現象とその解析 ─────────────────────── 57
3.1　水循環過程　58
　3.1.1　降水　59

3.1.2　蒸発散　60
　　3.1.3　浸透　62
　　3.1.4　流出　65
　3.2　流出解析　65
　　3.2.1　合理式　70
　　3.2.2　単位図法　70
　　3.2.3　貯留関数法　72
　　3.2.4　タンクモデル　73
　3.3　洪水流　74
　3.4　土砂流送の形態と移動型式　80
　3.5　河床形態　84
　　3.5.1　砂漣　86
　　3.5.2　砂堆　86
　　3.5.3　平坦河床　86
　　3.5.4　反砂堆　87
　3.6　ダム貯水池　92
　　3.6.1　分類　92
　　3.6.2　流動特性　93
　　3.6.3　堆砂　95
　　3.6.4　富栄養化　99
　3.7　河口部における諸現象　102
　　3.7.1　鉛直混合の諸形態　102
　　3.7.2　塩水くさび　105
　3.8　水理模型実験と数値シミュレーション　107
　　3.8.1　水理模型実験　107
　　3.8.2　数値シミュレーション　108
　演習課題／キーワード／討議例題／参考・引用文献　109

第4章　治水　111

　4.1　治水とは　112
　4.2　なぜ治水史を学ぶか　112
　4.3　水害の特性とその変遷　116
　　4.3.1　災害としての水害の特性　116
　　4.3.2　水害の変遷　116

- 4.4 治水計画の立て方　123
  - 4.4.1 治水計画の目標　123
  - 4.4.2 洪水処理の歴史的変遷　123
  - 4.4.3 計画策定の手法　130
  - 4.4.4 基本高水　132
  - 4.4.5 超過洪水　134
  - 4.4.6 水文データ，とくに雨量と確率概念　136
- 4.5 水防　138
- 4.6 現代都市の水害と治水　142
  - 4.6.1 都市水害への総合的治水　142
  - 4.6.2 河道への治水対策　143
  - 4.6.3 流域の治水対策　148
- 演習課題／キーワード／討議例題／参考・引用文献　149

第5章　水資源の開発と保全───151

- 5.1 水利用とは何か　152
  - 5.1.1 水利用の原理　152
  - 5.1.2 水利権の定義　153
  - 5.1.3 水利権の安定性　154
  - 5.1.4 河川流水の範囲　155
- 5.2 各種水利用の特性　156
  - 5.2.1 農業用水　156
  - 5.2.2 生活用水　157
  - 5.2.3 工業用水　158
  - 5.2.4 水需要の推移　160
- 5.3 水資源の開発　161
  - 5.3.1 水資源賦存量　161
  - 5.3.2 ダムと水資源開発　162
  - 5.3.3 河川水によるそのほかの水資源開発　166
  - 5.3.4 地下水の利用と保全　170
  - 5.3.5 そのほかの水資源開発　174
- 演習課題／キーワード／討議例題／参考・引用文献　177

第6章　河川環境───179

- 6.1 河川環境とは　180

6.2　河川事業の河川環境への影響　182
6.3　森林と渓流環境　183
6.4　河川再生　185
6.5　魚道　187
6.6　生態系を考慮した河川工法　191
6.7　河川景観　193
演習課題／キーワード／討議例題／参考・引用文献　202

第7章　河川構造物 ─────────── 203

7.1　河川構造物とは　204
7.2　治水施設　205
　7.2.1　堤防　205
　7.2.2　護岸水制　216
　7.2.3　床止め　224
　7.2.4　排水機場　227
　7.2.5　砂防　228
　7.2.6　放水路，捷水路　235
　7.2.7　水害防備林　239
7.3　利水施設　241
　7.3.1　堰　241
　7.3.2　揚水機場　244
　7.3.3　その他　245
7.4　多目的施設　246
　7.4.1　ダム　246
　7.4.2　河口堰　257
演習課題／キーワード／討議例題／参考・引用文献　259

第8章　流域管理と森林 ─────────── 261

8.1　流域管理　262
8.2　河川流域における森林の役割　264
　8.2.1　洪水のピーク流量が低減する　266
　8.2.2　長期流出を平均化する　266
　8.2.3　森林土壌の地質条件が低水流出に影響する　267
　8.2.4　森林は水を消費する　268

8.2.5　土砂流出を抑制する　　268
　　8.2.6　森林の土は水を浄化する　　269
　演習課題／キーワード／討議例題／参考・引用文献　　270

第9章　河川文化——河川技術者と住民 ——————271
　9.1　河川事業と住民参加　　272
　9.2　河川技術と河川文化　　277
　演習課題／キーワード／討議例題／参考・引用文献　　280

付録1　日本の河川の特性 ——————————————282
付録2　明治以降河川年表 ——————————————293
付録3　文献解題 ——————————————————299

索引 ————————————————————————311

1 河川とその工学

川と自分とのかかわりを知ることが，川はいったい誰がどのように管理したらよいのかを考える出発点となるであろう．……川に親しもうとすれば，すべての川はそれぞれの個性的な姿をもって迎え入れ，楽しませてくれる．

（玉城　哲，水の思想，p. 243）

釜無川の信玄堤（国土交通省甲府河川国道事務所提供）．日本の河川技術の歴史と伝統を雄弁に物語る治水名所．この左岸堤（写真では右側）が切れるとその東側に広がる甲府を中心とする盆地が水没する．一方，信玄はさらに東側の笛吹川の右岸には万力林と呼ばれる水害防備林を設け，東からの洪水に備えた．信玄堤と万力林が対称的に配置され，甲府盆地を守ったのである．信玄堤は築堤技術としてすぐれているのみならず，その周辺全体に多角的な治水技術を施していること，築堤後住民が積極的にその維持管理に参加する方策をとったことなど，信玄が自然と人心をよく把握していたことがわかる．

1.1 河川

　河川とは，地表面に落下した雨や雪などの天水が集まり海や湖などに注ぐ流れの筋（水路）と，その流水とを含めた総称である．その流水の量は時々刻々変化しており，ときには異常に増大して，流路の能力をはるかに越えて流路の外へ氾濫する．流量が異常に増大する現象を洪水，異常に減少する現象を渇水という．氾濫は，どの河川にも発生しやすく，河川の持つ重要な特性である．その際には河川は一時的に流量やその占める範囲が特に拡大していると考えられる．

　河川の定義は，従来，自然科学部門においては自然地理学に則して唱えられてきた．もっとも，河川の定義は人文科学，社会科学を含め，専門分野ごとに異なると思われるが，それらを横断的に議論されることはなかった．大熊孝は1992年以来，下記の定義を提起した．
　"川とは，地球における物質循環の重要な担い手であるとともに，人にとって身近な自然で，恵みと災害という矛盾のなかに，ゆっくりと時間をかけて，地域文化を育んできた存在である."
　従来の定義では水循環における河川は意識されているが，川の流れにおける土砂流送，生物の上り下り，かつ川沿いの人々が文化を築いてきたという認識が表現されていないと主張している．明治以来の河川事業においては，もっぱら治水，利水という観点に主眼を置いていたが，1980年代から河川環境が重視され，河川技術者も河川生態系を重視して河川と付き合わねばならなくなった．河道における土砂流送も，ダム湖における堆砂問題が重大化してくるなど，技術者に河川観の転換もしくは総合的観点が迫られてきた．そのような状況下，難解ではあるが大熊が絞り出した河川の定義である．

　河川を地域文化を育んできた存在としてとらえるべきであるとの認識は，沿川部だけでなく，河川と人間との関係を流域単位でとらえるべきであることを意味する．河川技術者が具体的に河川事業を駆使するのは，主として河道であるが，その背景に流域があり，そこに暮らす人々がいることを強く意識すべきである．流域の状況とその土地利用と水利用の変化が河道，河川の流れに著しい影響を与えるからである．こうして，河川は自然の単なる一要素であるのみならず，歴史的存在であり，文化的存在であり，かつ基本的には公（おおやけ）であり，河川管理者は流域住民の安全と，河川との共存の道を拓く仕事を託されているのである．

　"河"は元来，中国において黄河の固有名詞であったが，のちに普通名詞となった．"川"は流水の流れる状態に由来する象形文字である．河と川には厳密な区別はないが，中国では河は遼河，海河，黄河，淮河など比較的大きな河川とその支流の名となっている．より大きな河川は"江"と呼ばれ，黒竜江，その支流の松花江，

長江，その支流の岷江，嘉陵江など，さらに珠江がある．ただ単に江といえば，最も大きな長江を指す．わが国では江は河川名には使わず，固有名詞にはもっぱら川が使われている．

　流水が通常その通路となっている部分を流路または河道という．流路は天然に生成された水路であり，河道は人工的に整備，改変，切り開かれた水路をいう．流路や河道の地表面にはつねに流水があるとは限らず，扇状地などで流水の大部分が通常は地下に潜っている水無川（みずなし），または沙漠のワジ（wadi）もある．ワジとはアラビア語で河谷の意味であり，アラビア半島や北アフリカの沙漠に多く，まれに発生する降水時にのみ水が流れる．流路や河道とその周辺の地下を流れている部分も河川の一部である．つねに地表に流水を見る河川を恒常河川，大雨や雨期にのみ流れる河川を一時河川と呼ぶ．

　われわれは目に見える流水，もしくは堤防で囲まれた河道の範囲だけを河川と考えがちであり，地図上で青線で描かれた固定した流路のみを頭に描く傾向がある．しかし，河川の流量はつねに変動し，ときには大洪水や渇水を経験し，河川の姿はつねに変化してやまない．平常は数十mの流れの幅が，大洪水時には平野に氾濫して数kmになることさえあり，地下にもつねに流れの一部が存在する．また河川の流れによって土砂はつねに移動し，河床の形状も時間の経過とともに変化する．河川の地図や写真などによって表現される河川を固定した表現としてとらえず，変動の一時期一瞬間の姿として理解すべきである．

　河川の水が集まってくる範囲を流域，または集水域という．流域面積は海に流出する河口地点において最も大きく，その値をその河川の流域面積とする．河道をさかのぼるにつれ，河道の各地点ごとの流域面積は小さくなり，その流域面積が，水文計算や河川計画の基準となる．特に流量測定の基準点，ダムサイトなどの流域面積は，その河川の調査や計画上，重要な指標である．

　隣接する河川流域の境界線を流域界または分水界という．山地部では稜線が分水界となるので，それを分水嶺とも呼ぶ．平地部では分水界が必ずしも明確に定められないことも多い．分水界は必ずしも一定不変ではなく，火山活動，地殻変動，氷河作用，風成砂丘の堆積などの自然的要因，河川争奪（河川が流域を拡げるとき，隣の河川の河床との高度差が大きく，河川の浸食が激しい場合に，分水界が移動して隣の河川の水流を奪う現象），または河道の付け替えなどによっても，移動することもある．

　流域表面は複雑多様な曲面の集合体から成り，これを水平面上に投影した面積

図1.1 日本の河川分布（高橋・阪口，1976：日本の川，科学，**46**より一部修正）

が流域面積となる．ある地点の流域面積を求めるには，まず分水界を定め，それに囲まれた閉鎖図形内の面積を測る．

個々の河川流域の境の分水界を連ね，異なる海洋へ注ぐ河川を本州などの島単位でまとめた大分水界もしくは中央分水界もある．図1.1は本州の中央分水界と主要な河川の分水界と流域を示している．

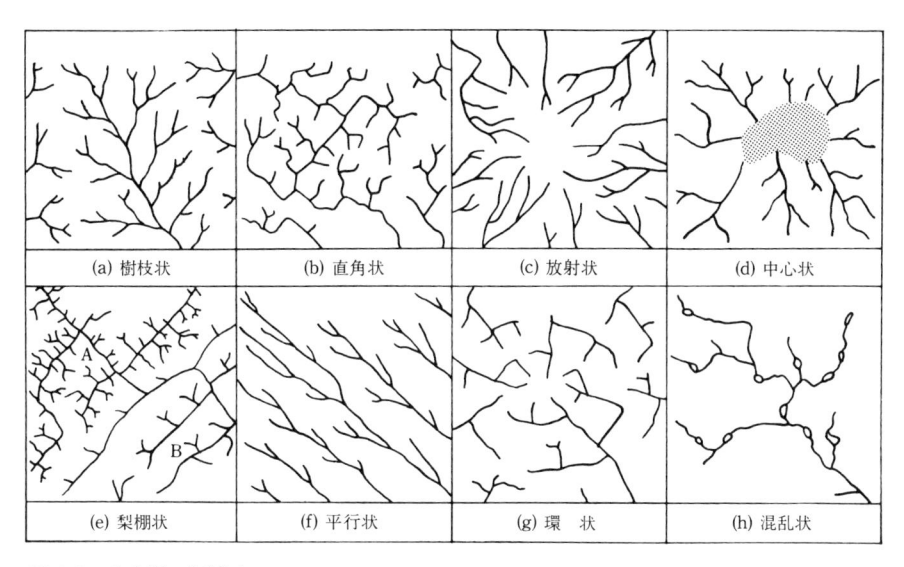

(a) 樹枝状	(b) 直角状	(c) 放射状	(d) 中心状
(e) 梨棚状	(f) 平行状	(g) 環状	(h) 混乱状

図 1.2 水系網の分類（Gregory and Walling, 1973: *Drainage Basin Form and Process*, Arnold, ed. より）

ちなみに本州の中央分水界で最も低い個所は，兵庫県氷上町（ひかみ）にあり，海抜 95 m である．この地点の北に降る雨雪は由良川水系から日本海へ，南に降る雨雪は加古川水系から瀬戸内海へ流れ出る．

川端康成の『雪国』の冒頭の名文，「国境の長いトンネルを抜けると雪国であった．」とは，上越線の清水トンネルの中間の分水嶺で，利根川流域から信濃川流域へと入り，トンネルを出て利根川流域とは全く異なる一面の雪世界を視覚でとらえた瞬間の光景描写である．

同じ流域内にあって，共通の河口を持つすべての流路網を水系という．地形図内のすべての流路を，平面的配置で表した図を水系図または水系網図という．水系図は一般に樹木の枝のような形をしている場合が多く，木の幹にあたる川を本川（もしくは幹川），大枝が大きな支川，源流部の細流は末端の小枝に相当する．水系網の平面的配置を水系模様，または水系パターンという．

水系模様がとくに樹枝状に類似しているのを樹枝状河川（北上川），あるいはその形によって環状河川，直角状河川などと呼ぶことがある（図 1.2）．

本川からつぎつぎ枝分かれしていく流路を数値によって等級化することがあり，ホートン（R. E. Horton）が提唱し，ストレラー（A. N. Strahler）が改良した水流次数の概念が普及している（図 1.3）．最上流部の水源から最初の合流点ま

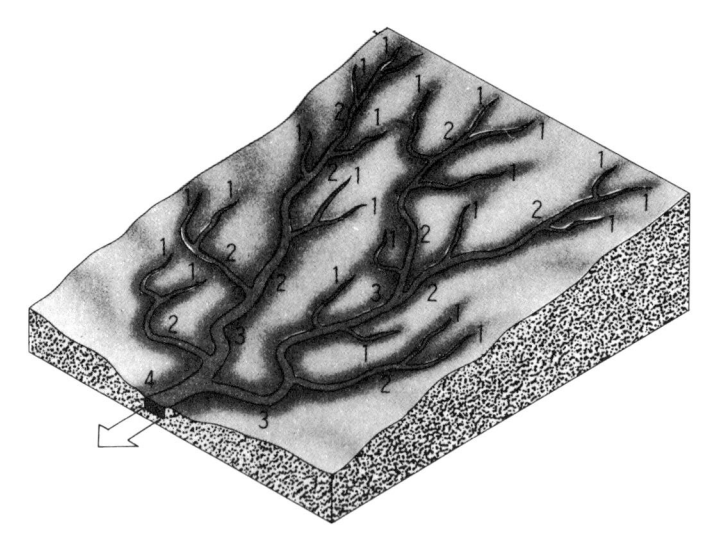

図1.3 ストレーラーの水流次数（高山茂美，1985：日本大百科全書 6，p.17「川」小学館より）

でを一次水流，一次水流が2本合流すると二次水流，二次水流が2本合流して三次水流というように，次数が逐次上がる．高次水流に低次水流が合流しても次数は変わらない．このようにすべての流路区間に次数をつけると，最高次水流はつねに1本であり，1本の四次水流は少なくとも2本の三次水流，4本の二次水流，8本の一次水流を持つはずである．これを"ホートンの水流法則"といい，水系における水流の本数，流域面積などをこれによって分類し，地形学，水文学的調査を行う場合の1つの基準となる．

　流域の地形，地質，林相，降水などの自然条件，それに土地利用，水利用の状況，すなわち開発や保全，管理などの人為条件は，河川における流量，河道形成，洪水特性などに著しい影響を与える．河川の流量を支配する最も重要な要因である降水という自然現象も，流域に降り注がれたのち河道に流出してくる過程で，土地利用，水利用という人為的要因によって支配され，流出現象は自然的要因と人為的要因の両者に支配される．したがって，河道を流下する洪水も渇水も，純然たる自然現象ではなく，開発による土地利用の変化という社会現象が加味された現象である．したがって，わが国の多くの河川流域は，一般に密に開発が行われてきており，社会的要因の度合が高いということができる．

　図1.4に示す水文循環図のように，降水から流出に至る過程は，前述のように地形，地質，開発などの多数の要因によって支配され，それら要因がそれぞれ複

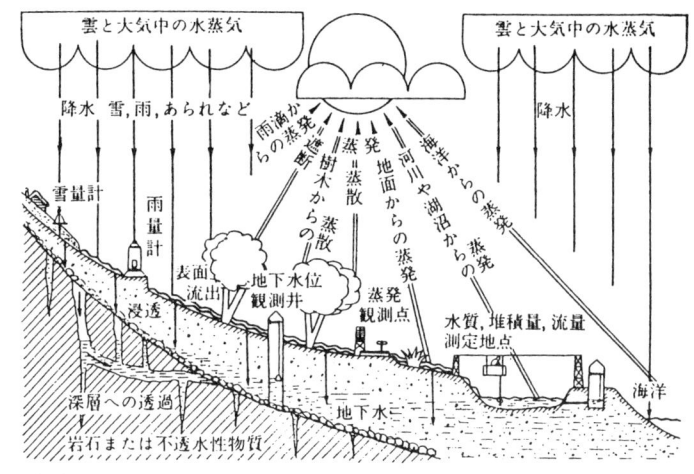

(a) 水循環の概念図（アメリカ土木学会，1949；山本荘毅編，1972：水文学總論，p.42，共立出版より）

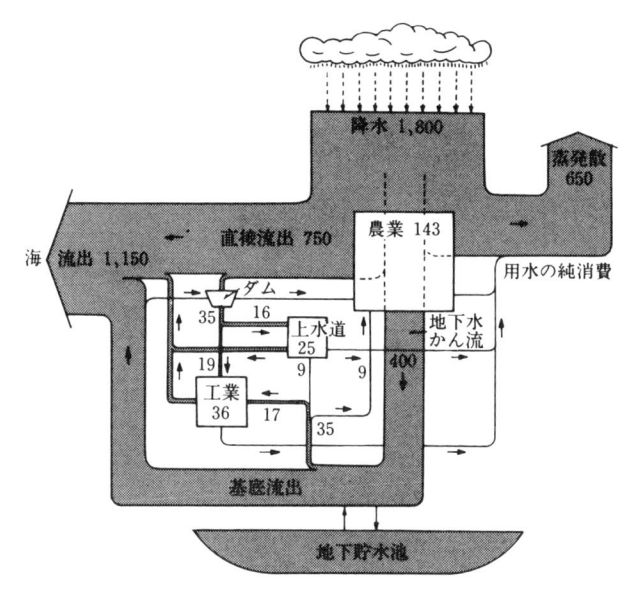

(b) 日本の水収支（単位：mm/年）（山本・高橋，1987：図説水文学，p.62，共立出版より）
図1.4 水文循環図

雑に関係し合っており，単純には数量化できない部分もあり，かつ時間の経過とともに人為的に変化する要因も含まれているため，流出現象の正確な把握は容易ではない．この研究が水文学（hydrology）の主要な目的の1つであり，降水か

ら流出への過程については多くの調査研究が積み重ねられている．

　換言すれば，流域の自然ならびに社会的条件が変われば，洪水とか渇水のような河川現象の特性が変わるのである．さらには，治水や利水のための河川工事は，流量のコントロールが目的であり，その工事によって流れの状況が変わるだけでなく，河道などの形態も変わってくる．すなわち，河川に加えられた人間の行為そのものによっても，河川に発生する現象は変化する．"川は生きている"とか，"川は有機体である"といわれるのは，このような川と人間の行為との関係に由来する特性を表現している．

　河川には世界，または日本に共通した性格があるとともに，それぞれの河川ごとに著しい固有の特性がある．それは前述のように，河川の現象に影響を与える自然的ならびに社会的要因が，各河川ごとに異なるからである．それぞれの河川の個性に着目した場合，それを"河相（river regime）"という．

　安藝皎一は『河相論』（1944）において，「河相とはあるがままの河の姿である．河川の形態は千差万別である．形の大小はもちろんのこと，一見したところで，そこにはおびただしい相違を見るであろう．深い関心を持って見れば見るほど，河川は本質的に多くの異なった点を持っていることに，大いなる驚異を感ずるのである．（中略）著者は河川を常に生長しつつある有機体と考えたい．河川は絶えず変化しつつ，永遠の安定せる世界へと不断の歩みを続けているのである．」と述べている．

　河相について，明確な定義を与えているわけではないが，その意図するところをあえて解説すれば，河相という概念の中に，河川をつねに生成変化の過程として把握すべきこと，および河川にはそれぞれ個性があり，その相違点に注目して個々の河川の特性を知ることの重要性が指摘されている．

　"相"とは，人相，手相，林相などからも推測されるように，時間の経過とともに変化することを意味している．私たちがつね日頃眺めている河川は，一刻たりともその運動を止めないのみならず，その運動は単純な繰返しや周期運動ではなく，つねに生成変化し続けている．したがって，私たちは河川を観察する場合，それを静止した一形態としてとらえるのではなく，過去のさまざまな経験を背負いつつ，現在の河川は変化し続けていると見るべきである．"相"とは，さらに個々の河川ごとに著しい個性があり，それぞれが異なっていることをも意味している．これもまた，人相や手相の個人ごとの相違を想起すればよい．つまり，人相を知り，かつ読むように，各河川の河相をとらえる重要性がそこに指摘されて

いる.

したがって,"河相を知る"ということは,個々の河川の生い立ち,経験,すなわち治水史を知ることを通して,個々の河川の自然的,社会的,歴史的特性をとらえることであり,それが河川理解の第一歩である.

1.2 河川工学の特性

河川工学(river engineering)は,自然の一部としての河川と,それに働きかける人間との,より高次な調和を求めるための技術行為の基礎を探究する学問である.つまり,河川を例として,自然と人間との関係の究明である.人間はつねにより高い生活を求めて科学技術を発展させてきた.すなわち,洪水により発生する水害を可能な限り軽減し,河川の水をより高度に利用するために,あるいは河川を快適な生活空間とするために,河川に対して古来,さまざまな技術活動を行ってきた.

中国においては,約4千年前に黄河治水に成功した禹が夏の国を興したといわれており,わが国でも仁徳天皇が淀川下流部に茨田(まんだ)堤を築いたといわれるのは,5世紀前半の話である.すなわち,河川工学および河川技術は,河川を媒介として数千年来,人間と自然との共存共栄を求めて,数知れぬ経験によって錬磨されてきた.その経験の積み重ねに,つぎつぎ新しい技術と理論を駆使して現在の河川工学が形成されてきた.そして現在,人間と自然の関係が地球的規模で重大かつ深刻になってきた時点において,河川技術は新たな観点に立って,人間・自然環境系のあり方を問う技術として発展することが要望されている.

河川工学は河川という自然公物を相手とする工学であり,道路工学,鉄道工学,ダム工学などのように,技術の産物である人工公物を相手とする工学とは著しく性格を異にする.河川工学が対象とする河川は,自然から与えられたものであり,技術者が河川そのものを創り出すのではない.放水路などは人工的に掘削するとはいえ,それは対象とする水系のほんの一部であり,その場合も,自然の水系と十分に適合していなければならない.土木技術者は大ダムのような巨大構造物を建設するまでに至っているが,ダムによって生ずる人工貯水池の形状は忠実に自然地形に則っており,その機能もその河相を色濃く反映しているのである.

河川技術の進歩によって,河川には以前よりはるかに人工的部分が加わってはいるが,河川が基本的には自然の一部として自然界の法則に則っていることに変

化はない．したがって，河川工学を理解するには，まず河川の自然性を理解し，その自然に対して，技術を駆使する人間との関係を理解することが重要である．

河川工学の構成と，その基礎および周辺の関連の深い学問との関係を以下略述する．

河川学（potamology）は，河川工学の自然科学的基礎を成している．河川学は水文学，地形学，地球物理学などの手法を用い，それらの一部とも深く関わり，つぎの諸点の解明をめざしている．

(1) 河川流域における降水と流出との関係を軸とする水文現象
(2) 河川の水位，水面勾配，流速などの水理量の変化とそれらの相互関係，流路の幾何形状を表す特性と水理量の関係
(3) 地形形成営力としての河川の浸食，運搬，堆積作用のメカニズムと，その結果生ずる地形営力論的研究
(4) 流域の発達過程と水系網の構成法則
(5) 河川水の水温や電導度などの物理的性質
(6) 河川水の化学成分，水質の変化，汚染の機構

これらに加えて，河川生態学も河川学に含め，河川工学に関する基礎的知識とすべきであろう．河道の人工化が進むにつれ，河川の自然性をどのように保全するかが重要となっている．したがって，河川の生態系と河川工事との調和，すなわち，河川計画の中に生態系をどのように考慮するかが重要な課題となってきた．そのためには，河川の水生生物と水質との関係，河川生態系についての基礎知識を河川工学においても蓄積すべきである．

河川工学の基礎理学としての河川学とともに，より具体的に技術活動に接近する基礎部門として，河川地学，河川水文学，河川水理学がある．

個々の河川に技術手段を加える場合，まずその河川の自然的特性を理解しなければならない．すなわち，個々の河川の地形，地質などの特性を含む地理学的把握が必要である．これらは前述の河川学に一部含まれるが，特に流域の地形，地質の特性把握が，河川技術の駆使にあたって重要である．というのは，流域の地形と地質によって，降水から河道への流出は著しく異なるからである．

河川水文学は，前述の河川学の中の，降水と流出との関係の究明を主要な柱とする学問である．水文学（hydrology）は元来，「地球上の水の発生，循環，分布，およびその物理的ならびに化学的特性，さらに物理的ならびに生物的環境と水との相互関係を取り扱う科学である．」水文学の中でも，河川流域に注目し，これ

を研究対象とするのが，河川水文学である．河川水文学においては，河川流域におけるさまざまな水文現象，すなわち，降水（precipitation），蒸発散（evapotranspiration），浸透（infiltration），流出（runoff）などが重要な要素であり，特に降水と河道流出との量的，質的，時間的関係の究明が最も主要なテーマである．

この関係を知ることによって，河川の流量に関する計画，予報を行うことができる．すなわち，流域に降った雨量やその分布の情報をとらえて，やがて河道に流出してくる流量を予測し，洪水予報を行うことができる．洪水対策としての治水計画も，渇水対策としての低水計画も，雨量と流量の関係の把握が基本となる．

河川水文学はそのほかにもさまざまな研究項目があり，たとえば流域の水収支（water balance）を調べることも，河川計画への基本的情報の提供となる．1つの河川流域に年間にどれだけの降水量がもたらされ，そのうち蒸発，河川流出，浸透がどのくらいの割合であるかは，その河川流域の特性，ひいてはその河川に関する水資源計画を樹立するにあたって重要な情報である．この場合，降水量が流域という財布への収入であり，蒸発や河川流出などが支出ということになる．豪雨は短時日で洪水流出として流れ去るが，いったん地下深くまで浸透した地下水は長年月，地下に留まって，なかなか引き出せない貯金のようになる．

河川水理学は，学問体系としては力学に属し，河川に関連する学問の中では，数理論的に最も体系が整っており，水の流れについての考え方を，力学的論理に則って，河川や水道などの土木技術への応用の観点から体系化された．河川水理学は，質点系の力学におけるエネルギー保存則であるベルヌーイ（D. Bernoulli）の定理と，同じく運動量保存則としての二断面間の運動量の変化を表す法則など，わずかの基礎法則から導かれる論理体系を基本として，河川に関わる流水や流砂の運動を解明する学問である．

すなわち，河川水理学的手法によって，河道を流下する洪水の流れ，河床の形態に関与する土砂の移動などが解明される．河道に関わる河川計画は，河川水理学に依存する点が多く，また河川構造物の設計は，流体力を中心とする，力学が特に威力を発揮する場といえよう．しかし，現実の河川現場における流水の運動と，それが作用する河床との関係は，多くの変動する要因によって支配される複雑な現象である．したがって，河川水理学はこれらに対し，物理模型実験，最近においては数値シミュレーションなどの手法も駆使して，現実の現象解明につとめている．

しかし，それによってもなお，河川の流水や流砂の現象が解明し尽くせるわけ

ではない．力学的解析にあたっては，それらの前提条件と適用しようとする現実河川の条件との適合性を確かめる必要がある．特に河川の広範囲および長期的に見た河道の変遷は，河川地形学（fluvial geomorphology）の思考および知識を得て考察する必要がある．地形との関連で長年の変動を含む河道変遷を考察する方法は，河道内の局所的もしくは局地的変動とは，その調査方法論は同一ではない．それらを混同せず，両者の方法論を調和融合することによって，河道変遷の実態をとらえるよう努力すべきである．

河川工学の基礎を成すこれらの学問は，河川への社会的ニーズの変化とともに，その関心の範囲が広がり，その周辺にいくたの関連学問の発展を促している．

河川流域の水文循環を流域地質に注目しながら研究する場合，それを地質水文学（geohydrology）という．流域地質は河川流量および河川水質に深く関係している．わが国では1960年代の高度成長期以降，河川や湖沼の水質が悪化し，河川の流量のみならず水質についての関心が高まり，流量と水質との関係，流下に伴う水質の変化，水質と生物との関係などを研究対象とする環境水文学，環境水理学，生物環境学，河川生態学などが重視されてきた．

河川生態学は，最近特にその認識が高まっている生態系（ecosystem）を河川環境においてどのように保持すべきか，という観点から強い関心が持たれている．それは単に河川水質と水生生物との関係に止まらず，河川生態系をよりよく保つための護岸や河床のあり方などにも及ぶ．河川開発の大規模化に伴う河川環境の悪化に対し，ダムや河口堰建設に付随して環境アセスメントが必要となった．

河川計画の数学的手法の開発にあたっては，数理統計学はじめ種々の計画数学を必要とする．一方，河川計画に際しては，経済，財政，さらには法学的知識も必要とされる．河川事業がつねに公共事業の中でも重要な役割を占めているからである．公共事業は，独占事業であり，競争原理によってその規模や事業が行われるのではなく，一定範囲の予算に則って事業計画が定められる．

したがって，すべての河川事業は公共性を重視しつつも厳しく経済効率が問われている．同等の効果をあげるのに最小限の事業費で行うことが義務づけられているといってよい．河川の計画立案，事業実施，維持管理に際しては，わが国は法治国家として整備された法体系のもとに河川秩序が保たれている．したがって，河川事業を理解するための河川に関する法体系とその考え方についての常識と，適用の解釈などの最低限の知識は，河川工学においても欠くことができない．水資源を開発し，それを文明の発展へと導くには，単なる技術の駆使だけでは不十

分であり，流域の社会的ならびに経済的条件が整わなければならない．それら条件の整備によってはじめて，その河川流域特有の河川文化もしくは水文化が花咲くであろう．

歴史的にも広く認められているように，人類の文明は，豊かな水に恵まれた河川の周辺にまず発生し，河川を源泉とし，巧みな利用・開発によって発展してきた．河川に恵まれない地域では，適切な地下水開発に成功すれば，文明を築き繁栄に導くことができた．いずれにせよ，水資源の開発と保全が，つねに文明盛衰の基盤であった．

すでに"河相"の説明においても触れたように，現在ある河川は，これまでの河川と人間との葛藤と調和の総決算としてわれわれの眼前に横たわっている．長い歴史を通して河川に加えられてきた人間行為が積分されて，現在の河川は存在しており，眼前に見る個々の河川の現状は，長い河川史の一過程であり，将来の姿を秘めているのである．

したがって，河川工学を理解するためには，河川史，河川技術史，河川事業史を知り，それを通して，個々の河川におけるいままでの河川と人間との闘いと協調の経緯を知ることが大切である．この場合とくに強調したいのは，単に過去の史実を知識として蓄えるのではなく，河川技術の発展がいかに河川事業を発展させたか，河川事業が流域住民にどんな影響を与えたか，という視点であり，歴史的経過の中に河川を見ようとする姿勢である．

このように，河川工学の対象である河川は，人工ではなく自然の一部であり，河川流域ごとに自然的ならびに社会的個性を持っている．さらに河川事業の公共性などの特性により，河川工学は総合的工学としての際立った特徴を持っている．

1.3 河川工学をどう学ぶか

前節に述べた特性をふまえて河川工学をどのように学ぶべきか．

そもそも，河川工学を学ぶ目的は，すでに述べたように，河川を媒介とする自然と人間との関係を理解することである．したがって，河川を見る場合，講義を聴く場合，研究や調査を行う場合，報告や論文を作成する場合，文献を探しあるいは読む場合，つねにこの目標を念頭におくようにしたい．

河川工学を学ぶ直接目的は河川技術者，河川工学者となるための基本的考え方，基礎的情報を会得することであるが，河川工学に関する最低限の常識は，すべて

の土木技術者にとって欠かすことはできない．たとえば，河川を横断して橋梁を架ける場合には，その河川の洪水の規模に応じて橋の高さや橋脚の間隔などを考慮しなければならない．また，河川の水を利用する水道や工業，農業に従事する工学者，農学者，それぞれの技術者にとってもまた河川工学は重要な常識とされたい．

宅地，工場などによって流域を大規模に開発すれば，洪水流量は増大し，河川水質が汚染される可能性が高くなる．したがって，河川工学者は流域開発に関心を寄せざるをえないと同時に，都市開発や産業開発，あるいは観光開発の計画者もまた河川工学に関心を持ち，それに関連した知識を蓄えてほしい．

河川工学の対象は，当然ながら実際の河川であるから，現実の河川を訪ねてこれを直視し，観察し，考察することが最も重要である．それを度重ねることによって，工学的観点から河川を見る眼を養うことができる．いかに多くの講義を聴き，価値あるとされる文献を多数読み，大量の河川資料について解析し，実験し，考察しようとも，河川の現場を見る眼を肥やさなければ，きわめて片寄った河川認識，ときには偏見をさえ持つことになってしまう．河川の現場は，書物や人の話では得られない貴重な情報に満ち満ちている．しかし，それを読める鑑識眼を磨かなくては，単なる河川景色として一過性の感触に留まるであろう．

河川を見るとは，河川敷のみを眺めることではない．河川敷を流れる水流や土地との関連で河川敷周辺，流域を見ることである．すでに説明したように，河川の流れも河道も，さらには流域の水利用と土地利用も変化してやまないので，一過性な見方ではなく，可能な限り，河川の同じ場所を，たとえば洪水と渇水を含めて何回も凝視し，その間の変化をとらえようとする努力が貴重である．

河川工学もまた，土木工学の一部門として，現象の解析，計画策定，構造物の設計，施工管理などに数値解析能力が重要である．これら解析手法を理解し，特に重要なものについて習熟することがきわめて望ましい．これらは，おそらくどの大学においても講義や演習として勉学する機会があると思われるし，その学習方法も，ほかの土木工学の場合とほぼ同様である．ただし，それら解析を行うにあたっては，原資料の選択や，精度に対する注意をはじめ，河川工学特有の留意事項があるが，詳細については，第2章に述べる．

一般に大学教育においては，解析手法についての教育は多年の経験もあり，その方法はほぼ確立しているので，その学び方も理解しやすい．反面，河川工学の学習も解析手法さえ習熟すればよい，との錯覚に陥らないよう留意したい．

文献による学習もまた，ほかの土木工学と同様，またはそれ以上に，河川工学においては重要である．河川工学の教科書，参考書類は大学，高専，工高向けはもちろん，大学院向けのものまで数多く出版されており，河川工学の中の特定部門についての学術専門書，あるいは現場向けの実務，施工さらには法解説に至るまで汗牛充棟の感があり，わが国はこの種出版の多種多様なことにかけて，欧米先進諸国を凌駕している．これらの選択は，他の工学書と同様に各教育機関の事情などによるが，学術専門書は，大学院学生もしくは研究者となって，特定部門を深く学ぶ場合に，それぞれの専攻テーマなどに応じて適宜選択することとなるであろう．

　大学の学部学生の場合でも，卒業論文作成の段階においては，教科書のみに甘んぜず，進んで専門学術書もしくは学術雑誌の論文に目を通すことを強く勧める．学部学生のレベルでは，これら学術書や論文を完全には理解し難いかもしれないが，学術書の場合は理解しやすい個所や図表を拾い読み，論文の場合は要旨を読むだけでも，これらの文献に全然手を触れないのと比べ，得るところに格段の相違がある．

　河川工学における文献は，教科書や専門家向けの学術書に限定されない．前節に述べたように河川工学が総合工学であることを理解するならば，学生時代には，河川工学の周辺の関連書を多く読破することを心がけてほしい．

　ここで関連書とは，河川に関するルポルタージュ，小説などの文学をも含む．幸いにして河川工事やそれに取り組んだ人物を題材とした記録文学や小説，または河川をめぐる紛争，葛藤をテーマとした文学はきわめて多く，しかも文学的にも香り高い作品が少なくない．巻末付録3にリストを紹介してあるので参考にされたい．それらは河川計画や河川構造物設計の解析手法について記しているわけではないが，河川計画立案の社会的背景や工事進行に伴う社会的困難や，それらがどのように解決されていくか，あるいは泥沼に陥るか，河川や水の獲得をめぐる社会的事件などが，それをめぐる人物像や時代背景とともに描かれ，河川事業の現実の展開を知る上で貴重である．

　河川工学の直接目的は，すぐれた河川技術者となるための基礎的素養を培うことである．すぐれた河川技術者とは，真に大衆の利益となるような河川計画を樹立し，その工事をあらゆる困難を克服して完成させ，かつその機能を十分発揮するよう維持管理することである．また，工事に伴い発生した自然的ならびに社会的影響に留意し，望ましからざるものについては，いちはやく対策を樹立するこ

とも河川技術者の重要な役割である．

　関連文献を広義に解釈すれば，専門的学術書，一般図書に限定しない．重要なことは，これらを通して河川への関心，興味を育てることである．河川や水に関する話題にはつねに事欠かない．新聞やテレビでは，大水害や渇水のようなドラスチックな事件の発生がなくとも，ほとんど毎日のように，河川や水に関する何らかの話題が報道されない日はないほどである．それらの話題の中から，比較的興味を惹くものについて，問題の地点を確かめるとか，その話題の原因や状況について考えることが，河川への問題意識を育てる糧となる．テレビ画面には，必ずしも直接河川を対象とする報道でなくとも，ルポや劇映画の中でもしばしば各地の河川や水路が現れる．最初はその川の位置を確認するだけでも，川への親近感を増す契機になりえよう．

　幸いにして，河川や水は元来われわれの生活に密着しているので，自らの日常生活の周辺に数限りないテーマが存在している．皆さんの周辺には必ず河川や水路があるに違いない．それは必ずしも大堤防のある大河川でなくとも，跨げば渡れる程度の溝に至るまで，われわれは水に囲まれて生活している．雨が降って庭や道路に流れる一条の水脈もまた河川のはじまりである．

　雨を眺め，これは時間雨量にして何mm程度かと推定することこそ，河川水文学，ひいては河川工学事始めである．どの程度の強さの雨から，道路上の流れは激しい射流になるか，あるいは水溜りが生ずるか．毎日の通学通勤には，おそらく誰でもいくつかの河川を鉄道橋か道路橋で渡るであろう．毎日一瞬しか見ない河川でも，注意して見ればおそらくその流れの様子は毎日異なる．その変化の理由について考えようとすれば，河川への関心はいっそう高まるに違いない．

　自らの日常生活との関連では，まず自分がどの川の流域に住んでいるか．もし自分の住居に洪水氾濫などによる浸水があるとすれば，どの川のどこの堤防が切れたのか．毎日飲んでいる水道用水は，どの川からどのような経路を経て，家の水道栓に来るのか，使用した水道用水の経路と行先の川や海はどこか．学生時代に，毎日使用する水に関連する浄水場，下水処理場，さらにダム，取水堰，導水路などをぜひ見学したい．これらの水の経路，自らの水使用量についての数量を調べれば，河川や水資源の話題を自らの経験とすることができる．

　河川工学の学習は，決して大学での講義や実験演習時間に限定されない．あるいは関連の文献や記録映画に接する時間に限るのではない．重要なことは，身のまわりの河川や水資源の状況への関心から，河川とその技術への問題意識を持つ

ことである．河川のように自然界に存在し，かつわれわれの日常生活と密接な関係を持つ対象については，問題意識を持つことができるはずである．要は河川工学を学ぶことによって，河川を見る眼を鍛え，いままで疑問すら持たなかった河川の現象への関心を高めたい．

　大学での講義や演習は，この問題意識をふくらませ，疑問解決への道を示すものであり，問題意識がなければ，講義で得たものも一過性の知識としてやがて消え去るであろう．次章では，具体的に河川を工学的に調べる手段や，河川への関心を深め，河川を見る眼識を養う方法について述べる．

演習課題

1) 住まい，または郷里の身近な川を観察し調査しよう．
   a) 自分はどの川の流域に住んでいるか．
   b) 通学の往復に通過する河川の名前，およその規模，日々または季節による流れの変化，堤防とその周辺，高水敷などの様子を観察しよう．それらが河川に親しみ，河川を理解する第一歩である．
   c) 住まいの周辺を散歩して，住まいから河川までの距離，河川との高度差とそれぞれの標高などを確かめよう．（国土地理院の1万分の1，2万5千分の1，5万分の1地形図など携帯）
2) 河川を見ることを心がけよう．
   a) 旅に出て，歩く機会があればもちろんのこと，車窓や機上から一瞥する河川の名前をまず知り，その佇いの特徴を考えよう．大河川間の分水嶺を越えて異なる河川流域に入れば，地形，土地利用などの微妙な変化に気づくはずである．特に大分水界（図1.1参照）を越えれば，その著しい差を認められるようにしたい．（20万分の1地図携帯）
   b) 毎日のテレビのニュース，ドキュメント，あるいはドラマなどに映ずる河川について考察せよ．それらに関心を持つだけでも，河川を見る目は知らないうちに育つ．
   　新聞にも河川に関する記事の出ない日はない．それらのうち特に興味を持った記事の河川の場所などを地図で確認しよう．水害などの大事件で破堤や氾濫の写真を見て，その洪水の特徴を考えよう．
3) 身近な水について観察し調査しよう．
   a) 毎日利用する水道用水はどこから来るか．浄水場とその原水の河川または地下水，河川であればその源のダム，導水路などを調べる．
   b) 使用後の水はどこへ行くのか．下水処理場とその放流先の河川または海を調べる．

---キーワード---
河相,流域,河川水理学,河川水文学,河川地形学,河川生態学

---討議例題---
1) 各自が調べた河川を紹介し合い,その共通点,相違点を述べ合うことによって,各河川を相互に比較せよ.
2) 各自が調べた身近の河川は,全日本の河川の中でどんな特徴があるかを調べ,その位置づけを考えよ.
3) 各自が住み,行動している範囲は,その河川の中でどういう場所にあるか(上流山地,扇状地,沖積平野など).それら地形とその河川の関係を,流域の開発,治水史の観点から考察し,その調査方法などを考えよ.

参考・引用文献

安藝皎一:河相論,常磐書房(1944),岩波書店(1951).
大熊　孝,2007:増補・洪水と治水の河川史,平凡社.
阪口　豊・高橋　裕・大森博雄,1986:日本の川,岩波書店.
高橋　裕・阪口　豊,1976:日本の川,科学,46巻.
高山茂美,1985:川,日本大百科全書,6巻,小学館.
玉城　哲,1979:水の思想,論創社.
山本荘毅・高橋　裕,1987:図説水文学,共立出版.

2 河川の調査

　観察するということは，複雑な環境条件の下に成り立っている現象を，その特異性の面においてとらえるものであるから，そこに普遍性が認められない．経験の集積は往々にしてその現象を組み立てている因子の把握をおろそかにすることがあり，思想の飛躍を見る虞がある．

（安藝皎一，河相論，p. 173）

洪水時に橋の上から浮子を投下する流量観測（利根川）．

2.1 河川観察——現場をどう見るか

　河川現場に立つ場合，一般には河川堤防や橋の上で河川を眺めることが多いであろう．そこで見えるのは，つねに流れがある低水路，洪水時にのみ流水の乗る高水敷，そして堤防である．図2.1に河川の標準断面図を示すように，これらの敷地を総称して河川敷という．

　現状から洪水時の流れを推察しよう．堤防の側面はコンクリートブロックなどによって護岸が施されている個所も多い．特に重要な個所，最近堤防が切れたり，破損を受けた個所などは綿密に護岸が施工されている．堤防が高く，その敷幅も広く，頑丈な護岸を備えているのは，そこに来襲する洪水の規模が大きいことを意味している．堤防の流路側の前面には，しばしば各種の水制が設置されている．水制については第7章で解説する．水制は洪水流を制御し，堤防への衝撃を緩和する目的で設置され，洪水の規模や流勢に応じ，河相などその地点の特性に適合するように選ばれる．

　初心者は，逆に河川横断面の規模や形状，堤防の高さや勾配，高水敷の広さ，水制の種類や規模，設置場所や配置などを見て，その地点を襲うであろう大洪水の状況を瞼に浮かべることができる．河川の流況の変化は激しく，その変化の仕方がその河川の特性でもあるので，現在の状況を見て，大洪水時または渇水時の流況を想定できることが，河川を見る能力を高める第一歩である．

　河川堤防には，予想される大洪水時の水位が，警戒水位，計画高水位などによって定められており，これらについては第7章で触れるが，それを現場技術者に聞くなり解説パンフレットなどによって知り，現場の堤防でその高さを確認すれば，いっそう明確にその地点での洪水位などの状況を推定できる．

2.1.1 流量を目測できる

　目測で2割内外の誤差範囲で河川流量を推定できることを目標にしたい．表面流速は水面上を流れる木の葉などで推定できる．河幅の目測，流心部の表面流速と全断面の平均流速との関係を知ることができれば，流量を推定することができる．とはいえ，全断面積を知るには水深も知らねばならず，このようにして流量を推定するのは必ずしも容易ではない．

　しかし，何回かの経験を積めば，水深を推定して断面積を計算しなくても，河

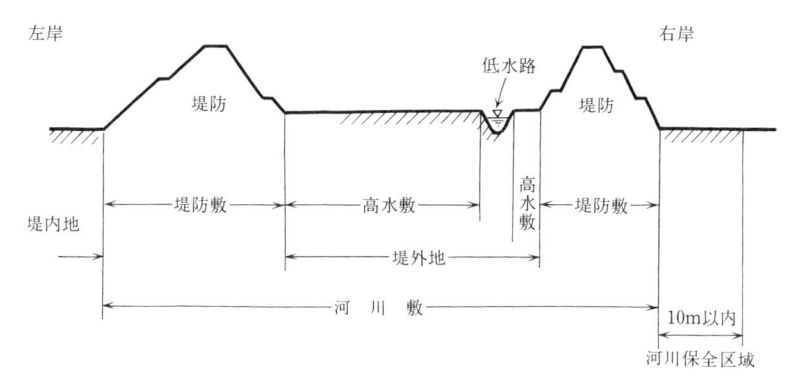

図 2.1 河川の標準断面図

図 2.2 アスワン・ハイダム（三次信輔氏提供）
ナイル川に 1970 年竣工したこのダムは，世界有数の大ダムであり，その規模の大きさと効果，およびそれが環境に与えた影響の大きさも含め，世界の河川技術者の強い関心を集めている．貯水総量 1,620 億 m^3 は世界第 3 位で，日本最大の徳山ダム湖の約 270 倍．ダム高 111 m，堤体材料 4,300 万 m^3（世界第 2 位）のロックフィルダム．

幅と流速を含む流況の観察から，最低限，桁を間違えない程度の流量を推定できるようになる．現場の技術者に聞く機会を求めて，何回かの経験を踏めば，視覚にキャリブレートされて，流量目測の精度は少しずつ向上する．

2.1.2 河床砂礫で勾配や流域の地質が推定できる

河床が目視できれば，その砂礫の大きさによって，その地点での河床勾配をほぼ推定できる．河床砂礫の粒径と勾配の関係についてはシュテルンベルク（H. U. Sternberg）の法則がある．すなわち，河床にある砂礫の大きさは，流下するにしたがって，その重量または粒径がつぎの法則にしたがって小さくなる．

礫の重量 W が微小距離 dL だけ運搬される間に摩擦によって dW だけ減ったとすれば，

$$dW = -\alpha W dL \quad (\alpha は摩擦係数)$$

これを積分し，$L=0$ の場合 $W=W_0$ とすれば，つぎのようになる．

$$W = W_0 e^{-\alpha L}$$

この公式は，河川の礫の粒径の変化が指数曲線になることを意味している．

河川の縦断勾配形状は近似的には指数曲線としてよいが，山間部から扇状地に流下した近辺の勾配は，その川の扇状地の成因などによって異なる．また，ダムや堰などのような河川を横断する構造物ができると，その上下流で河床土砂の移動は自然状態とは異なり，砂礫の大きさの減少傾向は著しい影響を受ける．放水路や捷水路の開削もまた河床勾配形そのものを変え，それに伴い部分的にこの公式にはしたがわなくなる．

> 砂礫の種類によって，その上流側の地質を推測することもできる．
> 静岡県や富山県の河川をそれぞれ東海道線，北陸線の鉄道で渡るとき，そこが河口に近い最下流部であるにもかかわらず，かなり大きな礫を河床に見ることができる．すなわち，これら東海道および北陸河川は，河口に至るまできわめて急勾配の河川であることが，車窓から一瞥しただけで確認できる．

2.1.3 河川の変化に注目する

河川は時々刻々，季節により，年月の経過にしたがって変化してやまない．その変化の状況を察知し，その原因を考察することは，河川観察における最も重要な視点であり，河川に親しむ機縁を与えてくれる．毎日通勤通学の途次眺める河川は，流量，水質，河川敷の様子など日々異なるはずである．特に豪雨の直後，

干天の続いた渇水時の状況は，平常とは著しく異なる．久し振りに訪れた郷土やよく慣れた土地の河川に，往時との変化を懐しむのも河川を見る眼を富ませる．かつて訪ねた際の河川の写真があれば，その変化をより正確に確認できる．

本格的な調査目的で河川を訪れるならば，国土地理院作成もしくはそれに準ずる地形図，さらには最近のその地点周辺の航空写真を手許に，その地点の特徴や周辺の河川地形について概観できる．最近の洪水氾濫の際の航空写真があれば，氾濫時の臨場感を彷彿とさせつつ，現状と比較することができる．古い航空写真と，現状とを比べてその間の変化を知ることもできる．

河床の変化は橋脚基礎の地盤高と現河床高を見比べれば，架橋時以降の河床高の変化を類推することができる．橋梁には例外なく架設年が記されており，橋脚が埋まっていれば，架設以来，埋まった分だけ河床が上昇したことになる．

ここに例示したのは観察のポイントの数例にすぎないが，河川の変化を注視する態度さえあれば，さまざまな点にその変化を読み取る鍵が無数に転がっている．その鍵を見出し，変化の原因を考えることこそ，河川観察の醍醐味である．

ベテランの河川技術者であれば，砂礫河川にある砂礫がブルドーザーなどで荒らされていなければ，それら砂礫がいつ発生した洪水によって運ばれたかをほぼ正確に推定することさえできる．

2.1.4 堤内地にも注目しよう

堤防に立つならば，水の流れる河道側だけでなく，堤防によって守られている農地や宅地の側，すなわち堤内地も眺めよう．この堤防は何を守ろうとしているのか，守られるべき土地の特徴は何かを知ることが，治水の原点である．堤防が破損しても，守られるべき農地や都市の被害が小さければ治水は成功である．堤防を守ることが治水の最終目的であるかのように勘違いしてはならない．

堤内地の地盤高と河床高との差，堤内地の作物，宅地の自衛状況など，確かめるべき情報は無限ともいえる．河床高が地盤高より高い，いわゆる天井川も日本河川には多い．昔からしばしば破堤氾濫を経験している農村の宅地の周囲には，堤防の側に樹木をめぐらしたり，宅地面を高くするなど，さまざまな自衛手段を見ることができる．そのような氾濫地形の場所でも，新しく進出してきた住宅や工業団地，各種施設には，治水を百パーセント信頼してか，氾濫に無防備な立地の例が少なくない．

堤内地を通過する際には，そこがどの川の流域であるかを確かめたい．そこを

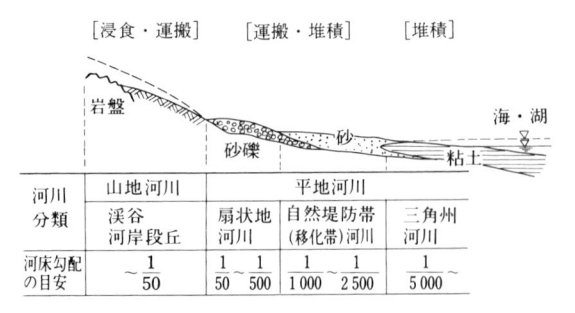

図 2.3　河川の分類と縦断面（土木学会編，1988：水辺の景観設計，p.11，技報堂出版より）

流れている農業用排水路，および中小水路と本川との関係に注意し，流域内の水路系，水利用の経路，できれば河川からの取水地点，河川への排水地点を確認することが望ましい．つぎに農耕地の作物を見れば，その土地の気候風土，水利用の特性を通して河川との関係を知ることができる．さらに，一時代前の地形図によって，その土地の履歴を知ることができれば，その土地の特性および過去の水利用と氾濫特性をかなり正確に類推できる．

　河川は上流山地から河口に至るまで，上流・中流・下流と流れ下り，それぞれ異なる様相を示す．しかも，個々の河川ごとに特有な動態を以て流れている．いま見ている部分がその河川のどの位置にあるのか，その観察を通してその河川の特性をとらえることが，河川観察の眼目である．

　治水もしくは水害の観点からは，山間部を出て海に至るまでの沖積平野を流れる部分が重要である．小出博は，この部分を扇状地河川，移化帯河川（自然堤防帯河川），三角州河川に分類し，それぞれの特質を明確にした．山間部の渓谷河川，河岸段丘河川も含めて，それぞれの流水や河状の特徴は表 2.1 のように示すことができよう．ここに移化帯とは扇状地から三角州へ移る中間地帯をいい，一般に自然堤防が形成されているので，自然堤防帯河川ともいえる．この3形態はいわば標準的なもので，すべての河川がこれらを備えているわけではない．扇状地河川のまま海へと流入する河川もあり，自然堤防帯部分がほとんどない河川もある．しかし，いわゆる大河川と呼ばれている河川はこれら3形態を有し，自然堤防帯を豊かに備えている．わが国では石狩川，利根川，信濃川，木曽川などである．

　これら3形態ごとに河川の流れ，河道，周辺地形は著しく異なり，堤防をはじめ種々の河川構造物などの形態も異なる．

表 2.1 河川の分類（流水，河川地形等の特徴）（土木学会編，1988：水辺の景観設計，p.11 より加筆修正）

渓谷河川	・河道……深い谷間の底を流れるＶ字谷を形成 ・河床材料……岩，礫，砂礫，岩盤 ・平常時の流れ……瀬と淵，滝など ・洪水時の流れ……急流，破壊力大，下方浸食力大	・谷の側面の土砂崩壊防止対策，砂防工事 ・河床からの土砂流出抑制，砂防ダム，流路工 ・安定斜面に集落立地 ・大ダム
河岸段丘河川	・河道……谷間に河岸段丘形成，深く谷が掘れる ・河床材料……砂礫質，岩盤 ・洪水時の流れ……下方，側方浸食	・段丘側面の土砂崩壊防止 ・河床の土砂流出抑制 ・段丘上の安全な平地に集落立地
扇状地河川	・河道……浅く，川幅広い ・河床材料……砂礫質 ・平常時の流れ……網の目状の乱流，伏流して水無川化，扇端での湧水 ・洪水時の流れ……急流で破壊力大，横浸食力大，放射状流路の形成	・霞堤の存在 ・水制……大型水制
自然堤防帯河川（移化帯河川）	・河道……流路固定化し，高水敷ができる ・河床材料……主として砂質 ・洪水時の流れ……横への氾濫により自然堤防が形成されやすい ・高水敷……砂質であるため耕作しやすく，水田，畑，果樹園などに利用	・支川への逆流問題発生……背割堤，水門，ポンプの必要性 ・水制……中規模水制 ・かつては輪中堤多し
三角州河川	・河道……水深は深く，流速遅く，川幅やや大 ・河床材料……細砂，シルト，粘土（下方浸食卓越） ・東北日本……内湾・湖沼の陸化，大きな蛇曲が発生するが，変流は鈍い ・西南日本……外海の陸化，放射状に分岐する ・干満の影響を受ける．日本海側と太平洋側は異なる	・排水はポンプ依存，ポンプ取水も多い ・湛水期間の長期化

　扇状地河川は，山間部から出て川幅も急に広くなり，洪水流の流速も山間部に比べて遅くなり，ここに土砂を堆積させやすい．とはいえ，河床勾配が1/1000 より急な場合，洪水流の破壊力は強く，堤防やその前面の水制はそれに耐えるよう，さまざまな工夫が凝らされている．霞堤や巨大な水制はこの部分に見られる．

　自然堤防帯河川は，河床勾配が千分の１から数千分の１となり，河床材料は砂質となる．川幅は狭くなり，河道断面は深くなる．自然堤防と山地や台地との間，

あるいは幾重にもなっている自然堤防間には，後背湿地と呼ばれる凹地があり，出水氾濫水の粘土などの細かい粒子が堆積している．後背湿地は一般に排水が悪く，水稲など湛水に比較的強い農作物が栽培されてきた．この部分は歴史上，大洪水などで変流を繰り返してきた例が多く，自然堤防を基礎として人工的に大堤防を築いて集落や耕地を守っている．また，この部分では地形勾配が緩くなっているため，合流する支川や排水路に洪水の逆流が発生しやすい．

三角州河川は，河床勾配も1万分の1近くまで緩やかとなり，河床材料は細砂やシルト，粘土が多くなる．この部分での課題は排水であり，満潮時や渇水時の塩水対策である．そのためにさまざまな対策を施している状況を知ることができる．海岸近くでは塩水を含まない水を確保するために，流路を積極的に蛇行させたり，堰を設けて排水を悪くさせることさえ行われている例もある．それが上流側には不利な条件をつくることとなる．用排水問題は上下流での地域間対立の焦点であり，その種々相に日本の抱えている水問題の一端がうかがえる．

このように河川の分類を念頭において河川を観察し，それを通して個々の河川の特性を理解してほしい．同じ扇状地河川といえども，個々の河川ごとに際立った特徴を持っているからである．それぞれの河川は，その自然的特性と，そこに加えられてきた河川技術を通して特有の社会史を持ち，それらが絡み合って，その河相が育成されてきている．それを探ろうとする点にこそ，河川観察の要諦があり，尽きぬ面白味がある．

2.2 水文量のとらえ方

2.2.1 主要な水文要素

第1章に述べたように河川水文学は河川工学の重要な基礎である．水文学は1964年，ユネスコがIHD（International Hydrological Decade，国際水文学十年計画）開始の前年につぎのように定義した．

> Hydrology is the science which deals with the waters of the earth, their occurrence, circulation and distribution on the planet, their physical and chemical properties and their interactions with the physical and biological environment, including their responses to human activity.
>
> Hydrology is a field which covers the entire history of the cycle of water on the earth.

（水文学は，地球の水を取り扱う科学であり，地球上の水の発生，循環，分布，およびその物理的ならびに化学的特性，さらに物理的ならびに生物的環境と水との相互関係を取り扱う科学である．この場合，人間活動への応答が含まれる．
　水文学は地球上の水循環のすべての歴史を包括する一分野である．）

　河川流域を場とする河川水文学においては，流域を単位とする水の循環をどうとらえるかが，重要な課題である．つねに激しく変動する水文量をとらえることによって，その流域の水文特性を把握し，近未来の変動を予測することは，水文学がつねに求め続けている課題であり，社会的要望も強い．流域への降水量，河川の水位と流量は最も重要な水文量であり，地下水流，土壌水分，蒸発量，湿度もまた，測定によって量的にとらえる必要がある．

　人口増加，都市化，生活水準の向上が高度成長期に水需要を激増させ，その対策のためにも，水文諸要素の量的把握が重要になってきた．

　従来は，これら水文要素を量的にとらえることにもっぱら努力が積み重ねられてきたが，近年は人間活動に伴う水質の悪化，生態系の破壊が重要関心事となり，水質，および水質と水量との関係についての測定が重要となっている．

2.2.2　人間活動と水文量

　水文学は元来，自然地理学または地球物理学の一分野として位置づけられており，自然界における水循環を正確に記録し，叙述し，解釈するのが使命である．しかし，20世紀後半になって水循環は，急激に活発となった人間活動によって著しい影響を受けるようになった．前述の水文学の定義に，"人間活動への応答"がとくに付け加わっているのは，このような新しい情勢をふまえてのことであった．現在においては，さらに開発が自然の水循環に与える影響，水循環に悪影響を及ぼさない開発や保全の方策を採ることが，重要な課題となってきた．水文観察においても，人間活動と水文諸要素との相互関係に留意する必要度が高まっており，その観点から水文データを理解するよう心がけるべきであろう．

　たとえば，流域が開発されたり都市化されると，一般に降雨から河川への流出までの時間が短くなり，豪雨量は同程度でも，河川洪水流量が大きくなる傾向がある．それ以前よりどの程度大きくなったかは，過去の観測データがないと正確には比較できない．長年にわたって継続された水文観測記録が貴重なゆえんである．

　人間活動が激しくなっている現代においては，それによって水循環のメカニズ

ムが変わり，それを水文量の変化によって科学的に確かめることができる．特に開発が盛んな現代の日本は，開発によって将来水循環がどう変わるかについての予測も重要であり，長年の継続的水文資料の価値はいっそう高い．

2.2.3 水文観測の原則

水文観測の目的は大別してつぎの2種がある．

(1) 標準化されたデータを求め記録を残すことが目的の観測．これについては定常的継続的に行わなければならない．気象庁が全国的に配置している区内観測所による降水量などの観測がその代表例である．

(2) 特定目的のために臨時に行う観測．ダム流域内の雨量観測点を定めるため，一定期間多数の観測点を配置して行う雨量観測などの例がある．

前者の場合は，観測方法を標準化し，計器も堅牢で故障例が少なく互換性の効く規格品がよい．この場合は1回の欠測は，長年月継続していたデータの価値を著しく損う．後者の場合は，測定範囲内で要求される精度に合ったものを選ぶ．

水文観測は観測者と器械の協同作業である．"器械は人見知りする"とは木下武雄の名言である．器械と協同しつつ使用するユーザーとしての水文学者は，器械に対しつねに愛情を持ち，いたわる心情を持たなければならないとの意味である．観測小屋へ赴き，記録紙を交換する場合には，インキが滞りなく一様に記録されていたか，かすれたりしていれば，器械のどこかに無理がなかったか．わずかの"病い"も早く直すように手を打たなければならない．別の用件で観測小屋の近くを通る機会でも，立ち寄る愛情がほしい．器械はその愛情を感じて順調に働くに違いない．器械と記録値に対しつねに関心を持ち，その地点の水文特性を理解していれば，不規則もしくは不審な値が記録されても，それを察知でき，その原因を究明できるであろう．人里離れた山中の雨量観測点では，不心得なハイカーに荒らされることもある．器械の故障が長く放置される恐れもある．早く対処しないと，器械は人見知りすることになろう！

水文観測者であるユーザーと器械メーカーとの対話も必要である．水文観測の現場やデータの使用法や要求される精度をよく理解せず，操作は複雑でも精度さえ高くすればよいと考える者も少なくない．一般に水文観測機器の設置場所は，気温や湿度の変化が大きいとか，条件のよくない場所が多い．メーカーにそのような事情や精度や感度の範囲を説明しそれに合った機器を求めるべきである．

表2.2 強雨の例

(a)日本の1日雨量大記録

地点名	県名	降水量(mm)	発生年月日
日早(ひさわ)	(徳島)	1,114	1976. 9.16
西郷	(長崎)	1,109	1957. 7.25
守山	(長崎)	1,057	1957. 7.25
立山	(富山)	1,016	1944. 7.19
大台ヶ原	(奈良)	1,011	1923. 9.14
長谷	(長崎)	997	1957. 7.25
大台ヶ原	(奈良)	988	1953. 9.25
〃	(〃)	976	1954. 9.13
〃	(〃)	960	1946. 7.29
小見野々	(徳島)	953	1974. 7. 6

((a)(b)とも 高橋, 1977: 地域開発編(1), 彰国社などより)

(b)日本の1時間雨量大記録

地点名	県名	降水量(mm)	発生年月日
長与	(長崎)	187	1982. 7.23*
幸物	(長崎)	183	〃
福井	(徳島)	167	1952. 3.22
富士宮	(静岡)	153	1972. 8.24
香取	(千葉)	153	1999.10.27
長浦岳	(長崎)	153	1982. 7.23

*1982年の長崎豪雨に際しては、長与、幸物のほかにも155 mm以上を記録した観測地点が10ヵ所ある。

(c)世界の地点雨量の最大観測値(出典 アリゾナ州立大学(ASU)とWMOとの共同プロジェクト, Jenning, A. H., 1950: World's Greatest Observed Point Rainfalls, Mon. Wea. Rev, Kreuse and Flood, 1997: Weather and Climate Extremes, U.S. Army Corps of Engineers Topographic Engineer Center, pp. 89.)

継続時間	降水量(mm)	地点	発生年月日
1分	38	Barot, グアドループ島(仏領)	1970.11.26
8分	126.0	Fussen, ババリア(ドイツ)	1920. 5.25
15分	198.1	Plumb Point(ジャマイカ)	1916. 5.12
20分	205.7	Curyea-de-Arges(ルーマニア)	1889. 7. 7
42分	304.8	Holt, モンタナ(米国)	1947. 7.22
1時間	401.0	Shangdi, Nei Monggol(中国)	1975. 6. 3
2時間10分	482.6	Rockport, ウェスト・バージニア(米国)	1889. 7.18
4時間30分	782.3	Smethport, ペンシルバニア(米国)	1942. 7.18
6時間	840.0	Muduocaidang(中国)	1977. 8. 1
9時間	1,086.9	Belouve, レユニオン島(仏領)印度洋	1964. 2.28
12時間	1,340.1	Belouve	1964. 2.28〜29
24時間	1,869.9	Cilaos, レユニオン島(仏領)印度洋	1952. 3.15〜16
2日	2,499.9	Cilaos	1952. 3.15〜17
5日	4,301	Commerson, レユニオン島(仏領)印度洋	1980. 1.23〜27
7日	5,003	Commerson	1980. 1.21〜27
15日	6,433	Commerson	1980. 1.14〜28
31日	9,300.0	Cherrapunji(インド)	1861. 7
2月	12,766.8	Cherrapunji	1861. 6〜7
6月	22,454.4	Cherrapunji	1861. 4〜9
1年	26,461.2	Cherrapunji	1860. 8〜1861. 7
2年	40,768.3	Cherrapunji	1860〜1861

2.2.4 降水量

　降水とは，水蒸気が大気中で凝結，または昇華してできた水滴や氷片，またそれらが凍結・融解してできた氷片・水滴が落下する現象であり，雨のみならず雪，霰，雹など空より降ってくる水滴のすべてを指すが，雨と雪が量的には大部分である．

　降水量の単位は，一定時間（年，月，日，時，30分，10分など）内に地表面に到達した降水の量を水の深さで表し，単位はmmである．世界と日本での強雨の例は表2.2に示すとおりである．日本の1時間雨量の最大は長崎県長与町役場の屋上で，1982年7月23日19時から20時にかけての187 mm，日雨量の最大は，1976年9月の台風17号の際に徳島県日早で記録された1,114 mmであり，これらの豪雨記録を聞いて，欧米の水文気象の専門家は驚く．欧米の大部分の主要都市の年間降水量が600ないし1,000 mmであり，前述の日雨量は欧米の年間降水量以上にも相当するからである．このような豪雨の場合は激しい水害の発生を避けるのは難しい．1982年7月の長崎豪雨の場合も死者299名を出す悲惨な水害となり，76年台風17号は高知市の氾濫，小豆島の土石流，長良川破堤など主として西日本一帯に激しい水害をもたらした．

　わが国の雨量の定時観測は，1875年（明治8），東京の赤坂葵町においてイギリス人ジョイネルによってはじめられた．直径20 cmの受水円筒の下半分を地中に埋め込んだ標準型雨量計は1883年からといわれる．したがってわが国の雨量記録は長くとも百余年であり，河川の計画や洪水予報にとって重要な上流山地の雨量観測は20世紀前半まではわずかしかなく，ようやく第二次大戦後になって，山間部にも量的に整備された．

　2007年現在，わが国の雨量観測所は国土交通省関係で8,892ヵ所であり，河川の諸計画の対象となる国土交通省の雨量観測所は標高100 m以下の平地部に全体の36.2％である．

　ほとんどの雨量計は転倒ます型雨量計（図2.4(b)）である．この雨量計は受水部に入った雨水を転倒ますで受けて，雨水の0.5 mm，または1 mmごとにますが転倒してパルス出力する発信器でディジタルに測り，室内において自記電接計数器などで記録することができる．

　微少な雨には応答がやや悪く，0.3 mm程度の霧雨が断続的に降る場合，途中で蒸発もあり，誤差を起こすこともありうる．転倒ますのバランスは微妙であるので，取り付けた際に気象庁の検定を受け，ときどき掃除したほうがよい．

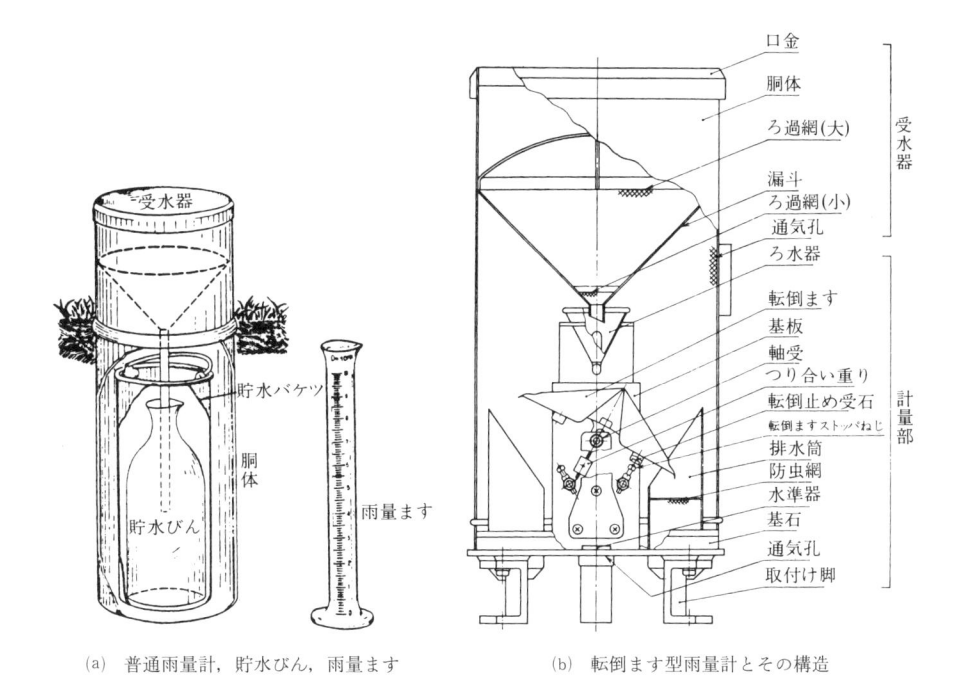

(a) 普通雨量計，貯水びん，雨量ます　　　(b) 転倒ます型雨量計とその構造

図 2.4 雨量計の例（建設省水文研究会，1985：水文観測，p.24, 26, 全日本建設技術協会より）

普通雨量計（図 2.4(a)）は，直径 20 cm の受水口から入った降水の体積を直接測定し，受水部，貯水部，貯った降水量を測定する付属品より成る．

そのほか，貯水型，秤量型などの雨量計もある．また降雨強度計は図 2.4(b)のように，転倒ます型雨量計と同じ大きさの受水器で受けた雨水が，内部の受水筒に入り，ノズルからあふれて灯油槽に水滴 1 個が滴下するごとに，光電スイッチが作動してパルスを発生する型式である．パルス数は雨量にほぼ比例するので，降雨強度が大きくなると水滴も増し，降雨の変化や強度を比較的明瞭に認めることができる．

レーダー雨量計の原理は，レーダーから発射された電波が，雨滴などの反射目標に当った反射波（エコー）を受け，そのエコー強度と降雨強度との間は，両対数上で比例関係が成り立つとして雨量計測を行うのである．レーダーは見通しのよい山頂に設置し，解析処理の電算機をオンラインで結び，エコーデータを電波の発射方向およびレーダーからの距離にしたがって雨量強度に変換する．レーダー雨量計の利点は，雨滴の成長と落下を瞬時にとらえられ，レーダーアンテナを

2.2 水文量のとらえ方

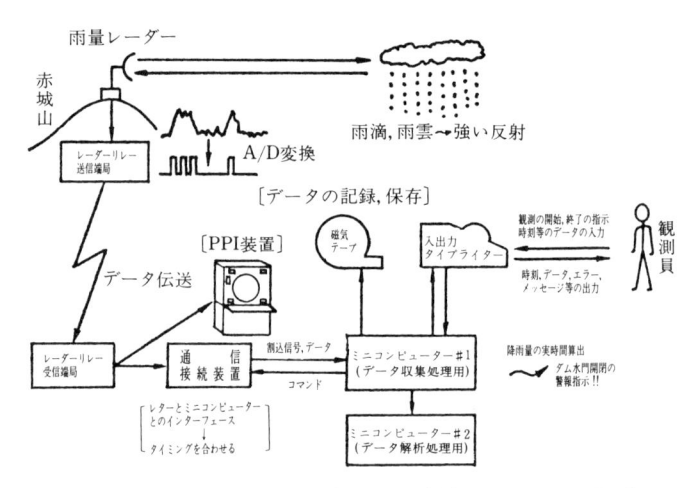

図 2.5 国土交通省赤城山レーダー雨量計システム概念図（前出：水文観測, p.53 より）

回転させつつ，雨域を連続的に見ることができること，表示方法を工夫すれば，雨量の空間的・時間的分布を直観的に見ることができる点にある．

2007年現在，全国で国土交通省などの26基のレーダー雨量計がある．雨量計は一地点で長期間継続観測したデータが貴重であるので，その位置選定に際しては，障害物のないこと，近くに建物や大きな樹木がなく，それらの高さの4倍以上離れ，10 m四方の開放された土地が望ましい．地形の影響のないこと，地面に極端な起伏がなく，風の吹き上げる崖や，吹きだまりを避ける．ビルの屋上，尾根筋，急斜面は不適当であり，そのほか，維持管理，用地および観測員の確保の点からの配慮も必要である．

また，近傍の観測所からの資料や，土地の古老などからの聞き込み情報も観測所選定に当って参考になる．設置時の条件は適していても，設置後に近くに建物が建ったり，樹木が繁るなど状況が変わることもある．なるべく変化のない地点を選ぶべきであるが，それも限度があるので，状況変化によってはやむをえず観測所を移すとか，以前のデータとの比較に際しては補正するなど臨機応変の措置を講じなければならない．

雪の観測も重要であるが，雨量よりもはるかに困難が伴う．

雪は融雪洪水，雪崩などに起因する災害を発生するとともに，交通を遮断し，屋外労働を著しく制約する．雪国の人々にとって，雪を克服するいわゆる克雪は古くからの悲願である．しかし一方では，日本では雪国の上流山地への積雪が，

図 2.6 水位計

貴重な水力資源となり，雪融け水が農業用水，都市用水供給に果たしている役割は大きく，雪資源といわれるゆえんである．

したがって，雪害を最小限にするとともに，融雪の有効利用は雪国の人々はもちろん，国家的にも切実な要望である．そのためには，降雪および積雪分布情報と，これに基づく融雪予測の精度を上げることが雪観測の目標である．

しかし，降雪および積雪の観測および調査は困難な点が多く，一般に十分にはデータがなくその精度は必ずしも高くはない．たとえば，雪国の河川流域の年間水収支における実測の流出量の降水量に対する比，すなわち流出率を計算すると，100%に近い大きな値を示す流域もある．これはおそらく降雪観測点が相対的に少なくて，積雪面積量の過小な見積りと推定される．観測点による降雪量の観測は，地形や風の影響を降雨よりはるかに強く受け，積雪の深い山地に設置できる観測点がきわめて限られ，その維持管理が困難なため，降雪量の点情報はもとより，全流域の面積情報の精度を上げるのは容易ではない．

積雪分布の調査法は，かつては積雪地を駆けめぐり，多数の地点で積雪深とその密度などを測る方法により，スノー・サーベイ (snow survey) と呼ばれていた．

河川調査の観点からは，特に面積情報が必要であるため，空からの撮影が丸安

2.2 水文量のとらえ方　33

隆和らによって黒部ダム上流域において実施され，その積雪情報から融雪時のダム湖流入量の予測が行われた（1968年）．さらに人工衛星によるリモートセンシングの登場は，積雪情報の取得に大きく貢献した．特に積雪量分布と融雪量分布の推定法がわが国では武田要らによって開発された．人工衛星による積雪領域観測は，1960年に米国の気象衛星 TIROS-1 の打ち上げに際してのテレビカメラ画像利用にはじまり，1972年に打ち上げられた LANDSAT-1（ERTS-1）には，高分解能の MSS（Multi-Spectre-Scanner）と，RBV（Return-Beam-Vision）が搭載され，高高度航空写真撮影とほぼ同精度の積雪データが得られるようになり，積雪領域に対するリモートセンシング利用は一挙に発展した．日本が1977年に打ち上げた GMS（ひまわり）は，可視・熱赤外の2バンドを持つ静止気象衛星であった．

しかし，これら人工衛星にもいくたの短所があり，それを補うものとして，マイクロ波利用のリモートセンシングが開発された．マイクロ波（ミリ波を含む）は可視・赤外線領域と比べ，長い波長（1mm～1m）の電磁波であり，雲を透過するので，天候の制約を受けることが少なかったからである．

マイクロ波による積雪のリモートセンシングは，地面から射出されるマイクロ波放射エネルギーが，粒子媒体の積雪層での散乱による効果を，定量的に計測して積雪量を計量するのが基本である．しかし，それにはいくたの難点があったが，筒井浩行はそれを解決し，人工衛星を活用した受動型マイクロ波センサーによる積雪のリモートセンシングをさらに発展させた．特に人工衛星 ADEOS-II や AQUA に搭載されたマイクロ波センサーである AMSR（Advanced Microwave Scanning Radiometer）および AMSR-E による高分解能・多周波の輝度温度データによって，衛星を利用した積雪調査は地球規模で飛躍的に発展した．さらに受動型マイクロ波センサー搭載の地球環境変動観測ミッション水循環変動観測衛星（Global Change Observation Mission-Water, GCOM-W）を2010年以降，3機連続で打ち上げる計画は，わが国の宇宙開発委員会ですでに承認されており，これが実現すれば，SWE や積雪深推定の積雪衛星アルゴリズムのさらなる発展が期待される．これによって全地球規模の積雪情報が得られ，近年の気候変動が顕著に表れる雪氷圏の変化と両者の関わりとの究明に役立つであろう．

2.2.5 水位

河川や湖沼などの水域における水面を，ある基準面から測った高さを水位（water stage）という．その基準面は原則として東京湾中等潮位（T. P.）とする．

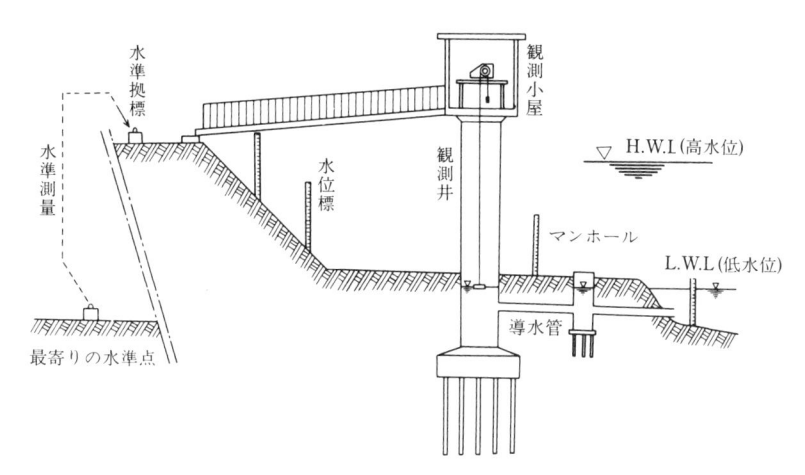

図 2.7 水位観測施設（前出：水文観測, p.90 より）

　T. P. は国土地理院発行の地形図に記入されている標高の原点である．この原点は，東京都の隅田川河口の霊岸島の量水標において，1873（明治6）年6月10日から1879年11月21日まで実測した潮位の平均値である．この間にも若干欠測もあり，わずか7年の観測結果であるので最近の東京湾中等潮位とずれがある．この霊岸島量水標目盛で前述の平均潮位が1.1344 m と記録され，この量水標原点が A. P.（Arakawa Peil）となった．

　江戸川河口堀江量水標が1874年に設置され，この原点を Y. P.（Yedogawa Peil）と呼ぶ．Y. P. は（T. P.-0.840 m）に当る．淀川には O. P.（Osaka Peil, T. P.-1.300 m）があり，吉野川の A. P.，北上川の K. P.，鳴瀬川・塩釜港の S. P. などがあったが，徐々に T. P. に統一されている．

　水位を測る器械を水位計（water gage）または量水標という．水位は水位計のある場所でのその瞬間の値である．湖沼では同じ瞬間でも静振（seiche）と呼ばれる水面の周期的振動や波によって，測点ごとに水位は異なる．河川水位でも，特に洪水時には左岸と右岸，流れの中心の流心部と沿岸部では一般にかなり差がある．

　水位計設置に際しては，その水位の値が，可能な限り水位計周辺の河川を代表し，その代表性を維持できることが必要である．

　河川の流速が速い場合には，水位計の設置によって水位が乱れることもある．その付近に水制，さらには堰や橋などの構造物があるために，代表性のある水位が観測できないこともある．水位計設置の時点では，適切な場所であっても，その後の河床状況の変化によって干上がったり，水位計が傾いたり壊されたりする

こともある．たとえば，その付近で砂利採取が行われたり，洪水によって，流れの中心部の澪（みお）が変わったために水位計の場所が干上がったり，舟の繋ぎ杭の代用として使われて零点が狂うこともある．

水位計の設置には，詳細な河川平面図，横断図，縦断図，航空写真を参照しつつ，現場周辺を十分に踏査し，河道の極端な屈曲部や狭窄部や河床変動の激しい個所を避ける．

貯水池や湖沼の場合は，静振，風の影響に備えて，少なくとも2ヵ所に水位計を設け，池沼全体の水位の状況がつかめるようにする．

水位観測所も，基本的な水理・水文資料を得るための常設のものと，特定目的のために臨時に配置されるものとの2種類がある．前者は，永続的に観測し，その地点の水位の長期的変動傾向を知り，統計的処理に適用できるのが，主要な設置目的である．同じ精度で長年月にわたって観測でき，それらを比較できることが大切である．観測所の移動は極力避け，人為的な破損を受けたりしないよう，維持管理には細心の注意を払うようにしたい．

こうして得られた水位資料は，洪水予報や水防警報の水位を定める基礎となり，それに基づいて予警報を発することになる．さらに水位から流量を求めて，河川改修計画や水資源計画の基準とするほか，河川の流況特性を知るためにも重要な情報を与える．

水位を測る水位計は，つぎのように多種類ある．

(1) 直読式：水位の目盛を視覚によって直接読み取る方法．実際河川に用いられる量水標，水理実験で用いるポイント・ゲージなど．
(2) フロート式：水面にフロートを浮かべ，フロートと重りとをワイヤーで結び，そのワイヤーを滑車にかける．水面の上下によってフロートが上下し，滑車が回転し水位を自動的連続的に記録する．
(3) 気泡式：水中に開口した管から気泡を出す．管内圧力は大気圧と開口部への水圧の和であるから，大気圧を引いて開口部の水圧を測れば水位がわかる．
(4) 水圧式：水中に設置された受圧部の受ける水圧の変化を機械的に測定するか，感圧素子によって電気信号に変換して，水深を測り水位を求める．
(5) 触針式：重りまたは針が水面との接触を電気的に感知して水面高を知る．
(6) リードスイッチ式：水中に測定柱を立て，その中に磁石付きのフロート，一定間隔に並べたリードスイッチを配置．水面の上下により磁石が上下し，その磁力線の影響でリードスイッチがonになり，そのスイッチの位置を検

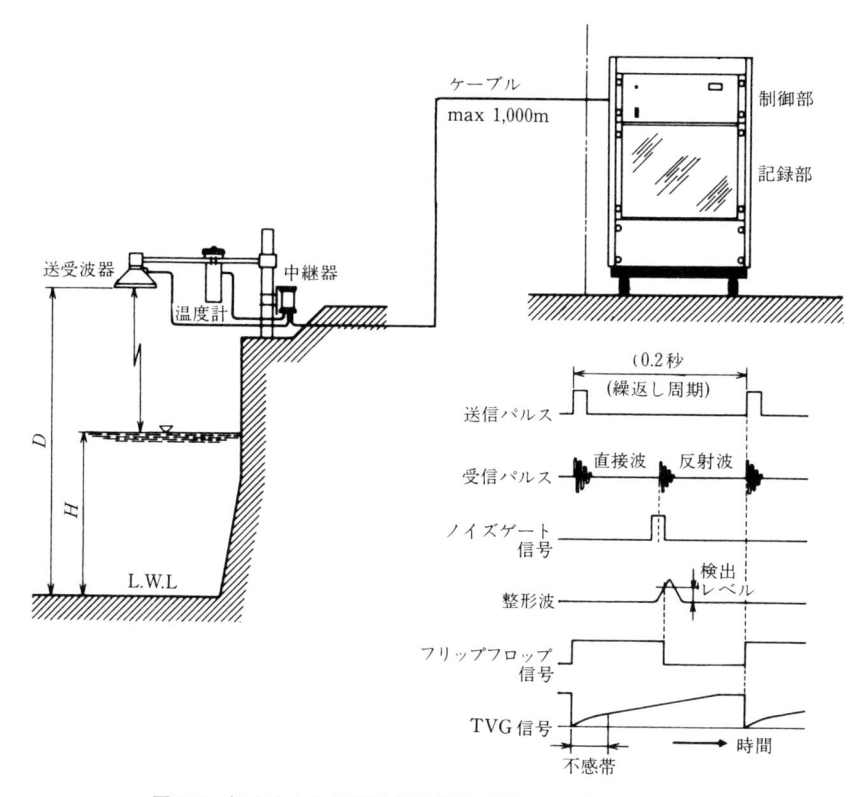

図 2.8　超音波式水位計測定原理図（前出：水文観測，p.87 より）

知して水位を知る．
(7) 超音波式：超音波送受波器を水面の鉛直上方に取り付け，超音波が水面に反射して戻ってくるまでの時間を測り，水面と送受波器との距離を知って水位を知る．

　これら水位計には一長一短があるが，多くの水位計に共通の欠測原因は，河床変動による場合が多い．河床が低下したり（フロート式），土砂が堆積して測定柱が埋没したり（リードスイッチ式，気泡式），導入管が詰まったり（気泡式，触針式）して，水位が記録できなくなる．触針式の場合は電気系統の故障による欠側が最も多い．

　水位・流量観測は，主として国土交通省によって行われているが，テレメータ化してインターネット経由で一般へ情報提供している水位観測所は全国に約5,650ある（国土交通省約1,900，都道府県約3,650，その他約100ヵ所）．型式と

してはフロート式は測定機構が単純であり，故障時の対応も比較的容易であるため，古くから使われている．ディジタル式はフロート式に比べて歴史は浅く，現地での耐久性や適応性が必ずしも十分とはいえないものもある．

2.2.6 流量

流量とは，単位時間に河川のある横断面を流過する水の量である．流量の単位は，多くの場合，m^3/s，すなわち毎秒何 m^3 で表現され，$1 m^3/s$ を 1 立米（リューベ）とも呼ぶ．

わが国で推定されている最大洪水流量は利根川の八斗島から栗橋に至る間における，1947 年 9 月 16 日未明，カスリン台風通過時の $17,000 m^3/s$ である．河川の流量は，流域への降水が地表や地中を経由して流出してくるので，流域が大きければ流量も大きくなる．流域の単位面積当りの流量を計算すれば，河川ごとの流量特性を比較することができる．この量を比流量といい，$m^3/s \cdot km^2$ を単位とする．洪水または渇水時の比流量によって，その河川の流出の特徴が示される．

流量は河川工学における観測資料で最も重要である．河川の主要な計画を立てる場合には流量を基準とするからであり，流量の特徴を知れば，その河川の流況の特徴をとらえることができる．重要なことは，自ら流量観測に参加することである．それによって河川のさまざまな現象を観察することができる．

河川の流量は時々刻々変化する．しかし，流量の測定は一般に相当手間がかかるので，特定の場合にしか行えない．したがって，連続的に記録できる水位から，流量を推定計算して求めることが多い．そのためには，あらかじめ水位と流量の関係式を求め，グラフ化しておけば，水位から容易に流量を求めることができる．その関係式は，いくつかの異なる水位の場合に流量を測定し，そのプロットから最小自乗法などによって水位・流量関係式を求める．水位の低い場合には，綿密な流量測定を行って比較的精度の高い流量の値を求めることができるが，水位の高い洪水時の流量測定の精度は必ずしも高くない．したがって，洪水時の流量の実測値の精度を高めることは，洪水流量の絶対値を知るために重要であると同時に，水位・流量関係式の精度を高めるためにも，重要である．

水位と流量との関係を曲線に示したものを水位流量曲線，HQ 曲線と称し，次式で表現される．

$$Q = a(H+b)^2 \quad Q: 流量 \quad H: 水位 \quad a, b: 実測から求める係数$$

a, b は多くの水位・流量の観測値から最小自乗法で求める．木下武雄は，観測

流量表の観測値から a, b を求める方法を開発している．上式は開平すると，$\sqrt{Q} = \sqrt{a}(H+b)$ となり $\sqrt{Q}$ 曲線が直線になる．

諸外国では $Q = a(H+b)^n$ を使っている例がある．

河川の流量測定は，機械工学，工業化学などにおける流量測定とは，測定の対象や条件が著しく異なり，その精度を高めるのは容易でない．たとえば洪水の流量のように，時々刻々大きく変動するのに加えて，莫大な量を測るので，しばしば危険を伴う．大洪水ともなればその瞬間に流量を直接測ることは，きわめて困難である．また，堤防からあふれ出て農地や宅地内にも流れ出た流量は，洪水後に水位の痕跡やその時間を調べて類推するしかない．

流量測定方法の主要なものは，回転式流速計による方法，主として洪水時の浮子による方法，河川上流部の山地，小河川，試験地などにおける堰による方法，新機種としての超音波流速計，可搬型電磁流速計，薬品の濃度希釈を利用する方法，さらには航空写真測量を利用する方法などがある．

a) 回転式流速計

回転式流速計による流量観測は，河川における最も一般的方法である．この方法は低水流量観測に適用されるが，観測所の条件によっては高水時にも行える．この方法は断面が大きい場合には相当の時間を要するので，水位・流量変化の少ない時を選んで実施する．一般に流速が 10 cm～1 m/s，水深は 30 cm 以上ある場合に適している．

回転式流速計は，回転部の回転速度と流速とが 1 次関係であるので，この関係式を前以て定めておき，回転速度を読んで流速を知ることができる．この流速計には，①回転軸が流れに平行な流速計（森式または広井式），②回転軸が流れに垂直な流速計（プライス）があるが，現在わが国で最も広く用いられているのは，プライス流速計である．

b) 浮子

主として高水時に測定され，浮子を投下し，ある区間を流下する時間を計測し，その区間の平均流速を求める．

河川の横断方向に等間隔になるように断面を分け，個々の断面ごとに浮子を流してそれぞれの流速を求め，個々の断面積を掛け，これらを合計して全断面の流量を求める．

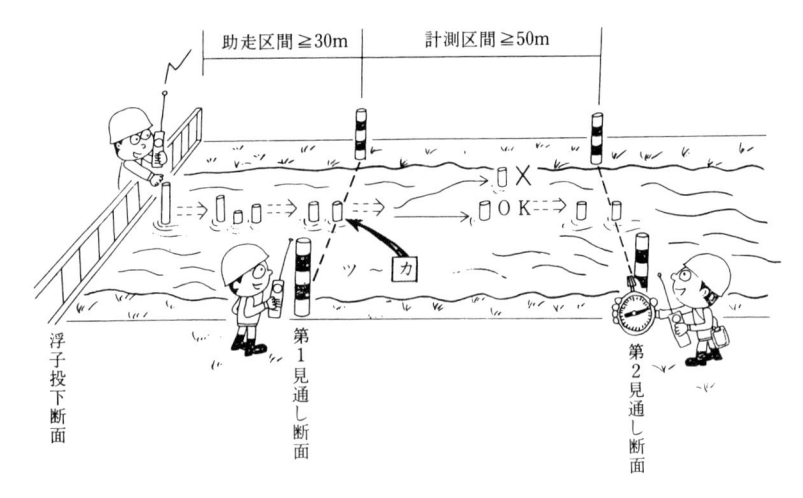

図 2.9 浮子による流量観測（前出：水文観測, p.147 より）

　浮子には表面浮子と棒浮子があるが, 主として棒浮子を用い, 鉛直方向の平均流速を求める. 浮子は, 橋梁または専用の浮子投下施設から投下する. 図 2.9 のように, 浮子が第 1 見通し断面から第 2 見通し断面に至る時間を測って流速を求める. 浮子投下から第 1 見通し断面までの助走区間は, 測定区間の状況にもよるが, 少なくとも 30 m 以上を必要とする.

　橋梁を利用する場合は, 橋脚による渦などの影響を受けないように留意し, 浮子投下施設の場合は, 河道の横断方向にケーブルを張って, 遠隔操作の浮子投下器から, あるいは吊籠に人が乗り, 測線位置から, 等間隔に 1 本ずつ浮子を投下する.

c) 堰

　堰（流れを堰き止め, その上を越流させる構造物）により流れに支配断面を発生させれば, 下流水位の影響を受けず, 堰の越流水深と流量の関係から流量を算出できる. フリュームによる方法もほぼ同様の原理であり, 水路の狭窄部の水位換算値から, 流量を換算して求める.

　この方法は, 下記の条件を備えている個所に適している.
(1) 一様で, あまり大きくない断面形状の水路が一定の長さ続いている個所, あるいは人工水路を築造できる個所.
(2) 完全越流できる適当な落差と, あまり急でない適当な勾配をとれる個所.

(3) 堰による上流側の水位上昇により，その上流区間に浸水などの障害が生じない個所．
(4) 潮汐，他河川との合流，水門などによって堰が潜り状態になる可能性のない個所．

堰本体の構造には，刃形堰，広頂堰，越流堰，フリュームなどがある．観測の条件に応じて最も適した構造を選ぶ．

d) 超音波流速計

超音波送受信器1対を河川の水中両岸に斜めに設置する．上流側から下流側への超音波の伝播の時間差は，超音波伝播線上の平均流速に比例する．水深の異なる各層ごとに送受信器を1対ずつ設置しておき，各層の平均流速を鉛直方向に積分して流量を求める．

超音波流速計の場合は，平均流速を時間的に連続して無人で観測し，水位計を連動して演算すれば，流量もまた連続的自動的に求めることができる．

この流速計使用に際して注意すべきことにノイズ対策がある．ノイズは各河川固有のものもあれば，モーターボートや電車などが発するものもある．パルス性の断続的ノイズのほうが連続性ノイズよりも有害である．したがって，流速計設置前にノイズに関する事前調査が必要である．

この流速計は，浮遊物質に弱い．小さい浮遊粒子が多量にあったり，気泡が多数混在すると超音波は減衰する．水温や塩分などによっても音速は変わる．水深によって音速が異なると音線は屈折したり，対岸の受信器へ届かないとか，表面や河底に反射して減衰し観測できなくなる場合がある．

これらの難点についてはデータ処理に際して留意する必要がある．

最近，流量観測に目ざましい進歩を遂げているのは，超音波流速プロファイラー（Acoustic Doppler (Current) Profiler，ADCPは登録商標）である．

船にADPを装備し，水底へ向い超音波を送る．前後左右4方向へ，鉛直線より約20°傾け発射する．それぞれの超音波は水中に浮遊する小物体にあたって帰ってくる．受波と送波の周波数はドップラー効果によって異なる．それによって水中各層の流速が3次元に表現できる．固定した河底にあたって帰ってくる波の周波数変化から船の速度と航跡がわかり，航跡上の三次元流速分布がわかる．縦断成分を積分すれば流量が求められる．

ADPを船に搭載する場合，洪水の流れにおいて船の安全操作が重要である．

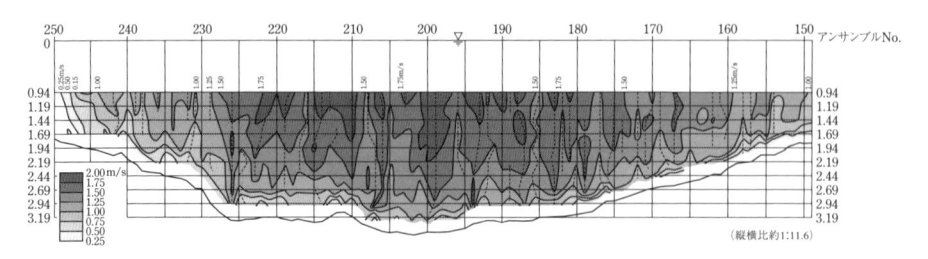

図2.10 断面流速分布，阿賀野川で観測されたらせん流（木下・中尾，2007：土木学会誌 vol. 92, no. 10, p. 71 より）

木下良作はラジコンボートに音響測深機を乗せて洪水時の河床変動の調査に成果を挙げていたが，1998年，利根川下流の佐原地点における 8,000 m^3/s の大洪水に際し，ラジコン観測艇と同種のボートに ADP を搭載し，河床変動を実測し，流量のみならず詳細な3次元，断面流速分布の観測に成功し，ADP が日本の河川でも有益であることを確認した．2000年に阿賀野川馬下観測所にて ADP によって観測された断面流速分布に並列らせん流の状況も詳細に観測されている．図2.10 に示す．

e）可搬型電磁流速計

河川水は電導体であるので，磁界を横切って流れる流体に発生する電圧は流速に比例する．ファラディの法則として知られているこの原理を応用して，鉄芯にコイルを巻いた電磁石を検出器に内蔵し，これにより磁場を発生し，磁場の中を流体が通過して誘導された起電力を電極で検出する．

可搬型電磁流速計は，この検出器と，ケーブル（励磁および信号検出のための電線から成る）と変換器（時計回路，増幅回路，電源部などを内蔵，4～5 kg の軽量で持ち運びできる）から成る．この流速計の特徴は，直読式であり持ち運びできる点である．

f）結氷河川の流量観測

水面に氷が張った河川を結氷河川といい，その流量観測は氷の張らない河川とは異なる．わが国の結氷河川は北海道，特にオホーツク海へ注ぐ河川および天塩川水系に見られる．

河川流水が過冷却し氷の結晶（晶氷）が発生し，これが流れに取り囲まれ，図

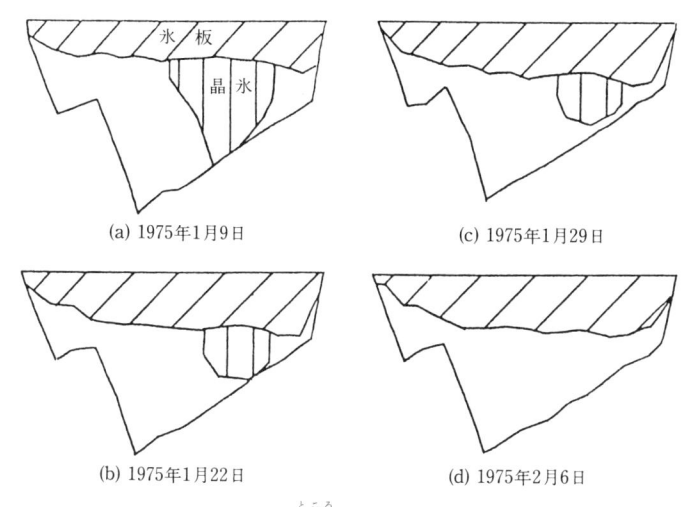

(a) 1975年1月9日　　　(c) 1975年1月29日

(b) 1975年1月22日　　(d) 1975年2月6日

図 2.11 氷板化の変化（常呂川）（前出：水文観測, p.210 より）

2.11のように晶氷は成長し，さらに個々の晶氷が成長，凝集し合って"モロミ"と呼ばれるシャーベット状の集合体となり大きく成長して氷板となる．結氷の進行過程にはつぎの2つのパターンがある．①緩流河川の蛇行区間や淵の流れの緩やかな個所からモロミの滞留がはじまり，河幅全体に氷板が形成され，上流へと結氷が進行する場合，②比較的急流では両河岸や州の付近などの流れの弱い個所から流心へ向かって横断方向に岸氷が成長する場合．

結氷下の流れは，前者の場合，断面積が不連続に異なる管路内の流れに類似し，後者の場合，岸氷以外の流心部の自由水面の部分に流れが集中する．

結氷河川の流量観測は，氷板上から氷を割って設けた孔から流速計を下ろして行われる．寒冷に加えて積雪中での器材運搬，氷割りの作業など，測定には種々の危険も伴うので，防寒と安全対策には注意を払わねばならない．特に結氷初期や解氷期には氷板の強度は十分でなく，また氷板が流れているときに舟を使うのは危険である．

g) 河口感潮部の流量観測

河口感潮部の特徴は，①水位が潮汐の周期で変動，②水面勾配も潮汐とともに変動，③時間によっては流れが上流へと逆流する区間がある，④水位流量曲線はループを描く，⑤塩水が浸入する，などである．

流量観測に際しては，水位・流速の変動を考慮して手早く行い，可能ならば流

速または流量を連続自記できるようにする．潮汐の運動をよく知った上で観測計画を立てる．

2.2.7 地下水

地下水は深さの点から，浅層地下水と深層地下水とに分けられる．前者は一般に地表から数十mより浅い地下水であり，河川水文循環の一環としてとらえられる．すなわち，浅層地下水の水位は，降水の季節変動とも応答し，地表水と密接に関係しつつ運動する．したがって，河川水文学，河川工学においては主として浅層地下水を対象とすることが多い．

深層地下水は，一般に地表から200m以上も深層の地下水を指し，貴重な水資源の対象となることが多い．

水文循環としての浅層地下水の場合は，地上の水文現象との関連で，地下水文区とその中での運動，水収支，水質，地形および地質との関係を調査して，その特性を把握することができる．1つの河川流域での水収支，および水循環を考える場合，浅層地下水と地表水との関係に注目することによって，地下水の占める役割をとらえることが重要である．

浅層地下水，深層地下水は相対的な概念であり，水理学的には，帯水層の構造を詳細に調べることにより，不圧地下水，被圧地下水の区別が必要となる．

そのためには，地質，地層を知るためのボーリング調査が最も有用であり，そのデータは揚水試験やルジオン試験における水理量や定数の決定にも適用される．ルジオン試験とは，岩盤の透水性を知るために，ボーリング孔に加圧注水し，その注水量で透水性を求める試験であり，モリス・ルジオン（Maurice Lugeon）によって1932年に創案された．1ルジオンが透水係数10^{-5}cm/sにほぼ相当する．

地下水調査において重要なのは，過去および現在の地下水利用状況を知ることであり，そのためには井戸の分布，そこでの揚水量，湧水状況などを水文条件に応じて調べる．たとえば降雨，降雪などとの相関関係や河川湖沼の水位との関係には特に注目したい．地質調査により，地下水の帯水層と不透水層あるいは難透水層を明らかにするとともに，地下水流域界に相当する地下水文区を地図上で把握することが重要である．

地下水の観測や計測は，いかに精密に行っても，短期間ではその実態を明らかにすることは困難である．地下水の運動は一般にきわめて緩慢であり，長期的に

観測しないと，その運動状況を把握することはできない．また地下水と地盤変化などの周辺状況との関係も，相当の期間を経てその影響が現れることが多く，長期傾向をとらえることによって，その因果関係を知りうるからである．

地下水位を測るには，フロート式，触針式，容量式，水圧式，超音波式などがある．いずれも観測井やボーリング孔を設けその中で測る．その目的によって，水質などもともに測ることもある．地下水収支は，降水量，周辺河川の流量，湖沼の水位，蒸発散，現場付近の既存井戸と観測井の地下水位などから求められる．

観測井による揚水試験では，不圧・被圧，定常・非定常など地下水流の条件に対応した井戸公式が適用され，透水係数 k，透水量係数 T，貯留係数 S が求められる．後の2者は，不圧・被圧の条件で定義が異なるので注意を要する．

岩盤の透水係数を得るには，ルジオン試験によって，ボーリング孔中の素掘り区間にパッカー（ゴムをガスで膨張させる圧着止水栓）をかけ高圧で送水する．

浸透能試験は，降雨浸透を測定するために行われ，地盤に円筒を打ち込んで水を供給し，浸透量を測って算定する．また，降雨時に土壌水分を測って浸透能を求めることもできる．

地表水と地下水を考慮した水収支解析においては，地下水の河川への流出量，降水浸透量の平面分布を算定する．地下水収支を求めるには，水収支式（2.1）による方法，地下水シミュレーション式（2.2）による方法などがある．

$$\frac{dM}{dt} = I - O \tag{2.1}$$

ここで，M は地下水貯留量，t は時間，I は流入量，O は流出量である．

地下水数値シミュレーションは，式（2.1）に基づいて，差分法や有限要素法によって，地下水位やそのコンターをシミュレートし，地下水と地表水の相互関係を式（2.2）によって算出する．

$$\frac{\partial}{\partial x}\left(T_x \frac{\partial h}{\partial x}\right) + \frac{\partial}{\partial y}\left(T_y \frac{\partial h}{\partial y}\right) = S\frac{\partial h}{\partial t} + W \tag{2.2}$$

T_x, T_y はそれぞれ x, y 軸方向の透水係数，h は水位，S は貯留係数，W は単位時間面積当りの流出入総量である．

そのほか，統計的手法，経験式，タンクモデルなどによる地下水算定法もある．

2.2.8 土中水分

土粒子の間隙を占める土中水は表2.3のように分類される．

表2.3 土中水

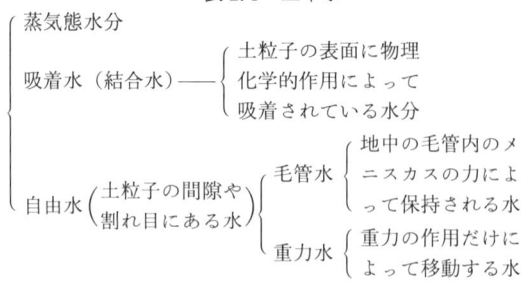

```
┌ 蒸気態水分
│
│ 吸着水（結合水）──┬ 土粒子の表面に物理
│                    │ 化学的作用によって
│                    └ 吸着されている水分
│
│ 自由水 ⎛土粒子の間隙や⎞ ┬ 毛管水 ┬ 地中の毛管内のメ
└        ⎝割れ目にある水⎠ │        │ ニスカスの力によ
                           │        └ って保持される水
                           │
                           └ 重力水 ┬ 重力の作用だけに
                                    └ よって移動する水
```

土中水の垂直分布は，不飽和帯（通気帯）と飽和帯に分かれ，前者は，飽和帯直上の毛管帯と土壌水帯，その中間の中間帯に区分される．不飽和帯は水によって満たされていない間隙を有する部分であり，飽和帯は静水圧下で水によって飽和され，その上面に地下水面を形成している．

土中水の状態を示すには，標準状態にある自由水との化学ポテンシャルを用い，指標としてpFが用いられる．毛管ポテンシャルのみの場合，土中水の負圧，すなわち土から水を取り去るのに要するエネルギーを水柱の高さh（cm）の常用対数で表すと次式となる．

$$pF = \log_{10} h \tag{2.3}$$

pFが大きいほど，水は土に吸着されていることを示す．八幡敏雄によれば，pF=0～1.8が重力水，pF=1.8～4.5が毛管水，pF>4.5が結合水とされている．

土中水分を計測するには，土の試料をサンプリングして直接水分量を測定する方法，テンシオメーターによる方法，中性子水分計を用いる方法などがある．

この中でテンシオメーターによる方法は，連続測定が可能であり，比較的安価であり，最も広く用いられている．

テンシオメーターは，土中の負圧を測定し，これをpF値に換算し，あらかじめ求められているpF―水分量曲線から水分量が得られる．図2.12に示されるように，テンシオメーターは透水膜のポーラスカップとマノメーターから成る．土中に埋め込んだカップ周辺の土の水分量に応じて水が移動し，それがマノメーターで読み取られ，式（2.4）から土の毛管負圧（水分張力）がわかり，土の水分量を求める．

$$P = y - 13.6h \tag{2.4}$$

Pは毛管圧（cm），yは水銀溜の水銀面からカップまでの鉛直距離，hはマノメーターの水銀柱の高さである．

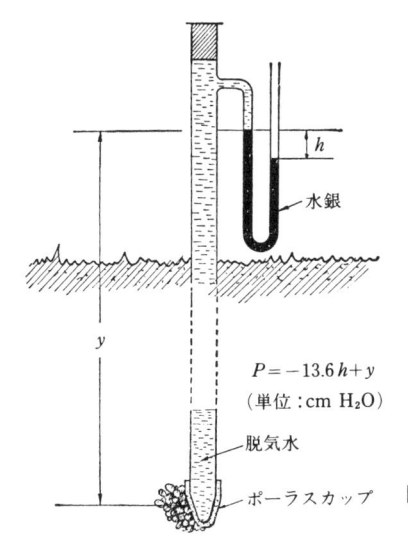

図中のラベル: 水銀, h, y, $P = -13.6h + y$ (単位:cm H$_2$O), 脱気水, ポーラスカップ

図 2.12 テンシオメーター (八幡敏雄, 1975: 土壌の物理, 東京大学出版会より)

ついで pF $= \log_{10}|P|$ より pF が求められる.

2.3 水質調査

水質調査にあたっては,まずその目的を明確にして計画を立てる.つぎにその目的の参考となる調査がすでにどの程度行われていたかを,その文献について調査する.その上で,どういう方法でどの程度の調査をするかを定め,調査の具体案を定める.河川湖沼水路の水質調査において主要な目的は,多くの場合,まず用水としての適否を知ることであり,さらに河川環境の質を調べる.以下,この観点からの水質要素を列挙する.

2.3.1 物理・化学的水質判定

a) 外観,色,味,におい

外観,色,味,においは,人間の感覚により水質を判定するので,あいまいな面もあり,個人差もあるが,水質のおよその概念を知る上で重要である.水質調査に当っては必ず現地へ行かなければならない.人間の感覚による水質判断は,それを数量的に表現できなくとも,総合的な判断要素を与え,現象解釈の基礎となる.その体験の積み重ねが,水質を直観的かつ総合的にとらえる能力を高める.

表2.4 "おいしい水"の条件（厚生省）

	おいしい水の条件	水道水の水質条件
蒸発残留物	30〜200 mg/l	500 mg/l 以下
硬　　度	10〜100 mg/l	300 mg/l 以下
遊離炭酸	3〜30 mg/l	
COD （過マンガン酸カリ消費量）	3 mg/l 以下	10 mg/l 以下
臭　気　度	3 以下	異常でないこと
残留塩素	0.4 mg/l 以下	
水　　温	20℃ 以下	

注1：硬度とは，CaとMgの合計量であり，一般に日本の水は硬度の低い軟水である．遊離炭酸とは，水に溶けたCO_2であり，さわやかな感じを与える．
注2：CODは水中の有機物量の指標（p.51参照）．

外観は全容を感じ取るものであり，総合されたものを把握する点で不可欠な観察項目である．分析的数量的に記述できなくとも，科学的でないとはいえない．すでに河川観察の項で解説したように，水質調査においても，総合的な見方と分析的な見方とは相反するものではなく，それらをいかに両立させるかが重要である．外観については，現地で水辺を眺め，濁り，色，泡や浮遊物，においなどを観察する．

採水して透明なガラス瓶に入れ，数時間ないし1日後に同様に観察し，沈殿物の様子などを調べる．水が空気に触れることによって新たに濁りを生ずることもあるからである．

水の色は，水中の溶存物質や懸濁物質の量と特性により異なるのはもちろん，天候，周辺の地物などによっても影響される．

河川は汚染源の種類によって種々の色を帯びる．たとえば，染色工場からのさまざまな色素，底の泥の黒さを反映した薄墨色，鉱山廃水の懸濁物による褐色，洗剤による淡白色などである．平常は清らかな河川でも，洪水時に大量の土砂，沈泥などを運び黄褐色，黄白色など河川特有の色を呈する．水中にプランクトンが多いと緑色または藍色になるが，プランクトンは季節により，量も種類も変化するので，水の色もそれに応じて変化する．

湖水や海洋では古くからフォーレル水色標準液が用いられてきた．この液には藍色から黄色まで11種あり，太陽を背にしてガラスアンプに密封された標準液と水面とを見比べて最も類似している色を水の色とする．

味は衛生上安全であることが確認されれば味わって試すことは意味があるが，近年は汚染されている天然水もあり，軽々しく試飲するわけにはいかない．

表 2.5 臭気の種類(小倉紀雄,1987:調べる・身近な水,p.60,講談社より)

芳香性臭	芳香,メロン,にんにく臭など
植物性臭	藻,青草,木材,海藻臭など
土臭・かび臭	土くさい,かびくさい
魚臭	魚のなまぐささ
薬品臭	塩素臭(水道水で許される異臭味で,塩素消毒に用いられて特有のにおいを発する),フェノール,タール,油脂,硫化水素などのにおい
金属臭	鉄などの金気臭,銅,亜鉛などのにおい
腐敗性臭	下水,有機物の腐り,台所くずなどのにおい

参考までに,表2.4に厚生省の"おいしい水の研究会"によるおいしい水の条件を紹介する.

おいしい水への要求が高まってきたのは,水道の水が昔と比べてまずくなった時期があり,水の味についての関心が高まったからであろう.においに対しては個人差も大きいし,これを量的質的に表現するのは困難である.しかし,有機物や硫化水素などが溶けているか否かは,においによってある程度感知できる.

臭気の種類は表2.5のとおりである.

においを希釈倍数値で表現することもある.試料を三角フラスコにとり,においのない水を加え200 mlとする.においを感知する最少の試料の量をVmlとすれば,においの希釈倍数値TOは次式によって示される.

$$\mathrm{TO} = \frac{200}{V}$$

(TO は Threshold Odour の略でにおいを感ずる限界値の意味)

b) 透明度と透視度

水の濁りの程度を示す指標.野外で測る透明度と,採水した試料を対象とする透視度とがある.

透明度は,白い円板を現場の水中に沈め,見えなくなる深さをmで表す.透明度板は直径25 cmの白い円板でロープで下ろして測定する.当然この値が大きいほど透明で清らかである.

摩周湖で1931年8月に透明度41.6 mという大記録がある.

透視度計に試料水を入れ,上部から透視し,底部の標識板の二重十字が明瞭に識別できるときの水層の高さ(cm)を透視度という.

c) 水温と気温

水温は，その水の起源（河川水，地下水，湖沼水，温泉など），水の運動，異質の水の混入などを推定する場合に重要な手掛りとなる．

水田用水の場合には，低温は禁物であり，ダム湖の水を農業用水に利用する際などには注意を要する．しかし，工業用水は過半の目的が冷却用水であるため，地下水や低温の河川水は歓迎される．

d) pH/RpH

pH は水の酸性，中性，アルカリ性を示す指標で，次式によって定義される．
$$pH = -\log[H^+]$$
ここで，$[H^+]$ は水溶液中の H^+（水素イオン）のモル濃度（mol/l）である．RpH（Reserve pH）は水をきれいな大気で十分通気したときの pH 値をいう．ふつうの淡水の pH は約 7 であり，5 以下であれば酸性，8 を越えればアルカリ性と判断される．pH を測るには pH 試験紙，pH 比色管法などの比色法と，ガラス電極，アンチモン電極を使う電気的方法とがある．pH は試水中の CO_2 濃度に影響されやすいので，採水後直ちに測定する．試験紙による測定が最も簡単であり，持ち運ぶにも便利であるが，誤差も大きい．

日本の火山性山地を流れる河川の中には，利根川水系の吾妻川の酢川に代表されるように，しばしば強酸性の河川水質が見られる．

e) 電気伝導度

電気伝導度（electric conductivity: 電導度，電導率，導電率）は，水中に溶けている無機イオンの総量を表す指標であり，電気伝導度計によって現地で測定される．水の汚染を示す目安として有効であるが，電荷を持たない物質は電導率に影響を与えないので，珪酸などは含まれていても電導率には無関係である．

長さ 1 cm，断面積 1 cm^2 の立方体の相対する面の間の電導率を単位とし，μS/cm で表される．ここに μS はマイクロ・ジーメンスで，S はかつてのオームの逆数の℧（モー）に相当する．

天然水の場合，雨水はおおむね 10〜30 μS/cm，河川上流水が 50〜100 μS/cm，下流で 200〜400 μS/cm となる．特に無機系工場排水の値は大きい．上流でも温泉や鉱泉の水は無機イオンが大きいために，電導率は大きく，河口近くでは海水

が混入しても大きくなる．

f) 溶存酸素

水に溶け込んだ酸素は，水中の微生物や生物にとってきわめて重要な物質である．河川上流部では，しばしば飽和に近く溶け込んでおり，有機物濃度の大きい場合は，酸素は有機物の分解に消費され，その値は小さい．

g) 窒素化合物

窒素はリンとともに，河川湖沼を富栄養化させ，プランクトンの異常発生の原因ともなる．人間は1人1日当り約10gの全窒素を，し尿と生活雑排水として出している．

水中の窒素化合物は，有機酸や亜硝酸イオン（NO_2^-），硝酸イオン（NO_3^-），アンモニウムイオン（NH_4^+）などの形で存在するので，窒素化合物の測定はこれらイオンの量を測定して得られる．

h) リン酸

リン酸イオンは生活排水や化学肥料などにより濃度が高くなる一方，生物体の分解によって供給される．比色法が一般的な測定法である．

人間は1人1日約1～2gの全リンを出している．天然水に含まれるリン酸イオンは，一般に雨水および河川上流水では 0.05 mg/l 以下，下流水で 0.1～1.0 mg/l となっている．

i) 化学的酸素要求量

水中に含まれる有機物量の指標を化学的酸素要求量（Chemical Oxygen Demand, CODと略す）という．水中の還元性有機物を一定の酸化条件で反応させ，それに要する酸化剤の量を当量酸素量に換算して表す．一般に酸化剤としては過マンガン酸カリウムを用いる．COD値は種々の方法で表現され，酸素に換算した値で，一般に雨水や河川上流水では 1.0 mg/l 以下，下流では 2～10 mg/l，都市下水は約 50～100 mg/l 程度である．生活雑排水にCOD値を大きくする有機物が多く含まれている．

j) 生物化学的酸素要求量

生物化学的酸素要求量（Biochemical Oxygen Demand, BOD）もまた汚染の指標として用いられる．河川水などに含まれている有機物が微生物によって分解される際に消費される酸素の量であり，この量が多いほど水中の有機物の量が多いことを意味する．水道水源として使用できる河川水のBODは3 mg/l 以下，都市河川として発臭のない許容できる限度は10 mg/l 以下とされている．ちなみにし尿は13,000 mg/l，下水は200〜150 mg/l，下水処理場での処理水は20 mg/l 以下である．

k) そのほか

水質調査項目は，このほかにも塩化物，アンモニアをはじめプランクトン，バクテリアに至るまで枚挙にいとまがなく，それらの詳細は水質の専門書に譲る．

2.3.2 生物指標による水質の判定

水質などの環境条件を表現する方法に生物指標がある．生物指標となる生物を指標生物という．それぞれの水域に生息する生物または生物群集の種類によって，その水域の水質を判定できるからである．

生物指標のすぐれている点は，水域の水質について，個々の化学データでは得られない空間的および時間的全体像をとらえることができるからである．前項に紹介した水質の化学的測定は精度も高く数量的表示ができる点はすぐれているが，その測定点，測定時間のデータしか得られない．何回も多数の測点で測れば，水域水質の全体像に近づくことはできるが，それも点情報の集積にすぎない．点雨量から流域面積雨量を求める場合の限界に類似している．

つぎに生物指標のすぐれている点は，学問分野や立場が異なっても，共通の認識が得られることである．ある生物の生息は，誰の目にも容易に観察し確認しうる．また，生物学的判定は，計測器による化学的判定よりも，一般に安価に行えるし計器測定に伴う精度向上のためのさまざまな煩雑さもない．

しかし，生物指標の価値は，手間や経費に関して有利であるよりはむしろ，環境評価に関する，より本質的な問題を持っている．われわれが環境評価に求めているのは，広範囲の水域における時間的集積も含めて，その水質が人間に対してどういう影響があるかである．そのためには，水域水質についての空間的時間的

表2.6 水質階級（津田・森下，1974に基づいて，森下，1977が整理）

階級		
I	貧腐水性　清冽	有機物はほとんど分解されBOD 2以下．水生昆虫相豊富．出現種多様，個体数少．
II	β中腐水性　やや汚濁	有機物の鉱物化．BOD 5以下．水生昆虫は特殊なもののみ．その個体数は増加．魚の現存量大．
III	α中腐水性　かなり汚濁	アミノ酸多く，溶存酸素50%以下．BOD 10程度．水生昆虫はトンボ，ゲンゴロウなどに限られ，その密度小．ヒメタニシ，ミズムシの密度大．
IV	強腐水性　きわめて汚濁	硫化水素発生，溶存酸素きわめて小．有機物の分解さかんなため，アンモニア量多し．リン酸塩含有量多い．水生昆虫は空気呼吸するハエの幼虫や蛹，イトミミズ，ある種のユスリカ．

に総合されたデータが必要である．化学的判定は，現代の科学が最も得意とする分析的方法である．しかし，その手法のみでは対自然，対環境の情報としては不十分であるので，総合的把握が必須であることは，すでに第1章において取り上げたとおりである．生物指標といえども，もとより不備な点は多いが，総合的把握に通ずる手法として評価できる．

　生物指標が水域水質の全体像をとらえる点ですぐれているとはいえ，1つ1つの指標生物の情報のみに片寄ることなく，個々の指標生物の特徴をよくとらえるとともに，複数の指標生物について情報を収集し，総合的に判断することが望ましい．

　指標生物としては，なるべく狭い環境範囲にのみ生息する生物が望ましい．たとえば，汚れが少ない水域にも，汚れの著しい水域にも生息できる生物では，その生物が生息する水質の範囲も広くなってしまい，的確な水質判定ができないからである．すなわち，狭環境性種の生物が指標としてはすぐれている．

　清冽な水域には清い水を好む生物がすみ，水が汚れていればそれに耐える生物がいる．環境が生物を規定するという考えを基礎に，生物学的水質判定という分野を開拓したのはコルクヴィッツ（R. Kolkwitz）とマールソン（M. Marsson）であり1902年のことであった．その後，リープマン（R. L. Liepmann）が1951年に修正した方法が広く使われている．わが国では津田松苗が，鴨川でコルクヴィック・マールソン法を，1944年にリープマンによる修正法に則って淀川に適用した．

さらに，津田（1963）は多くの河川の生物相を20年間調査した結果，日本の河川の生物学的水質階級を判定できる指標生物を500種選び出し，それらを指標として1971年から76年の間に，河川の生物学的水質の実態調査を行い，表2.6による水質階級に分類した．

表2.6中の水質階級Ⅰ，Ⅱ，Ⅲ，Ⅳは森下郁子（1977）による分類であり，その考え方は従来の腐水性理論に立脚している．すなわち，ある汚濁源からの汚水の放出によって，川が汚濁し，流れる間に自然浄化で少しずつきれいになる．その過程で強腐水性から中腐水性へ，さらに貧腐水性へと段階づけされる．

---演習課題---
1) 雨量，および最寄りの河川の流量，勾配などを目測し，簡単な方法で実測せよ．
2) 身近の河川の水の色，河床砂礫の大きさや色を観察せよ．機会を求めて，その水温水質を測定せよ．

---キーワード---
扇状地河川，自然堤防帯河川，三角州河川，積雪面積情報，A.P.，帯水層，不透水層，浸透能，透水係数，おいしい水，BOD，COD，電気伝導度，RpH，生物学的水質階級，ADP

---討議例題---
1) 点雨量から流域雨量を求める場合の精度と問題点を論ぜよ．
2) 水位から流量を求める場合の精度と問題点を論ぜよ．
3) 積雪面積情報を求める各種の方法を比較検討せよ．
4) 物理・化学的水質判定と生物学的水質判定の優劣を考察せよ．

参考・引用文献
小倉紀雄，1987：調べる・身近な水，講談社．
木下武雄，1971：本間仁編，応用水理学下，Ⅱ水文観測，丸善．
木下武雄 2007；水文観測――その歴史と現状ならびに将来展望（2007年3月7日土木学会水工学講演に基づく）
木下良作・中尾忠彦，2007：ADCPによる河川流量の測定と河道水理機構の観測，土木学会誌，vol.92, no.10.
建設省水文研究会，1985：水文観測，全日本建設技術協会．
小池俊雄，1989：広域積雪・融雪の状況把握，日本リモートセンシング学会誌，9巻4号，防災特集．
小出 博，1970：日本の河川，東京大学出版会．

小島貞男・相沢金吾，1977：新水質の常識，日本水道新聞社．
筒井浩行，2007：受動型マイクロ波センサーによる積雪のリモートセンシング，日本雪氷学会誌69巻2号．
津田松苗，1963：汚水生物学，北隆館．
津田松苗・森下郁子，1974：生物による水質調査法，山海堂．
土木学会編，1988：水辺の景観設計．
半谷高久・小倉紀雄，1985：水質調査法（改訂2版），丸善．
室田　明編著，1986：河川工学，技報堂出版．
森下郁子，1977，川の健康診断，NHKブックス．

3 河川現象とその解析

　河川水理学の目標は河川を知ることである．常に成育する河川は，純粋思惟によってはその本然の姿をそのまま把握することはできない．具体的に生活的に経験することによってのみ知り得られるのである．

(安藝皎一，河相論，p.174)

富山平野は，大量の砂礫を運んで流れ下る急流河川によって造られた扇状地性の堆積平野．常願寺川(左)と神通川(右)とも見事な砂礫州を形成している．扇状地上にかつての河道がよく見える．

3.1 水循環過程

　ある河川流域における降雨と，河道への流出との量的および時間的関係を解析し推算することは，実際の河川計画において実用的にきわめて大切である．と同時にこの流出解析は河川水文学において，つねに変わらぬ重要なテーマである．

　たとえば，流域に降った豪雨の降水量とその空間的および時間的分布を知って，河道に発生するであろう流量とその時間の推測によって，的確な洪水予報を行うことができる．また，第4章に述べる治水計画の樹立にあたって，流域にまれに発生する豪雨量から，洪水流量を推算すれば，洪水対策としての治水計画の基本を定めることができる．

　河川の流量を Q，降雨を R，流域面積を A とすれば，Q は R と A とのある関数として表される．

$$Q = f(R, A) \tag{3.1}$$

　しかし，この R，および特に A は単に流域面積のみではなく，流域の持つさまざまな特性から成っており単純ではない．

　一般に流出現象を支配する要因を水文学的見地から整理すると，気象的要因と地文的要因の2種類に大別できる．

(1) 気象的要因
　　(i) 降水およびその種類（雨，雪，霰(あられ)など）
　　　　型，強さ，継続時間，時間的ならびに空間的分布，発生頻度など
　　(ii) 遮断（interception）
　　(iii) 蒸発散（evapo-transpiration）

(2) 地文的要因
　　(i) 流域特性 ―― 幾何学的要素（流域の大きさ，型，勾配など），物理的要素（土地利用，被覆状態，土壌，地形，地質など）
　　(ii) 河道特性 ―― 流過能力［河積（河道の横断面積），粗度，勾配など］，貯留能力

　したがって，流出現象の調査に際しては，これら要因に関するデータを収集する必要がある．とくに留意すべきは，地文的要因は，種々の人為とくに開発による変化である．たとえば，森林を大規模に伐採して住宅地や観光地とすれば，河道への流出状況は著しい影響を受ける．河川改修工事が進捗すれば河道特性は変

化する．換言すれば，流域への降水量とその分布が全く同じでも，河道へ出てくる流量の状況は，地文的要因が変化すれば，かなり変わるのである．

降水から河道流出に至る"流出過程"の構成は図1.4（第1章参照）のようになり，降水はやがて蒸発，浸透，流出し，それぞれが異なる物理的特性を持つ．つぎに個々の物理現象について略述する．

3.1.1 降水

河川計画においては，個々の地点の雨量，すなわち，点雨量の値から，流域内の降雨の総量である面積雨量を求める必要がある．面積雨量が河道流量を支配する重要要素だからである．重要なことは，空間的にも時間的にもランダムに発生する降雨をいかに平均化するかである．面積雨量は，雨量（depth），面積（area），降雨継続時間（duration）によって定まり，これらの関係を調べることをDAD解析（depth-area-duration analysis）という．

面積雨量の最大値を推定する場合，従来の世界各地の実測値に基づいてつぎの諸経験式が提示されている．面積雨量の最大値$\bar{P}$に関しては，ジェニング（A. H. Jennings）が世界各地点の最大雨量値を収集した資料を，フレッチャー（R. D. Fletcher）が次式のように示した．

$$\bar{P} = \sqrt{D}\left(a + \frac{b}{\sqrt{A+c}}\right) \tag{3.2}$$

ここに$\bar{P}$は流域面積A，降雨継続時間Dの場合の面積雨量の最大値，a, b, cは各地域ごとに定まる定数である．

ホートン（R. E. Horton）は地点雨量の最大値P_0と面積雨量$\bar{P}$との関係について，大雨の雨量分布についての多くの記録から，次式を導いている．

$$\bar{P} = P_0 \exp(-kA^n) \tag{3.3}$$

ここにk, nは各地域と降雨の種類によって定まる定数である．

地点雨量の最大値としては，WMOが世界各地の大記録を整理したデータについて榧根勇（1973）は，次式で表されるとしている．この式は地球規模で物理的に可能な最大値を表したもので，特に地域的特性を考慮したものではない．

$$r = 380\sqrt{D} \tag{3.4}$$

ここで，rは雨量（mm），Dは時間（h）である．

対象降雨の平均時間を長くとるほど，その時間範囲での降雨強度は低下する．激しい豪雨は長時間にわたっては継続しないからである．地点雨量に関して，継

続時間 t と t 時間内の平均降雨強度の最大値 i との関係は，i の上限値に対して包絡線が存在することが，多くの実測値から認められており，それを表現したのが次式である．

$$i = \frac{a}{t^c + b} \quad \text{または} \quad i = \frac{a}{(t+b)^c} \qquad (3.5)$$

ここに，a, b, c は各地点ごとに定まる定数である．

式 (3.2)～(3.5) は河川や下水道計画に際して，強雨時の最大流量を推定する場合に用いられる．

3.1.2 蒸発散

地球表面から大気中へと移動する水蒸気の輸送過程を蒸発散（evapo-transpiration）といい，それを分けて，植物からの蒸散（transpiration）と，水面，土壌面，植物の葉などに遮断された水の蒸発（evaporation）になる．

蒸発散という用語は，1948 年にアメリカの気候学者ソーンスウェイト（C. W. Thornthwaite）によって提案されて以来，国際的に使われているが，この術語は好ましくなく，蒸発（evaporation）を使うべきであるとの意見もある．蒸発と蒸散のメカニズムを厳密に区別するのは容易ではなく，広域面の水収支や熱収支を考える場合には両者を一括して扱うことが多い．

蒸発散量を求めるには，直接測定して求める場合と，間接的測定値などから理論的もしくは経験的に推定する方法とある．前者はパン蒸発計，ライシメーター，実験流域による水収支法と，接地境界層内の 1 地点における風の垂直成分と湿度の微変動を測定して求める渦相関法とがある．特にパン蒸発計による水収支法は最も広く利用されており，直径 120 cm の蒸発計（1965 年までは直径 20 cm）からの蒸発量を測定している．

実測によらずに，ほかの物理量から推定する方法は，熱収支法，空気力学法，この両者の組合せ法（混合法ともいう），経験法に大別できる．

熱収支法は蒸発面での熱収支の関係式から蒸発散量を求める方法で，天空からの短波長放射による熱量，天空への長波長放射により失われる熱量，ボーエン（Bowen）比（伝導により大気中から失われる熱量と蒸発のために失われる熱量の比），反射能（アルベド，albedo, 外部からの入射光に対する反射光の強さの比），水の蒸発潜熱の値を得て，蒸発散量を求める．

空気力学法はドールトン（J. Dalton）が 1802 年に，次式より求めたのが原型で

ある．
$$E = f(u)(e_w - e_a) \tag{3.6}$$
ここに，

e_w：水面の飽和蒸気圧
e_a：空気中の水蒸気圧
$f(u)$：風速 u の関数として定まる係数

　この熱収支式と空気力学法とを組み合わせた方法が混合法または組合せ法と呼ばれ，イギリスのペンマン（H. L. Penman）によって1948年に提案され，植物で完全におおわれた地表面からの蒸発散の推定によく用いられる．この方法は地上2mにおける気温，湿度，風速と日照率を測れば，蒸発面の温度を利用せずに，可能蒸発量が計算できるので比較的容易に求められる．最近は日射量の実測値も多く測られているので，日照率よりも実測日射量を用いたほうがよい．

　経験法では，ソーンスウェイト法が最も有名である．彼は可能蒸発散量（potential evapo-transpiration，蒸発散位）なる概念をつぎのように定義し，それを求める式（3.7）を提案した．「与えられた気候条件の下で，密に地表面をおおった緑草地に十分に水を供給した場合に失われる蒸発散量」と定義され，いわばその地点での最大可能な蒸発散量である．

$$E = 16\left(\frac{10T}{I}\right)^a (\text{mm}/月) \tag{3.7}$$

ここに，

$a = (0.675\,I^3 - 77.1\,I^2 + 17{,}920\,I + 492{,}390) \times 10^{-6}$
T：月平均気温（℃）
$I = \sum_{1}^{12} \dfrac{T^{1.514}}{5}$

　式（3.7）はアメリカでの野外観測値に基づいて求められた経験式で，可能蒸発散量 E を気温だけの関数として求められた．なお，この場合の E は，昼の長さ12時間の日を30日持つ月を標準としており，緯度に応じて与えられている昼の長さの補正値を乗じることとしている．ただし，この式は気温が0～26.5℃ の範囲で有効であり，0℃ 以下については $E=0$ と仮定し，26.5℃ 以上では，E は I とは無関係に単調に増加するとしている．

　菅原正巳は千葉県の養老川や九州地方の河川の渇水量解析をタンクモデルによって行った場合，ソーンスウェイトによる蒸発散の値より春は大きく，秋は小さ

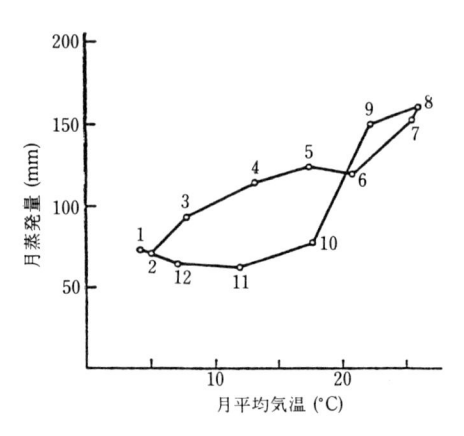

図 3.1 館山における月別蒸発量と平均気温の関係（菅原正巳，1972：流出解析法，p.93，共立出版より）

くしないと流量解析値と合わないことを見出した．館山の蒸発計による月別蒸発量と月平均気温の関係は図 3.1 に示すとおりであり，同じ気温に対しても季節により蒸発量は相当異なるのである．この関係は，気候風土の異なる地域では，この関係は異なるであろう．このことは水文現象に関しては，外来の公式をそのまま用いることの危険性を教えている．ソーンスウェイト法は，気温のみの関数としているので簡便ではあるが，気温が正味放射量と正の相関を持っている場合にのみ成立すると考えられる．

可能蒸発散量は，土壌水分が十分であれば，実際の蒸発散量に近くなるはずであるが，一般には実蒸発散量のほうが小さく，可能蒸発散量に対する実蒸発散量の比を蒸発比と呼ぶ．

さらにハモン（W. R. Hamon）は 1961 年につぎの経験式を提案している．

$$E = 0.14 D_0^2 p_t \tag{3.8}$$

ここに，

D_0：可照時間（12 時/日を 1 とする）

p_t：日平均気温に対する飽和絶対湿度（g/m^3）

3.1.3　浸透

地上に到達した降水の一部は，地表面から土壌中へと浸入する．その過程を浸透（infiltration）といい，まず地表面近くの不飽和帯内部で浸透に伴う水の流れが生ずる．

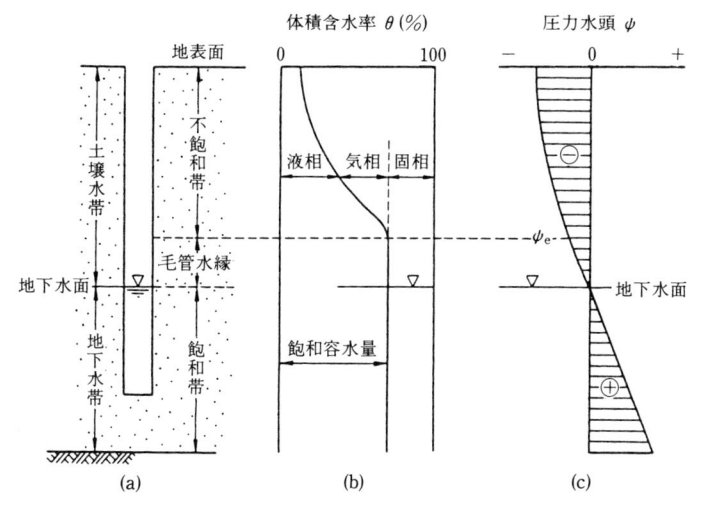

図 3.2 地中水の分類と水分，圧力の深度方向分布（虫明功臣ほか，1987：水環境の保全と再生，p.78，山海堂より）

　地中の間隙に含まれる水を地中水という．地中水を分けて，地下水面より上にある土壌水（土壌学の分類とは異なる）と，下にある地下水となる．図 3.2 に示すように，地中水の存在状況によって，地中は不飽和帯，毛管水縁，飽和帯とに分けられる．土粒子の間隙が完全に水で満たされている部分は飽和帯と呼ばれ，その中の圧力は地下水面を基準とすれば正圧となる．地下水面の直上部に，毛管張力によって間隙が水で満たされ，飽和ではあるが負圧部分が形成され，この部分を毛管水縁と呼ぶ．毛管水縁の上部は，間隙中に水と空気が混在し，この部分を不飽和帯という．厳密にはこのように飽和帯，毛管水縁，不飽和帯の3区分があるが，毛管水縁を不飽和帯に含めることが多い．
　土中に水の保たれている形態は，表面保水と間隙保水に大別される．表面保水とは，土粒子から強い吸着力を受けて保持されている水分子の保水形態をいう．土粒子の表面付近で電気力や分子間力などにより，水分子と粒子表面との間に相互作用が生ずる場が薄膜状に存在する場合に生ずる．間隙保水とは，水と空気の界面の表面張力と，水と粒子表面との間の毛管張力によって，水が保たれている状態をいう．
　前者の表面保水の形態にある土中水は移動しにくく，吸着水または結合水といい，後者の間隙中を移動できる水を自由水といい，これはさらに毛管水と重力水に分けられる．水循環を考える場合には，自由水の範囲の水分が特に重要である．

地表面に近い部分では，表土層内の表土水と呼ばれる水が，植物の根の吸収，降水，蒸発などの作用によって，つねに増減している．

浸透とは，降水が土中に浸入するや，重力，毛管力，吸着力の作用を受けつつ運動する現象である．浸透は地表から土壌へと浸入する過程を指すのに対し，透過（percolation）は，岩石や土壌の間隙に存在する水が，重力によって下方に移動する過程を指す．もっとも，鍾乳洞のように大きな空隙の中の水が下方に移動するのは透過とはいわない．

浸漏（seepage）とは，地下水体と地表の水源との相互の水の移動をいい，河底や不飽和帯から地下水帯への浸漏を伏没浸漏（influent seepage），逆に地下水帯から河道や地表面への浸漏を流出浸漏（effluent seepage）といい，湧泉などはこれに当る．英語の seepage は percolation や infiltration と同じ意味に用いられることもあり，日本語でも必ずしも明確に区別せずに用いることがある．すなわち，percolation を透水，浸潤といったり，seepage を浸出ということもある．

土壌中に重力に抗して保留できる最大水量を保湿容量といい，降雨がなければ土壌水分は保湿容量以下である．降雨によって，浸透がはじまり，土壌水分は増加し保湿容量を満たしていく．土壌中に雨水が単位時間に浸透する割合を浸透速度といい，地表面から十分に水供給がある場合の最大浸透速度を浸透能という．降雨強度が浸透能より大きければ，地表を流れる表面流や凹地での貯留，つまり水溜りが生ずる．降雨強度が浸透能より小さければ，降雨はすべて土壌に吸収される．土壌の浸透能は，初期含水量，土性，土壌構造，成層状態などによって影響され，浸透の初期には大きく，時間の経過とともに減少し，最終的には一定の値を示す．

浸透能の時間的変化を表す浸透式には経験式と理論式がある．経験式としてはホートンの式（Horton, 1933）がよく知られている．

$$f = f_c + (f_0 - f_c)e^{-kt} \tag{3.9}$$

ここに，

f：時刻 t における浸透能
f_0：初期浸透能
f_c：最終浸透能
k：定数

理論式としてはグリーンとアンプト（Green and Ampt, 1911）によるものが最初であり，さらにフィリップ（Philip, 1957）は，拡散方程式に基づく浸透理

論を導く理論式を提示している．

3.1.4 流出

降水は，地表に到達したのち，一部は蒸発散して再び空へ戻り，一部は浸透して地下へと流れる．それ以外の多くの部分は地表面を低い方へと表面流となって流れる．いったん地下へと浸透した流れも，土層境界面から再び地表に出る中間流，さらには地下水流の一部も再び徐々に地表へと流出し，河道で集められ河道への降水も合わせて下流へと流れていく．

このように，河道の流れは，降水が流量へ変換される過程の違いによって，表面流出，中間流出，地下水流出という流出成分に分けられる．表面流出は地表付近で cm/s オーダーの速度のある流出であり，マニング則が成り立つ．地下水流出は $10^{-3\sim 5}$ cm/s オーダーの速度の流出であり，ダルシー則にしたがう．この両者の中間の速度での流出が中間流出であり，その速度の範囲は広い．しかし，実際の流出現象は明確に3分されているのではなく，細分流されてさまざまな経路から河道へ到達する．

流出成分のうち，河道降水，表面流出，中間流出を合わせて直接流出（direct runoff），地下水流出を基底流出（base runoff）といい，中間流出を2分して，比較的速やかに河道まで到達する中間流出を直接流出に，比較的遅い中間流出部分を基底流出に含めることもある．洪水の流出解析はもっぱら直接流出を，低水の流出解析はもっぱら基底流出を対象とする．

河道に到達した流出量を一般に河道流量と呼び，流量（discharge）の単位は m^3/s が一般に用いられ，1秒間に河道のある横断面を通過する量で表す．また，流量を mm/h のように $[LT^{-1}]$ の次元で表すと，降水量や蒸発量と比較する場合などにはきわめて便利である．

3.2 流出解析

前節に述べたそれぞれの水文現象の過程は，互いに関係し合って，空中，地表，地中を含めた水循環を形成している．これらの間の量的関係は全体としてはバランスがとれているはずである．すなわち，図3.3に示すように，ある一定の体積範囲内，ある期間内において下記の水収支の関係式が成り立つ．

地表についてのみ考える場合は，

$$\Delta S_\mathrm{s} = P + (D_1 - D_2) - E - F_1 \tag{3.10}$$

地下については，

$$\Delta S_\mathrm{g} = F_1 + (G_1 - G_2) - F_2 \tag{3.11}$$

地表地下を含めて考える場合には，

$$\Delta S_\mathrm{s} + \Delta S_\mathrm{g} = P + (D_1 - D_2) + (G_1 - G_2) - E - F_2 \tag{3.12}$$

である．

ここに，

   P：降水量
   D_1, D_2：地表水の流入および流出量
   G_1, G_2：地下水の流入および流出量
   $\Delta S_\mathrm{s}, \Delta S_\mathrm{g}$：地表および地下における貯留量増分
   E：蒸発量
   F_1：地表から地下への流出量
   F_2：地下からさらに下方への流出量（地下水よりの揚水量を含む），すなわち，対象としている地下の一定領域外へ出ていく量

式（3.10）（3.11）（3.12）の水収支式は，対象とする領域と期間内の水の質量保存則に相当する．河川工学において対象とする領域は，流域単位である場合が多く，期間は対象とする現象が1つの水文サイクルを終結する時間間隔を基準とするのが一般に望ましい．

たとえば，短期間の水収支については，1降雨による短期流出がはじまってから終わるまで，長期間の水収支については，1ヵ月，1季節あるいは1年が期間として扱われる．また，検討の対象によっては，降雨継続期間，無降雨期間ごとに水収支を調べることによって，その流域内での水収支の実態をより詳しく知ることができる．

1年単位で長期間の水収支を考えれば，次式が成り立つ．

$$L = P + (D_1 - D_2) = E - C \tag{3.13}$$

ここに，

   L：年損失降水量 E：年蒸発散量
   P：年降水量 C：年凝結量
   $D_1 - D_2$：対象流域への年流入量

1流域における年間水収支もまた式（3.12）にしたがうが，水年として1年間

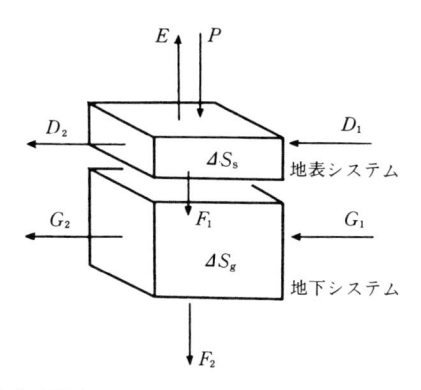

図 3.3 水収支概念図（土木学会編，1985：水理公式集，p.148 より）

を選んだ場合，$\varDelta S_s$，$\varDelta S_g$ はほかの量に比べ微少となり，(G_1-G_2)，F_2 も一般にはほぼ無視できるので式 (3.13) が成り立つとしてよい．凝結量 C については資料を得難く，$(E-C)$ を見かけの蒸発量と仮定する．流域の最上流端までを含めて考えれば $D_1=0$ となる．

わが国の 121 ヵ所の測点，その集水面積総計 17.8 万 km^2 について，建設省土木研究所が 1961 年から 1968 年まで調査した結果によれば，年損失量は，北海道で 400 mm，本州で 500 mm，瀬戸内・九州で 600 mm となっている．

水収支はわが国のような湿潤地域と，沙漠などを抱える乾燥地域とではその内容が著しく異なる．乾燥もしくは半乾燥地域では，雨量が可能蒸発散量より小さいか同じ程度である．乾燥地域では，土地が十分に乾燥しきっていることが多いので，蒸発散の可能性は大きく，かんがいした場合にもその相当部分は蒸発散してしまうが，かんがいによってはじめて農耕が可能となる．日本などのモンスーン地域ではかんがいとは，水田に水を十分湛えることであるが，乾燥地域から見れば，それは補給であり補助的かんがいということになる．乾燥地域ではかんがいによって沙漠や半沙漠を農地や牧場に変えることができるのである．しかし，雨量は少ないから，かんがいできる面積も限られている．年水収支を十分に考慮して，流域内の農地や牧野の面積を定め，地域計画を立てなければならない．農業開発のために河川水が不足であるため，地下水を汲み上げる．しかし，地下水量にも限界があるから，その量を資産として水収支を計算しなければ，地下水は涸渇し，地域の衰亡にさえつながる．乾燥地域において，地下水を含めた水収支の検討が重要なゆえんである．

わが国の水収支においては，年間降水量は平均して 1,800 mm 前後，年蒸発散

量は 700 mm, 残りの約 1,100 mm が地表に流出する．地表には植生がよく繁茂しており，おおむね湿潤状態にある．乾燥地域と異なり，農地の有無にかかわらず，地表からは蒸発散がつねにさかんに行われている．

表流水の 1,100 mm のうち，その約 3 分の 1 に当る 367（1,100/3）mm が河川へ流出する安定流量で，これはほぼ 1 日 1 mm に相当する．この安定流量のほぼ全量が水田用水として 19 世紀以来優先的に取水されている．したがって，新たな水需要に対しては，この安定流量以上の量を貯水池や導水路を造って水資源開発することになる．

年間 1,100 mm の表流水の中には，しばしば発生する大小の洪水によって一気に海へ流出する量が含まれている．したがって，この 1,100 mm を，安定流量，開発して利用できる流量，洪水流量などに細かく分類して水収支を考えなければ，現実の水利用や治水計画には役立たない．すなわち，水収支を短期的，長期的にそれぞれ考え，水循環の各過程間の量的関係を細かく解析する必要がある．

河川水文学において特に重要なテーマは，流域の降水量と河道への流出との量的，時間的関係を求める流出解析である．すなわち，流出解析の実用目的は流量予報といえる．雨量の値を知って洪水流量を予報すれば，洪水の緊急対策や水防に有効である．特に大貯水池のダム水門操作には，貯水池への洪水流入量の事前の的確な予報が，貯水池の有効利用にとって必須である．

水資源の開発や利用計画を立てるには，長期間の流量資料が必要であるが，一般に雨量は数十年の資料が得られても，流量資料は長期にわたっては得られないことが多い．雨量資料から流出解析によって流量値を求めれば，流量資料を長期にわたって入手できる．実測流量の精度は必ずしも高いとは限らないので，雨量からの流量解析による値は，流量資料のチェックにもなる．

流出解析の重要な意義は，その河川流域の流出特性を知ることにある．豪雨から河道への洪水の出方，低水時の流況は，個々の流域によって異なる．その相違を流出解析によって求め，その原因が流域の地形地質によるか，あるいは都市化などによるか，について探究を深めることができる．

ただし，流出解析の精度は必ずしも高くはない．それは流出に関わる個々の過程の数量を高い精度では求めにくいからである．

流域の面積雨量を正確にとらえるのはきわめて困難である．豪雨時の雨量は近傍でも変動が激しいのに，数地点の雨量値から，実測できない流域雨量を計算するのが容易でないのは当然ともいえる．さらに洪水流量の精度も高くないし，支

出の最大要素である蒸発散量や地下浸透量の測定もまた決して高い精度とはいえない．

このようなテーマに対しては，従来のいくたの経験に基づき，測定値を頼りに流出モデルを設け，それによる流出のデータによって検証していく方法がとられる．とはいえ，どの流出モデルも，なんらかの仮定を設け，解析計算の簡略化を目指している．きわめて多数の流出モデルが提案されているのは，どのような流出現象にも適応できる決定的な唯一のモデルを作成しにくいからであろう．

多数の流出モデルを実用上，短期流出としての洪水流出モデルと，長期流出としての低水と洪水を含めたモデルとに分類すれば下記のとおりである．

洪水流出モデル $\begin{cases} 合理式 \\ 単位図法 \\ 貯留関数法 \\ タンクモデル \\ …… \end{cases}$

長期流出モデル $\begin{cases} タンクモデル \\ 線形応答モデル \\ 非線形応答モデル \\ …… \end{cases}$

いずれの流出モデルを用いるにせよ，有効降雨を定めなければならない．降雨のうち，対象とする流出成分になる降雨分を有効降雨といい，それ以外の流出成分とならないものを損失降雨という．

長期流出解析の場合は，一般に全流出成分を対象とするので，損失降雨の大部分が蒸発散であり，流域外へ流出する地下水がこれに含まれる流域もある．

洪水流出解析の場合は，直接流出（表面流出と中間流出）成分が対象となり，損失降雨は，植物による遮断，窪地貯留，土壌中の水分保留，地下水貯留である．ただし，タンクモデルの場合には，雨水の損失や保留などがモデルに含まれている．一連の洪水の有効雨量は直接流出成分であり，ハイドログラフが与えられている過去の洪水に対しては，グラフ上で地下水成分を分離して求めることが多い．

有効雨量を総雨量から求める方法は数多く提案されており，水文学の課題である．以下，個々の代表的モデルを説明する．

3.2.1 合理式

$$Q = \frac{1}{3.6} frA \tag{3.14}$$

ここで,

Q：洪水のピーク流量（m³/s）
f：ピーク流出係数
r：洪水到達時間 t_p 内の平均有効降雨強度（mm/h）
A：流域面積（km²）

流出係数 f は, r がピーク洪水流量に影響する割合である.

合理式（rational formula）そのものは連続式であり,"洪水到達時間内の平均降雨強度"の内容には, 流域の最も遠い地点からの流出が下流端に達したときにピークが生ずるという雨水運動の概念が含まれている.

この式によるピーク流量の精度は, r および t_p をいかに的確にとらえられるかによるが, t_p については多くの経験式が提案されている.

$$t_\mathrm{p} = 2.40 \times 10^{-4} (L/\sqrt{S})^{0.7} \quad （都市流域） \tag{3.15}$$

$$t_\mathrm{p} = 1.67 \times 10^{-3} (L/\sqrt{S})^{0.7} \quad （自然流域） \tag{3.16}$$

ここで,

t_p：洪水到達時間（h）
L：流域最遠点から対象地点までの流路延長（m）
S：平均流路勾配

式（3.15）（3.16）は, 建設省土木研究所が全国の流出試験地における洪水資料より求めた結果である.

適用範囲は
都市流域では　　　　$A < 10\,\mathrm{km}^2$, 　$S > 1/300$
自然流域では　　　　$A < 50\,\mathrm{km}^2$, 　$S > 1/500$

合理式そのものは, 豪雨の面積範囲が $40\,\mathrm{km}^2$ 以下の流域と考えられ, 降雨が比較的一様に降り, 流域条件も一様であれば, 若干大きい流域にも適用できる. 主として中小河川, 下水道などで, 洪水の調節や貯留施設がない場合に, 計画の基礎として利用される.

3.2.2 単位図法

ある流域にある単位の有効降雨（たとえば 10 mm/h）があったとして, その

降雨によって河道に発生した流量波形を単位図と呼ぶ．任意の大きさの有効降雨に対する流量は，この単位図を基本として，それぞれの単位時間ごとの流量図を重ね合わせて求められると仮定し，計算を進めて流量波形を求める．すなわち，単位図法（unit hydrograph method）は，つぎの3点を基本的な仮定としている．
(1) 河道への直接流出の継続時間は，降雨強度と関係なく一定である．その継続時間を基底長（base length）という．
(2) 流量の大きさは降雨強度に正比例する．
(3) 単位時間ごとの各降雨に対する流量をそれぞれ加え合わせ，合成して全降雨に対する流量が求められる．

単位図法は，流域における雨水の流出過程をブラックボックス（black box）と考え，降雨を入力（input），流量を流域の応答としての出力（output）と考えるので，black box analysis のうち線形手法の典型例といえる．

単位図法はシャーマン（L. K. Sherman）によって1932年に提案され，広く利用されている流出モデルである．単位図法を積分方程式の形で表現すれば，次式のように，たたみ込み積分（convolution integral）となる．

$$q(t) = \int_0^\infty u(\tau)\gamma_e(t-\tau)d\tau \tag{3.17}$$

この式は情報工学，電気系などではよく知られており，入力 r_e，応答関数 u による出力 q の関係である．シャーマンは単位図の積分方程式表示はしていないが，日高孝次は式（3.17）の応用として降雨から流量が求められることを，つとに1941年に指摘している．

なお，単位の有効降雨強度を1とすれば，この降雨は時間をかけてすべて河道へ流出すると考えるので，次式が成立する．

$$\int_0^\infty u(\tau)d\tau = 1 \tag{3.18}$$

単位図法による実際の計算は各時間雨量ごとに行われるので，離散量表示の次式によることとなる．

$$q(t) = \sum_{\tau=0}^\infty u(\tau)\cdot\gamma_e(t-\tau) \tag{3.19}$$

$q(t)$ に流域面積を掛け単位換算すれば，実際の $Q(t)$ となる．

3.2.3 貯留関数法

降水によって流域に貯留されている総貯水量 S(mm) と，河道への流出高 q (mm/h，流量を流域面積で割った値) との間につぎの運動（または貯留）方程式が成立すると仮定する．

$$q = f(S) \tag{3.20}$$

一方，連続方程式として，流域への流入，すなわち降水と流出高との差が S の増減であるので，式 (3.21) が成立する．

$$\frac{dS}{dt} = fr - q \tag{3.21}$$

ここに r は観測降雨強度，f は流入係数である．式 (3.20)，(3.21) から S と q を求める．

木村俊晃(1961)は洪水の遅滞時間 T_l を導入し，式(3.22)，(3.23)を提案した．

$$f \cdot r - (q - q_0)_l = \frac{dS_l}{dt} \tag{3.22}$$

$$S_l = K(q - q_0)_l^p \tag{3.23}$$

ここで，

　　q_0：立上り時の初期流出高
　$(q-q_0)_l$：$(q-q_0)$ の波形を T_l だけ左へ平行移動させた波形，すなわち，
　　　$(q-q_0)_{l,\,t=t'} = (q-q_0)_{t=t'+T_l}$
　　S_l：$f \cdot r$ と $(q-q_0)_l$ とによる流域総貯水量
　　K, p は定数

貯留関数法は，少数の係数で流出の非線形性を巧みに表しており，洪水流量の

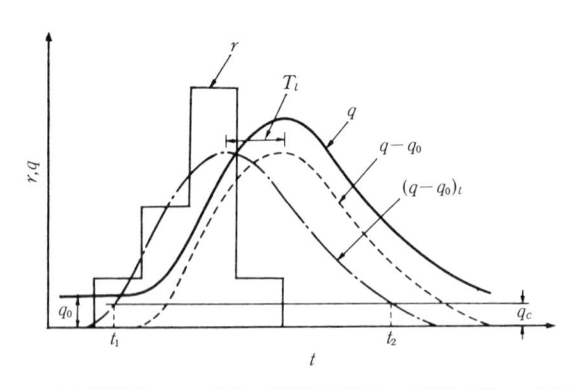

図 3.4　貯留関数法による解析の説明図（前出：水理公式集，p.159 より）

推定や予報などに有用といえる.

$p=1$ とすれば線形モデルとなるが，木村はじめ多くの実績によれば，$p=0.3$〜0.6 の範囲となることが多い．流域が長方形でその上の流れが薄層流であれば $p=1/3$，マニングの公式を適用すれば $p=0.6$ となる.

木村は $p=1/3$ として係数 K について地形特性，流域粗度をパラメータとして，この方法の総合化も行っている.

一般に q は洪水の上昇期と下降期ではループを描く二価関数となる．すなわち，上昇期と下降期では同じ値の q に対し水位や S が異なる価を示す．木村の貯留関数法ではこれを一価関数化しているが，遅滞時間を考慮している．プラサド (R. Prasad) のように貯留関数は二価関数をそのまま表現した方法もある.

貯留関数法による流出解析は，単一洪水の場合は比較的簡単であるが，ピークが複数の場合には容易でなく，氾濫する現象にまで適用するのは無理な場合がある.

3.2.4 タンクモデル

流域を図 3.5 のようなタンクであると仮定し，雨がタンクに注ぎ込まれ，下方の孔からの流出が流域から河道への流出であると仮定する．孔にはそれぞれ孔の大きさにより変化する係数があり，孔が小さければ係数の値も小さく，流出量も小さくなる.

孔はタンクの底にも，側方にもいくつでも開けられ，その孔の水深に比例して流出量は増す．タンクへの水の補給，すなわち降雨が止まれば，水位は下がり，孔からの流出は指数関数で減衰する．すなわち，タンクモデルの流出は指数減衰型である.

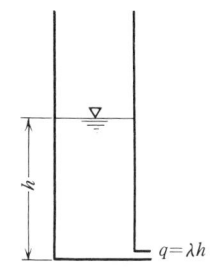

図 3.5　タンクモデル基本形
（高橋編，1978：河川水文学，共立出版，p.78 より）

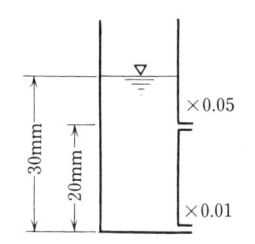

図 3.6　2 孔のタンクモデルで非線形効果が表される（同左，p.79 より）

図 3.5 で孔の係数 $a=0.1/h$ ということは，孔の位置の水深が 10 mm であれば $10 \text{ mm} \times 0.1 = 1 \text{ mm/h}$ の流出があることを意味する．

図 3.6 には 2 孔のタンクモデルで非線形効果が表されることを示す．上の孔より水位が高ければ，流出 q は下記のとおりである．

$$\begin{array}{ll} \text{上の孔からの流出} & (30-20) \times 0.05 = 0.5 \\ \text{下の孔からの流出} & 30 \times 0.01 = 0.3 \\ & q = 0.8 \text{ mm/h} \end{array} \quad (+$$

水位が上の孔の位置より下がれば，そこで流出 q は不連続に少なくなり，あとは下の孔からの流出のみとなる．

いくつかの降雨と流量の実測記録に基づき，その流域に適する孔の数と高さ，それらの係数を定めて，その流域のタンクモデルをつくれば，以後は降雨記録を入れさえすれば流量は自動的に計算できる．

これらの孔の高さ，係数を決めるには試行錯誤により若干の経験を要するが，その自動化も開発されており，その繁雑さも克服できる．

タンクモデルの最も簡単な図 3.5 の 1 つの孔の場合は，単位図法において式 (3.18) の $u(\tau)$ を指数関数とした場合と全く等しく，タンクモデルと単位図法の相互関係がわかる．

タンクモデルは菅原正巳により開発され，日本の多数の河川流域の流出解析のみならず，必ずしも水文資料が十分ではない途上国などにおいても，菅原自身の懇切な指導によって，その普遍的有効性が確かめられている．その理由は，モデルの構造が単純明確であり，加減乗除のみによって誰にも解析可能であること，さらには非線形効果を表現でき，高水，低水を含めて解析できる融通性を持つことなどである．

3.3 洪水流

流域内降雨から河道への流出量は流出モデルによって計算し，河道へ到達した流れが，上流側河道から河口へと向かって河道を流れる場合の水位，流速，流量，および河道からあふれて流域内を流れ下る氾濫流については，河川水理学 (river hydraulics) に基づく手法によって計算する．

河川水理学は，洪水時および平常時の河道内の流れ，浸透流，河口密度流など

に最もよく適用される．本節において説明する河道内の流れは，水理学における開水路の流れ（open channel flow）として扱うが，流れには土砂などを含むので，その現象については，流砂や河床形態などを扱う流砂水理学の分野となり，次節以降において説明する．

ただし，本書においては水理学の基本事項を会得しているものと見なし，かつ高度な河川水理学にまでは触れない．主として河川工学の観点から，河川水理学的手法を洪水流や土砂流送などに適用する場合の考え方，および最低限必須な事項の解説に留める．

開水路としての河道に関する水理計算においては，水位から流量，逆に流量から水位を計算する．この場合にも，河川の数地点でのなるべく精度の高い横断面図，それぞれの地点での粗度係数が求められていなければ計算できない．

元来，管路もしくは実験水路のような断面形状が規則的で，しかも時間的にも変化しない水理学の流れの研究の成果を，自然河川のように複雑に変化する断面形や，時間とともにつねに変化する流れに応用するので，多くの仮定に基づいて近似解を求めることになる．具体的に求めようとしている流れの要素，あるいは解の目的によって，要求される精度も異なる．また，計算に当って，どのような仮定に基づいているかを十分に知っておく必要がある．実際の流れの現象と著しく離れた仮定に立っていれば，計算過程に入る前に，すでに高い精度は期待できない．

洪水流の計算の場合は，摩擦をどう扱うかが重要な要因となる．摩擦は一般に，流れと河床，河道の側面との間で生じ，流れの内部摩擦も加わる．

ある河川横断面の流れを表現する場合には，断面の平均流速を代表値としてこれに断面積を乗じて流量を求めることが多い．

河川横断面内の等流速線は底面と側壁の影響により曲線となり，最大流速の現れる位置は，水深と河幅との関係に支配される．図3.7によれば，河幅が水深の9倍以上になれば，表面が最大流速となっている．

断面の平均流速を求める平均流速公式は数多く提唱されているが，日本ではシェジー（A. Chézy）公式とマニング（R. Manning）公式がよく用いられている．いずれも流れが時間的に変化せず，すなわち等流で，河道はその前後で不規則に変化していないとする．

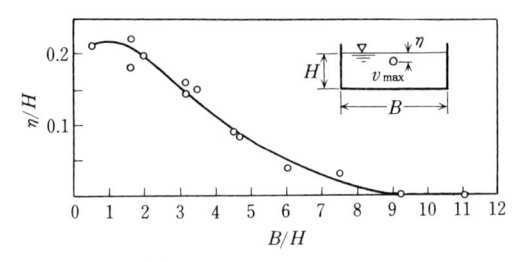

図 3.7 河幅と水深の比と最大流速の関係（安藝・本間編，1955：物部水理学，p.110，岩波書店より）

$$v = c\sqrt{RI} = \frac{1}{n}R^{2/3}I^{1/2} \tag{3.24}$$
$$\quad\quad\text{シェジーの公式}\quad\text{マニングの公式}$$

ここに v は断面内平均流速，R は A/S で径深，（A は断面積，S は潤辺），I はエネルギー勾配，c はシェジー係数，n はマニング係数である．

実際の河川においては，河幅に比べて水深は数十分の1程度できわめて小さい場合が多く，$R \fallingdotseq h$（水深）となる．したがって両式とも，流速と水深とはほぼ一義的関係である．

両公式とも流速は勾配の平方根に比例するとしており，すなわち高さの差で示される位置のエネルギーが，流速の2乗に比例する摩擦で消費されるとしている．

河川の流れは大気に接する自由水面を持ち，重力の作用で流れ下る開水路の流れである．この自由水面は自由に変形し，流れ方向に水深が増減し，水面に波も生じ，上流水源から河口まで延々と流れ下る．その長さ方向に比し，河幅は桁違いに小さく，河川の流れは流れ下る方向が全く支配的な1次元流である．

河川工学においては，特に洪水流のような流れを扱う場合，河川断面内の流速分布などの局所的現象ではなく，総体としての平均量の流れの流量や時間的変化を対象とする．したがって，流れの基礎方程式を断面内で積分して1次元解析するのが普通である．ただし，河川の乱流構造や土砂の乱流輸送などの現象に関しては，洪水流の3次元構造を対象として解明する．

開水路の流れとしての河川の流れの基礎方程式は，下記の連続方程式とエネルギー方程式であり，これに基づいて不等流や不定流計算を行い，水位と流量の関係や，流れ方向の流量やその時間的変化などを求める．

$$\frac{\partial A}{\partial t} + \frac{\partial Q}{\partial x} = 0 \quad\quad\text{（連続方程式）} \tag{3.25}$$

$$\beta\frac{1}{g}\frac{\partial v}{\partial t}+\alpha\frac{v}{g}\frac{\partial v}{\partial x}+\frac{\partial h}{\partial x}=S_\mathrm{e}-S_\mathrm{f} \quad (\text{エネルギー方程式}) \qquad (3.26)$$

ここに,

$$Q = vA,\ 流量$$
$$\alpha：エネルギー補正係数$$
$$\beta：運動量補正係数$$
$$S_\mathrm{e}：河床勾配$$
$$S_\mathrm{f}：摩擦損失勾配$$

水理学で周知のように,v または h が時間的に変わるか変わらないかによって,開水路の流れを表3.1のように分類する.v も h も時間的に変化しない流れ,すなわち $\frac{\partial v}{\partial t}=\frac{\partial h}{\partial t}=0$ を定常流(steady flow),時間的に変化する流れを非定常流(unsteady flow),その中間を準定常流(quasi-steady flow)という.河川の流れは厳密にいえばすべて非定常流であるが,計算の目的によって,多くの場合,定常流または準定常流として扱う.

v と h が流れ方向の各断面で一様である流れ,すなわち $\partial v/\partial x = \partial h/\partial x = 0$ である場合を等流(uniform flow)という.Q は一定でも v と h が断面ごとに変わる流れを不等流(nonuniform flow)という.現実の河川の流れでは等流は起こらず,すべて不等流である.開水路の流れは等流か不等流,定常流か非定常流かの両分類の組合せとなるが,河川の流れは,定常・不等流か非定常・不等流のいずれかとなる.

河川の流れを不等流計算によって有効に行いうるのは特に背水計算の場合である.定常流の項を0とすれば,$\partial/\partial t$ の項は0となり,式(3.27)から Q は流下方向に一定となり,$\partial h/\partial x$ を導き,これから流れ方向の h の変化を求めることがで

表3.1 開水路流れの分類(須賀堯三,1985:河川工学,p.31,朝倉書店より)

分　　類	参　考　事　項
定常流,非定常流	河川の流れは,洪水と入退潮流を除いて,一般に定常流として扱うことが多い.
等流,不等流	等流は直線水路で横断形状・勾配が一定の時に生じるが,急流であれば等流と見なしうる.
漸変不等流	静水圧分布近似が可能.主として摩擦損失のみ.
急変不等流	静水圧的でないもの.形状損失が加わる.
層流,乱流	限界レイノルズ数 $Re_\mathrm{c} = vR/\nu = 500\sim1,500$
常流,射流	限界フルード数 $Fr_\mathrm{c} = 1$

開水路流れとは水路内を自由水面を持ち,重力の作用によって運動する流れである.

きる．たとえば，河口付近では満潮時と干潮時では同じ流量でも水位は異なる．河川合流部では支川の水位は本川が洪水か否かで異なる．

このように下流の状況によって水位が影響を受ける現象を背水という．海の潮位，合流する大河川の水位，ダム地点の水位などを与えて上流側の水位をつぎつぎと求める不等流計算は，水理学では手順ができており，比較的簡単に数値解を求めることができる．

洪水流の計算は運動方程式（3.26）に基づくが，各項の水理量の時間的，場所的変化を緩やかと仮定し，さらに項によってはほかの項と比べて非常に小さく，計算の目的によっては無視しても差支えない場合も多い．

そこで，$\alpha \fallingdotseq \beta \fallingdotseq 1$ とした場合，

$$\frac{1}{g}\frac{\partial v}{\partial t}+\frac{v}{g}\frac{\partial v}{\partial x}+\frac{\partial h}{\partial x}-S_e+S_f = 0 \tag{3.27}$$

慣性項である第1項と第2項を無視した場合，

$$\frac{\partial h}{\partial x}-S_e+S_f = 0 \tag{3.28}$$

さらに $\partial h/\partial x$ も無視した場合，

$$-S_e+S_f = 0 \tag{3.29}$$

である．式（3.27）による場合を力学波（dynamic wave）モデル，式（3.28）による場合を拡散波（diffusion wave）モデル，式（3.29）による場合を運動波（kinematic wave）モデルと呼ぶ．

最も単純化した運動波モデルの場合，Q は断面積 A のみの関数として与えられる．

$$Q = f(A) \tag{3.30}$$

一方，連続方程式（3.25）より，

$$\frac{\partial A}{\partial t}+w\frac{\partial A}{\partial x} = 0 \tag{3.31}$$

ここに，

$$w = \frac{dQ}{dA} = v+A\frac{dv}{dA} = mv \tag{3.32}$$

ここの v にマニングの平均流速公式を適用すれば，三角形断面の場合 $m=4/3$，広幅長方形の場合 $m=5/3$ となる．式（3.31）と（3.32）の関係はクライツ・セドン（Kleitz-Seddon）の法則と称し，計算も簡単であるので，古くから洪水の伝

播の大勢を知る場合に利用されてきた.

　洪水が河道を流下する状況を定量的に解析し，1地点におけるハイドログラフから，その洪水が下流側のある地点に到達した場合のその地点のハイドログラフを推定することを洪水追跡（flood routing）という.

　洪水追跡の方法には，大別して水理学的方法と水文学的方法とがある．前者は，前述の非定常流の基礎方程式によるが，解析解を求めるのは一般に困難であるので，差分法や特性曲線法などの数値計算法によって求める.

　水文学的方法の場合は，連続方程式を下記のように表現する（図3.8）.

$$\frac{dS}{dt} = I - O \tag{3.33}$$

$$S = f(I, O) \tag{3.34}$$

ここで，

　　S：河道のある区間I～II間の河道貯留量
　　I：断面Iからの流入量
　　O：断面IIからの流出量

前者（3.33）を貯留方程式，後者（3.34）を貯留関数という.

　具体的計算法にはいくつかあるが，マスキンガム（Muskingum）法がその一例である．SをIとOとの関数とし，それぞれの係数を実測資料に基づいて定める．すなわち$S = K[xI + (1-x)O]$，$(0 < x < 1)$とする．ある時刻における値と，時間Tの後の値をそれぞれ添字1および2を付せば，近似的に次式のように表せる.

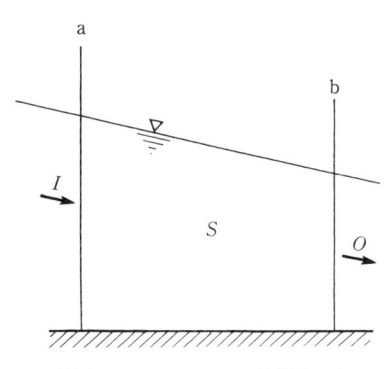

図3.8　マスキンガム法概念図

$$S_2 - S_1 = \left(\frac{I_1 + I_2}{2}\right)T - \left(\frac{O_1 + O_2}{2}\right)T \qquad (3.35)$$

また

$$S_1 = K[xI_1 + (1-x)O_1] \qquad (3.36)$$
$$S_2 = K[xI_2 + (1-x)O_2] \qquad (3.37)$$

として，これから S_1, S_2 を消去して O_2 について解けば，

$$O_2 = c_0 I_2 + c_1 I_1 + c_2 O_1 \qquad (3.38)$$

となる．ここに c_0, c_1, c_2 は追跡係数（routing coefficients）と呼ばれ，K, x, T を与えれば求められる．

$$\begin{aligned} c_0 &= -\frac{Kx - 0.5T}{K - Kx + 0.5T} \\ c_1 &= \frac{Kx + 0.5T}{K - Kx + 0.5T} \\ c_2 &= \frac{K - Kx - 0.5T}{K - Kx + 0.5T} \\ c_0 + c_1 + c_2 &= 1 \end{aligned} \qquad (3.39)$$

したがって，I_1, I_2, O_1 が実測できれば式 (3.38) から O_2 が求められ，以下逐次 O_3, O_4 …… O_n が求められるので，断面Ⅰのハイドログラフから断面Ⅱのハイドログラフが求められる．

3.4 土砂流送の形態と移動型式

河道の流れ現象において，水とともに重要な役割を担っているのは土砂である．流水とともに流送される土砂の動きをとらえずして，洪水流そのもの，また洪水が河道に与える影響も理解できず，ひいては的確な治水工法を駆使することはできない．そこで，各専門分野の先達がこのテーマに取り組み，その成果を蓄積してきた．本節においては，河川水理学の立場からの土砂流送に関する解析の手法を紹介する．

河床は，大小の粒径が広く分布した砂礫より成っている．流れがある限界を越えて大きくなると，小さい粒径の土砂粒子から移動をはじめる．自然河川のこのような河床を移動床（movable bed）という．これに対し固定床（fixed bed）は，水面だけが変形自由で潤辺が固定されており，実験水路やライニングした人工水路に見られる．水理学の理論および実験による扱いは，移動床の流れの場合が固

定床よりはるかに複雑である．移動床の流れでは，潤辺が変形し続け，それを数量的に正確に追うことが困難だからである．

流れが移動限界を越えると，砂礫（sediment particle）は移動しはじめ，それと同時に河床には河床波（sand wave）が発生する．この河床波をどうとらえるかは河床形態を理解するに際して重要であり，次節に解説する．

土砂の輸送形態を大別すると，掃流輸送（tractional transportation）と浮遊輸送（suspended transportation）になる．前者は河床の近くを掃かれたように土砂が移動する現象であり，後者は流れの乱れのために，舞い上げられている砂礫粒子が河床に沈殿せずに浮遊して運ばれる現象である．それぞれの輸送土砂量を掃流砂量（tractional load または bed load），浮遊砂量（suspended load）という．

掃流輸送の移動の仕方は，流れの直接の力を受ける河床上の転動（rolling），滑動（sliding），または河床面に沿う跳躍（jumping, saltation）に分けられる．

掃流砂と浮遊砂は底質または河床構成材料（bed-material）と交換を繰り返しながら移動流下し，それを総称して底質流砂（bed-material load）という．これに対し，底質よりも細かく，これと交換せず，つねに浮遊しながら移動するものを浮泥またはウォッシュロード（wash load）と呼び，水理学的には区別して取り扱う．

河川の流送土砂量を推定する実験公式は19世紀以来，今日に至るまできわめて多数発表されている．それをはじめて示したのはデュ・ボア（Du Boys, 1879）であり，彼は流れの剪断力が底質に働き，移動砂礫の鉛直速度勾配は直線的であるとして次式を提示した．

$$q_\beta = C\tau_0(\tau_0 - \tau_{0c}) \tag{3.40}$$

ここに

q_β：単位幅単位時間当り掃流土砂（m^3/s・m）

τ_0：河床に働く剪断応力，掃流力

τ_{0c}：限界掃流力（critical tractive force）

C：流砂の性質による係数

掃流力 τ_0 が一定値 τ_{0c} 以上になると土砂の移動がはじまるとして，その限界の剪断応力を限界掃流力という．ただし，底面土砂の移動限界状態については各学者の定義は一致しているわけではなく，その限界を流速で表す考え方もある．その後，多くの学者によって掃流，およびその量についての研究が積み重ねられた

が，この研究を一挙に推進したのは，シールズ（A. Shields）である．

1936年に，彼は博士論文「河川による土砂の運動に対する力学的相似法則と乱流研究の応用」によって，限界掃流力の概念を明確にしたのみならず，次節に述べる砂州などの河床波の形成限界についても先駆的な成果を挙げた．

彼は従前の実験公式のディメンジョンが合っていなかったことを改め，無次元化した限界掃流力 $u^2_{*c}/\{(\sigma/\rho-1)\}gd$ が平均粒径 d と粘性底層の厚さ δ_L との比 d/δ_L，またはそれと比例関係にあるレイノルズ数 u_*d/ν の関数になると考え，さまざまな粒径と比重の実験資料によってこの関係を確認し，河床波の形成限界への示唆を含む図3.9のいわゆるシールズ図（Shields' diagram）を発表した．

これからレイノルズ数が十分大きいときの無次元限界掃流力の値は，レイノルズ数に関係なく0.06程度となるので，次式のように表される．

$$\tau_{0c} = 0.06(\rho_s - \rho)gd \tag{3.41}$$

さらに，シールズは掃流砂量を次式のように提案している（S は水面勾配）．

$$q_B/q = C(\tau_0 - \tau_{0c})S/[(\sigma-1)gd] \tag{3.42}$$

わが国では，岩垣雄一（1956），栗原道徳（1948）がそれぞれシールズの関数関係を理論的に導き，従来の実験値に自らのものを加えている．それらをシールズ図と比較して示したのが図3.10である．

一方，アインシュタイン（H. A. Einstein, 1942）は，砂礫が平均値に一定距離移動したのち，再び河床に落ち着く形でつぎつぎに移動すると考え，河床砂礫が単位時間内に運動を起こす確率は，砂礫に働く揚力が水中における砂礫の重さを越える確率で表されるとして関係式を誘導した．彼はまず一様粒径の砂礫について研究を進めたが，現実の河川に近い混合砂礫の流砂量は一様砂礫の場合とは異なると指摘し，粒子の遮蔽係数の概念を導入して，粒径別掃流砂量式を提案した．

彼は土砂流送にはじめて確率論的概念を適用して，この研究を進めたが，実際河川の実測値と比較すると，細砂に対しては遮蔽係数による影響が過大に現れると指摘されている．

掃流砂量については，さらにカリンスキ（A. A. Kalinske）やブラウン（C. B. Brown）など，わが国でも芦田和男をはじめとして多数の研究が行われている．これらはいずれも，現実には複雑な流砂運動をモデル化したり，次元解析的手法に基づいて導かれているが，得られた数値間には相互にかなりの差があり，実際河川の掃流土砂量の予測には限界があると考えられる．

すなわち，実験室もしくは幾何学的断面の人工水路の流れにおいては，これら

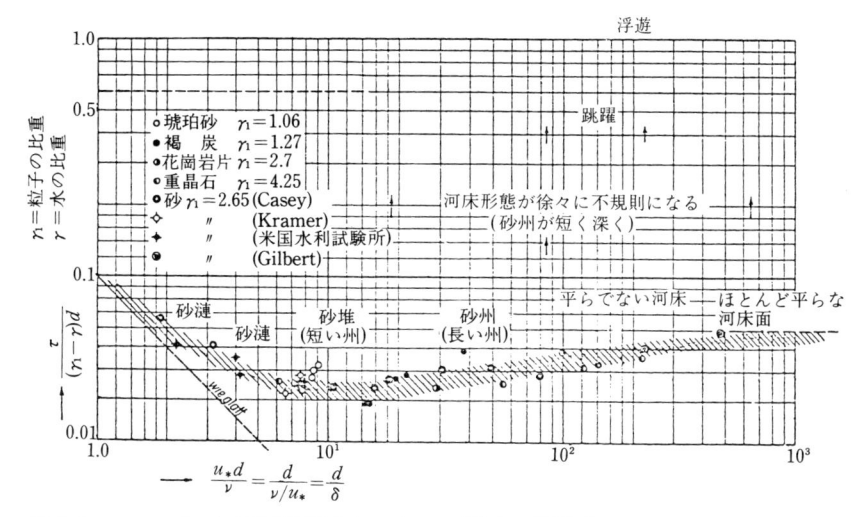

図3.9 シールズによる限界掃流力とレイノルズ数との関係 (Shields, 1936: Anwendung der Aehnlichkeitsmechanik und der Turbulenzforschung auf die Geschiebebewegung, Berlin より)

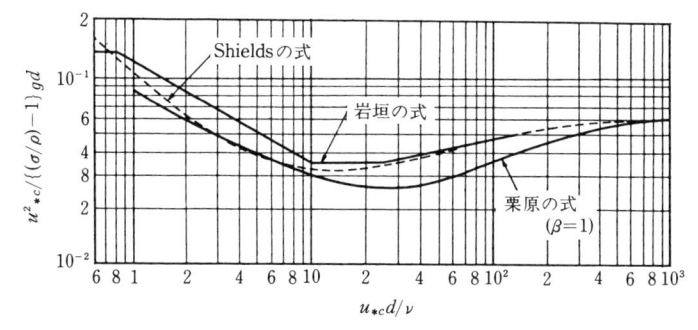

図3.10 限界掃流力の無次元表示 (前出:水理公式集, p.222 より)

理論の前提条件が比較的よく適合するので,ある程度の精度のある予測値を得ることができる.ただし実際河川の場合は,これら研究の前提条件以前に,河道全体の河床形態などの条件に支配されると考えられるので,河川地形学に関する知見を得て河床変動そのものをとらえることが必要であろう.それについては次節に述べる.

浮遊砂については,粒子の沈降と乱れの拡散との物理的法則を基礎にして,ラウス (H. Rouse),レーン (E. W. Lane),カリンスキ,アインシュタインらが研究を重ねており,掃流砂量と浮遊砂量を合わせた全流砂量 (bed material load)

3.4 土砂流送の形態と移動型式

についても，アインシュタイン，ロールセン（E. M. Laursen）らが実験結果に物理的考察を加えてそれぞれ式を誘導している．

　これらもまた，掃流砂量式と同じく，流砂現象をモデル化し，これに実験資料と河川の実測資料とを加えて考察を深め提案された実験式的なものであり，実際河川の流砂量を推定するにはおのずから限界がある．現象の完全なモデル化はきわめて困難であり，近似的にならざるをえず，かつ実際河川の資料も特に流砂に関しては，精度の高い測定値が得られるとは限らないからである．浮遊砂に関しては掃流砂よりも比較的には高い精度の測定が可能であるので，各季節ごと，各水位ごとに詳しい実測を行い，これに基づいて従来の諸式を対象河川に適合するよう修正しつつ利用すれば，推定の精度を徐々に高めることが可能であろう．

3.5　河床形態

　対象河川の河床形態の特性を把握し，河床変動の原因を考察し，それを予測することは，河川工法を計画するに当ってきわめて重要である．

　河床は，自然的ならびに人為的要因によって形成される．自然的要因の中でも洪水による変動が最も大きいが，どの程度の規模の洪水が，いつ発生するかの予測は，確率論的にしか推定しえない．すなわち，われわれとしては，いつ来るかは的確に予測しえない洪水を確率的に待ち，それに基づいて河床変動を予測することになる．人為的要因は，ダム，河川改修などの河川工事，あるいは流域開発によって河床変動の状況は変化する．これらはある程度広範囲の河床変動であり，一方，個々の地先での堤防や護岸水制，堰などの周辺の局地的河床変動はたえず発生している．

　河床変動を河川全体の立場から，長期的に眺める場合には，河川地形学の知見に依存しなければならない．河川水理学は，その前提となっている条件に適合している場合には，河床の現象をも解釈でき，予測にも役立つであろう．たとえば，管路や整正された人工水路，もしくは比較的人工水路に近い河川，もしくは局所的現象の場合には，その方法や知見は大いに有効である．したがって，いま求めようとしていることは何か，要求される範囲，精度などを勘案して，河川地形学，河川水理学，あるいは関連する地球科学，河川水文学の方法論や知識を動員して，河床変動の難問に対応すべきである．

　いずれの方法によるにせよ，重要なことは，なるべく多くの測定資料がある年

数積み重ねられていることである．たとえば河川の縦横断測量，航空写真などを可能な限りさかのぼって収集し，洪水の前後，ダムや大規模改修の前後などを比較すれば，その川の河床変動の特性をおおよそ知ることができる．

さらには長年の水位観測資料があれば，年平均低水位の経年変化などを手掛りに河床の上昇下降動向をさかのぼって知ることもできる．あるいは，古老や漁民，釣り人をはじめ，長年川辺に住んでいる人々の中には鋭い観察力を持っている人が必ずいる．それらの人々から聞き込むことによって，数量的厳密さはないかもしれないが，河床が辿ってきた経緯をおおむねうかがい知ることができよう．

河川には長い輪廻(りんね)もしくは周期の歴史がある．まず河川の自然史の立場から，現在その河川がどういう成長段階にあるかを知る必要がある．

まず雨水流の浸食によって小さい河川が誕生し，雨蝕谷が生長して河川の幼年期を迎える．Ｖ字谷が出現し，細い河道や滝が生まれ，支流も発達する．青・壮年期にはＶ字谷は浸食が進んでＵ字谷となる．中流部では河床が比較的安定した平衡状態の区間も出現し，下流部では，土砂の堆積がはじまり，中下流部では河川の蛇行がはじまる．老年期になると，山地の浸食が進行し，全河川が中下流部のような様相を示し，河床勾配はいよいよ緩やかに，蛇行はさらに激しくなる．全流域が河食輪廻の最終的地形としての準平原（peneplain）に近づく．わが国の中国地方，瀬戸内海側諸河川がこれに近い地形である．準平原はさらに平坦地形となり，やがて原始地形に帰り，それは回春（renaissance）といわれ，このように永遠に大周期を繰り返すことを輪廻という．

以上は超長期的な自然河川の生成発展の原理的な叙述であり，これに人工が加われば，その成長は阻害されたり変調を来たす．とくにわが国のように，流域の開発，河川工事が旺盛に高密度に行われてきた大部分の河川は，きわめて人工化され，河道も固定されており，河川の自然的成長は著しく制約されていることにも留意する必要がある．

河川の上流から下流に至るまで，河床変動の状況は区間区間によって著しく異なる．上流では河道は峡谷を形成して固定されており，川沿いの集落も比較的小さく，渓流災害は発生するが，大規模水害は山間部を出て沖積平野へ入ってからである．沖積平野は長い歴史を経て洪水によって形成され，しかもここが産業や住居の主要舞台となっているので，洪水が暴れ水害を発生しやすいのは，宿命とさえいえる．

沖積平野を流れる区間においても，河川勾配や砂礫の輸送と堆積状況は，下流

へ向かうにしたがいつぎつぎと変化する．扇状地河川，自然堤防地帯河川，三角州河川の分類に基づいて，河床はもとより，洪水や水害のそれぞれの特性をとらえることも重要であるが，すべての沖積河川がこの3形態を備えているとは限らず，扇状地河川のまま河口から海へ入る河川もあり，自然堤防地帯の中間部を欠いている河川もある（2.1.4項参照）．大河川はおおむねこの3形態が明瞭である．石狩川，利根川，信濃川，木曽川などはその典型である．

それぞれの形態と，洪水および水害との関連については第4章に述べるが，ここでは，河床形態も河床変動も河川が沖積平野のどの地帯を流れているかによって性格が異なる．つまり，河床変動を考察するに当っては，考察の目的にもよるが，礫粒子とか混合比をまず調べるのではなく，対象河川の特性，対象区域がいかなる地形にあるかを確認すべきである．

前項で触れた河床波の系列を認識した上で河床を観察することは，河床形態を理解する第一歩である．河床形態を空間的スケールから大別すると小規模河床波と中規模河床波になる．流れの変動に伴ってつぎつぎと発生する河床波の系列と，その形状は図3.11のとおりである．小規模河床波のそれぞれの特性は以下のとおりである．

3.5.1　砂漣

最初に現れる最も小規模の河床波が砂漣（sand ripple）である．その波長 λ は30 cm以下，波高は3 cm以下である．0.6 mm以下の細砂の砂面に現れる細かい波模様である．

3.5.2　砂堆

さらに流速が増すと，河床形態は砂堆（sand dune）になる．砂漣に比べ規模はずっと大きくなり，この領域に入ると河床波と水面波の相互干渉が現れる．

3.5.3　平坦河床

さらに流速を増すと，河床の凸凹は平らになって，見かけ上は平坦な河床（flat bed）となる．砂礫移動のない静的平坦河床とは異なり，この領域では粒子は激しく流動しても河床波は発生しない．ただし，この形態は遷移状態（transitional state）で不安定であり，水理条件のわずかな変化で砂堆に戻ったり，後述の反砂堆の状態になる．

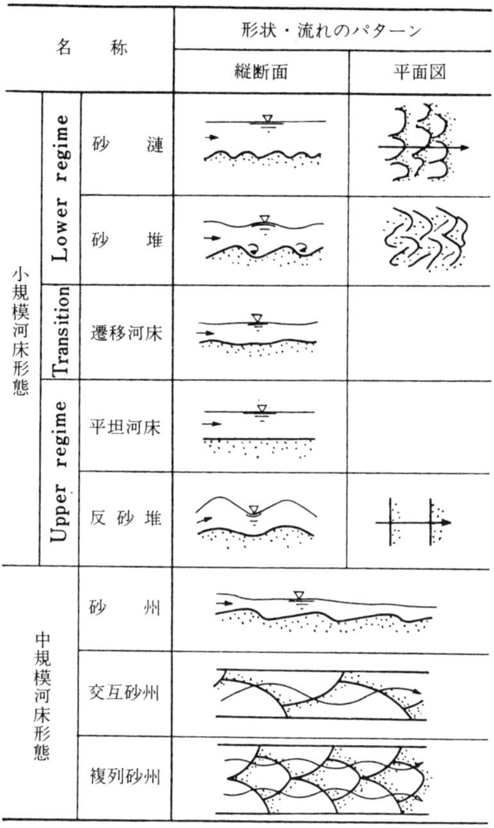

名称			形状・流れのパターン	
			縦断面	平面図
小規模河床形態	Lower regime	砂漣		
		砂堆		
	Transition	遷移河床		
	Upper regime	平坦河床		
		反砂堆		
中規模河床形態		砂州		
		交互砂州		
		複列砂州		

図 3.11 河床形態の分類（前出：水理公式集, p.252 より）
Lower regime は常流状態で出現, Upper regime は射流状態で出現, Transition は遷移.

3.5.4 反砂堆

流速がさらに増して射流になると，砂堆と反対の特性を持つ反砂堆（antidune）という河床波が発生する．すなわち，砂堆の波形は波頂に関して非対称であったが，河床波と水面波の位相関係は同相となり，対称な正弦波となる．移動方向は，まれに例外はあるが上流へ移動する（砂堆の波形は下流へ移動）．洪水直後に河床を見ると，種々の河床波を見つけることができる．河床波の形態は，河床材料の粒径，水深，河床勾配がわかればおおむね推定することができる．

中規模河床形態の領域区分図も多くの研究者によって数多く提示されているが，そのパラメータは，$Re(=u_*d/\nu)$, $\tau_*[=u_*^2/(\sigma/\rho-1)gd]$, h/d, σ/ρ, B/h で表され，多くの検討の結果，B/h が最も支配的影響があると指摘されている．村本嘉雄らによる領域区分図を図 3.12 に紹介する．

3.5 河床形態

中規模河床波に関する観察と実験は，木下良作が1950年代から営々と先駆的研究を重ねてきており，70年代から多数の研究者がさまざまな条件下の実験を行い，水理学的にも多くの知見が整理されるようになってきた．ここでは一例として山本晃一による実験の成果を紹介する．

　図3.13は幅2mの水路に粒径0.66mmの砂を敷き，一定流量を流し，気球に吊した写真機で河床状態を撮影したものである．実験に白の水性ペイントを溶かしてあるので，深いところが白く，水面から出ている個所が砂で黒く写っている．図3.13を見ると上流側では深いところが交互に発生しているが，下流側では深いところが部分的には両側に発生している．深掘れ部は，水路内に発生した砂州（単に州とか砂礫堆ともいう）によって生ずる．これが直線水路でも水流が蛇行したり深掘れ部の生ずる直接原因である．上流側のように左右交互に深掘れの生ずる砂州を交互砂州（alternating bar），両側に深掘れの生ずる砂州を複列砂州（double row bar）という．これを模式的に図示すれば，図3.14のようになる．数行にもなる複列砂州は俗に鱗状砂州と呼ばれる．

　交互砂州発生の条件は，川幅水深比B/Hと相対水深H/d，無次元掃流力$\tau_* = HI/sd$でほぼ定まるが，実際河川ではBと低水路の平均水深H_mの比が10～20倍以上であれば砂州はおおむね発生する（ここでIは河床勾配，dは河床砂礫粒径，sは粒子の水中比重である）．交互砂州の長さL_sは川幅の約5～15倍であり，堆積傾向にある河床ではやや短くなる．図3.14の複列砂州の場合は，川幅の2～6倍程度となる．川幅水深比B/Hが70～100程度より大きくなると交互砂州から複列砂州となる．B/Hが数百にもなる扇状地河川では鱗状砂州が発生する．

　鱗状砂州の舌状の幅B_sは，水深の約100倍であり，その長さL_sはB_sの2～5倍程度である．このような鱗状砂州は川幅の広い扇状地河川で河床が上昇気味の場合によく見られる．図3.15の大井川には14列にも達する見事な鱗状砂州が見られる．斐伊川では宍道湖に流入する上流側の出雲市付近に図3.16のように明瞭な鱗状の河床に目を見張る．

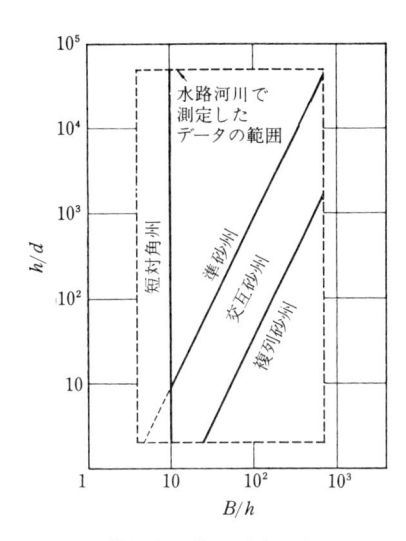

図 3.12 中規模河床形態の領域区分図（村本嘉雄，前出：水理公式集，p.255 より）

グラフ内ラベル: 水路河川で測定したデータの範囲／短対角州／準砂州／交互砂州／複列砂州

縦軸: h/d、横軸: B/h

図 3.13 通水終了時の流況および河床形態（山本晃一，1988：ミニ河川講座2，FRIC ニュース第9号，河川情報センターより）

3.5 河床形態

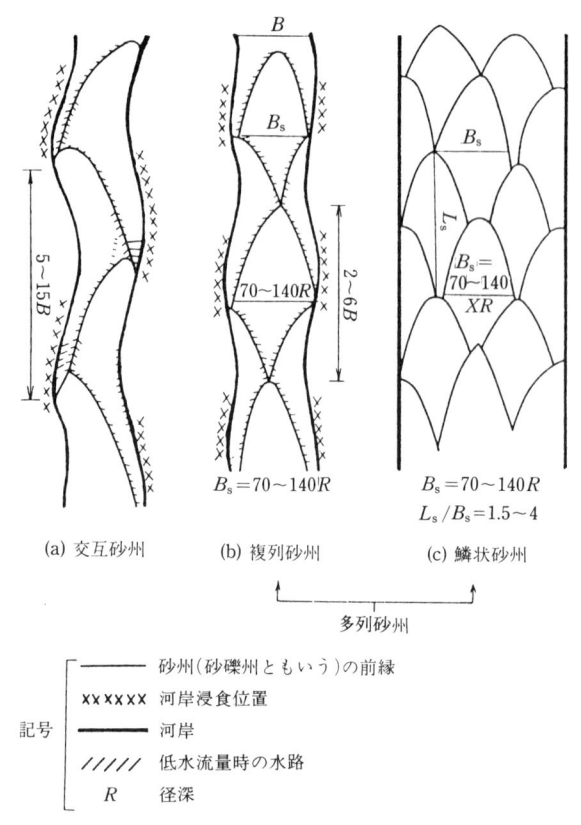

(a) 交互砂州　(b) 複列砂州　(c) 鱗状砂州

多列砂州

記号
- ―――― 砂州(砂礫州ともいう)の前縁
- ××××× 河岸浸食位置
- ━━━━ 河岸
- ///// 低水流量時の水路
- R 径深

図 3.14　定型的な砂州のスケール（前出：山本晃一，1988 より）

図3.15 大井川の鱗状砂州

図3.16 斐伊川の鱗状砂州

3.5 河床形態

3.6 ダム貯水池

3.6.1 分類

ダムによって堰き止められた水域は，ダム湖，人造湖，貯水池などさまざまな呼称がある．津田松苗は1961年，ダム湖と総称することを提案し，国際的には英語の場合，reservoir が使われる．

ダムによって流水は人為的に堰き止められ，流水やそれに伴う土砂の動きは，ダム湖内のみならず，その上下流に新たな影響を及ぼす．特にダムやダム湖の規模が大きくなると，それによる流水，水質，土砂輸送への影響は大きくなる．そのため，ダム貯水池内の流水や物質輸送の物理的，化学的，生物学的形態を把握し，それによる悪影響への対策を講ずることが，ダムの機能維持，河川管理上重要である．

ダム貯水池は，貯水池内の水の交換の度合によって，池内の密度構造などが著しく左右される．したがって，その交換率によって，"流れダム湖"と"止まりダム湖"に大別することもある．安藝周一・白砂孝夫は貯水池内の年間交換率 π_1，洪水時の交換率 π_2 をつぎのように定義し，わが国での多くの観測に基づいてその密度構造を判断する一応の目安をつぎのように提唱した．

$$\pi_1 = 年間総流入量／貯水池総容量 \qquad (3.43)$$
$$\pi_2 = 1 洪水総流入量／貯水池総容量 \qquad (3.44)$$

$\pi_1 > 20$ の貯水池は"流れダム湖"に相当し，流水の作用が大きいので池内の水温分布がほぼ一様となり，"混合型"貯水池となる．$\pi_1 < 10$ の場合は"止まりダム湖"となり，流水は停滞しがちであり，水温の成層が形成される"成層型"貯水池となる．

成層型貯水池では，春から夏にかけての受熱期には日射と気温の上昇に伴い，貯水池水は表層から温度が上がり，水面や取水口付近で温度変化が急激となり，水温の垂直方向の分布の急変する比較的薄い層が生ずる．この変温層を水温躍層 (thermocline) といい，水面付近のそれを一次躍層，取水口付近のそれを二次躍層という．一次躍層は，太陽や大気からの放射による熱供給と風による擾乱によって形成される．

秋から冬にかけての放熱期には水表面は次第に冷却され，流入する河川水温も低下するので，躍層面での水温変化は和らぎ，成層の安定度は小さくなり，躍層

が低下したり消滅する．

　π_1 が大きい混合型貯水池では，1年を通して躍層は形成されない．水温の垂直分布の年変化は π_1 の値によっておよそ見当がつく．もっとも，π_1 の小さい成層型貯水池でも，洪水の際には成層が破壊され，一様に混合されるので，その場合には π_2 が水理量として意味を持つことになる．

　一般に $10^8 \, \mathrm{m}^3$ 以上の貯水量がある貯水池はほとんど成層型であり，1洪水時については，安藝・白砂（1974）はつぎのように整理している．

　　　　　$\pi_2 \ll 1$（およそ 0.1 より小）：水温分布の変化なし

　　　　　　　$0.5 < \pi_2 < 1$：水温成層は変形されるが成層型の水温分布
　　　　　　　　　　　　　　が維持され，洪水は二次躍層上部に流入

　　　　　$\pi_2 > 1$：水温成層消失

　要するに，流れダム湖は，湖内の水の平均滞留時間が短く，自然の川に近い状態にあり，止まりダム湖は，水の平均滞留時間が長く，湖内の流速も小さく自然湖に近い状態にある．

　このほか，ダム湖の分類には，地形による河道型と葉状型，気候による熱帯人工湖と温帯人工湖，底質による礫底湖，砂底湖，泥底湖などがある．

3.6.2　流動特性

　ダム貯水池の密度分布は，主として水温と濁度によって定まる．温度がわかれば水の密度は経験式によって推定できる．

　濁水については，水 1ℓ に $c(\mathrm{g})$ の土砂が含まれる場合に $c(‰)$ の濁度という．土粒子の密度を $\rho_s(\mathrm{g/m\ell})$，水の密度を $\rho(\mathrm{g/m\ell})$ とすれば，濁水の平均密度 ρ' $(\mathrm{g/m\ell})$ は次式によって求められる．

$$\rho' = \rho \left[1 + \frac{c}{1000} \left(\frac{1}{\rho} - \frac{1}{\rho_s} \right) \right] \quad (3.45)$$

　ダム貯水池において現れる濁度は数百 ppm 程度（濁度 1〜0.1）である場合が多い．池内の密度分布への水温と濁度の両者の効果を比較すると，水温のほうがはるかに支配的である．多くの実例では，上下層間の水温差は 10℃ 程度であり，1℃ の水温低下はほぼ 200 ppm の濁度増にも匹敵するからである．

　貯水池の濁度は，洪水によって一挙に増大する．洪水が貯水池に流入すると，流入水の密度は濁質を含んでいる分だけ，貯水池の滞流水より高い．したがって流入水は自らの密度と等しい池内の滞流水塊と出会うまで，底面に沿って浸入し，

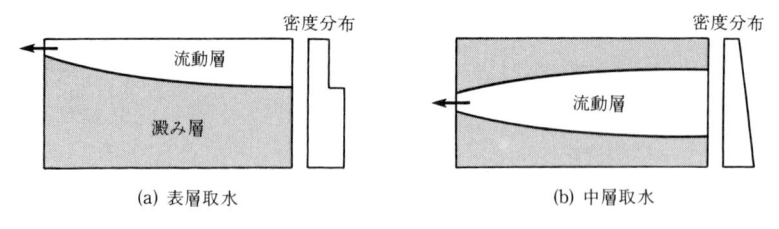

図 3.17 選択取水と流動層（玉井信行，1989：水理学2, p.193, 培風館より）

やがて等密度層に沿って水平方向に進行する．それ以後は発電用水などの取水口があれば，濁水塊はそれに向かって流動し放水される．その段階では一般に下層部分では等濁度線はほぼ水平となるが，上層部の取水口付近を中心に等濁度線は水平ではない2次元分布をしており，詳細な解析をする場合にはその点に留意する必要がある．

計画高水流量級の大洪水が発生すると，わが国のように貯水池規模が必ずしも大きくない場合には成層は完全に破壊され，洪水時および直後には密度分布はほぼ一様になる．その後，秋から冬にかけての水面冷却，土粒子の沈降作用により，新たな温度分布，濁度分布が形成される．わが国での観測結果によると，12月時点になると，これらの分布状況は水平方向にほぼ一様となり，鉛直方向には温度差と濁度差による密度差が互いに打ち消し合って，ほぼ等密度に向かう傾向にある．すなわち，水温は水面付近では水底付近より低く，相対的に密度が高いが，濁度は水底付近のほうが高いからである．もし温度差が2℃であれば，濁度差が約400 ppm でちょうど密度差を打ち消すことになる．

したがって，底層の高度濁水が水面付近まで移動しやすくなり，水面付近で高い濁度が現れる．すなわち，大洪水では大量の濁質の流入により，半年後になっても高濁度が継続することがある．

水温や濁度の分布の一様でない貯水池域から，望ましい水質，水温の水塊だけを選択して取水することを選択取水という．第二次大戦直後，農業用水のための多数のダムが建設された際，山間部や高緯度地方の貯水池では，低水温のため稲作に支障を来たす例が続出した．その対策としては，比較的高温の貯水池の表層付近の水のみを取水するようにしたい．冷却用水の場合は，低温の底層付近からの取水が望ましい．

表層および中層から取水する場合の流れの状況と密度分布を模式的に示せば図3.17のようになる．この場合，取水量と流動層の厚さの関係，それに及ぼす密

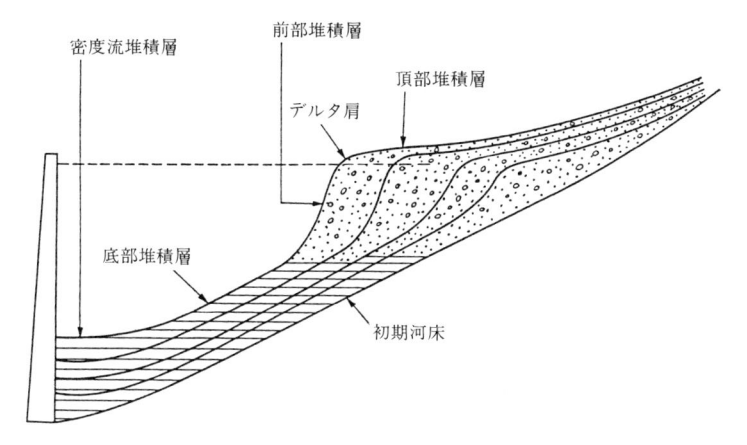

図 3.18 典型的な堆砂形状と堆砂過程（芦田和男ほか，1983：河川の土砂災害と対策，p.157，森北出版より）

度分布の影響を知ることによって，より適切な取水条件を見出すことができる．たとえば，表層取水においては，取水量が過大になると下層水をも巻き込むように取水してしまい冷水が混入してしまう．

3.6.3 堆砂

ダム貯水池は，流水を一時的に貯留させることが目的であるが，同時に流送されてきた土砂をも貯めてしまう．貯水池内に土砂が堆積すると，貯水容量が減少して貯水池機能に支障を与えるのみならず，貯水池上流端での河床上昇が氾濫を起こしやすい地形条件となる．さらには，貯水池堆砂によってダム下流への土砂供給が減少して河川全域での土砂収支に影響を与え，ダム直下流部の河床低下，河川によっては中下流部での河床からの骨材の過剰採取も影響して，河口からの土砂流出が減少し，河口部周辺の海岸浸食の原因となることもある．

貯水池堆砂の形状は，貯水池の規模，形状，流入土砂の粒度分布，貯水位の変化状況などさまざまな要因によって支配される．その典型例を模式的に示すと図3.18のようである．

堆砂形状はおおむねつぎの4部から成る．
(1) 頂部堆積層（top-set beds）
(2) 前部堆積層（fore-set beds）
(3) 底部堆積層（bottom-set beds）
(4) 密度流堆積層（density current beds）

(a) I型   (b) II型

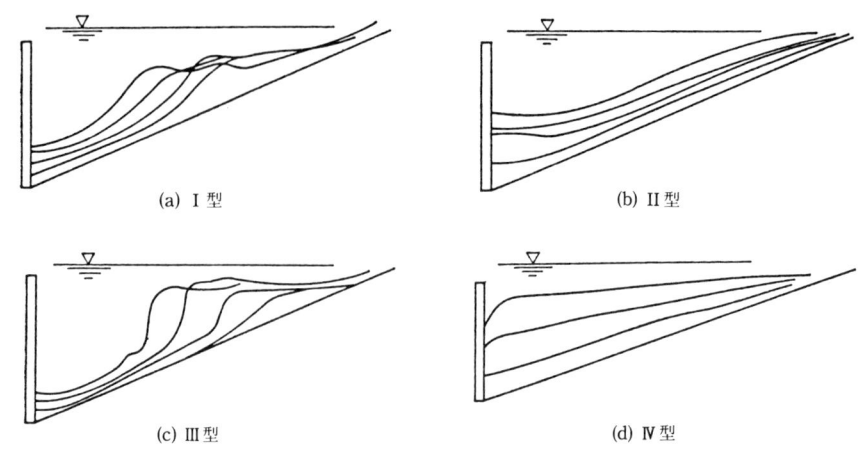

(c) III型   (d) IV型

図 3.19　堆砂形状の基本型と堆砂過程（前出：芦田ほか，1983 より）

(1)および(2)においてはデルタが形成され，河床を転動してきた掃流砂および浮遊砂のうち，比較的粒径の粗い 0.1〜0.2 mm 以上の部分であり，貯水池内でさらに掃流されて移動する．(2)については，掃流砂はデルタの肩を通過してその直下流に堆積し，さらに浮遊砂による堆砂が加わって形成され，比較的急勾配となる．このデルタは時間の経過に伴い前進するとともに，その上流端はさらに上流へと遡上していく．(3)および(4)の領域の堆積物は粒径 0.1 mm 以下のウォッシュ・ロードが大部分である．

江崎一博は，わが国各地の多数の貯水池の堆砂を調査して，図 3.19 のように 4 基本型に分類している．I 型（筑後川の下筌ダムなど）は大規模貯水池に発生する掃流砂，浮遊砂とも相当多量に流入する場合，たとえば，最上流に位置する貯水池でその流域内に崩壊地が多く存在するなどの理由で，河道への土砂流入の多い河川のダム貯水池の場合に発生しやすい．デルタ肩の位置は，多目的貯水池の場合には低水位付近の高さになることが多い．その理由は，多目的貯水池では洪水期間中，制限水位以下の低水位である時期が長いからと推定される．II 型（筑後川の松原ダムなど）では大部分の流入土砂は微細な浮遊砂であり，上流側に大規模な貯水池が存在する場合に発生しやすい．

III 型は浮遊砂の供給源の少ない流域で，堆砂の初期段階に現れやすい．IV 型は比較的小規模の貯水池の場合で，掃流砂と浮遊砂の堆積層に明らかな区別がない場合に現れる．

図 3.20 にこれらの実例を示す．(a)，(b) は III 型，(c) は II 型と III 型の中

(a) 横山ダム（揖斐川）

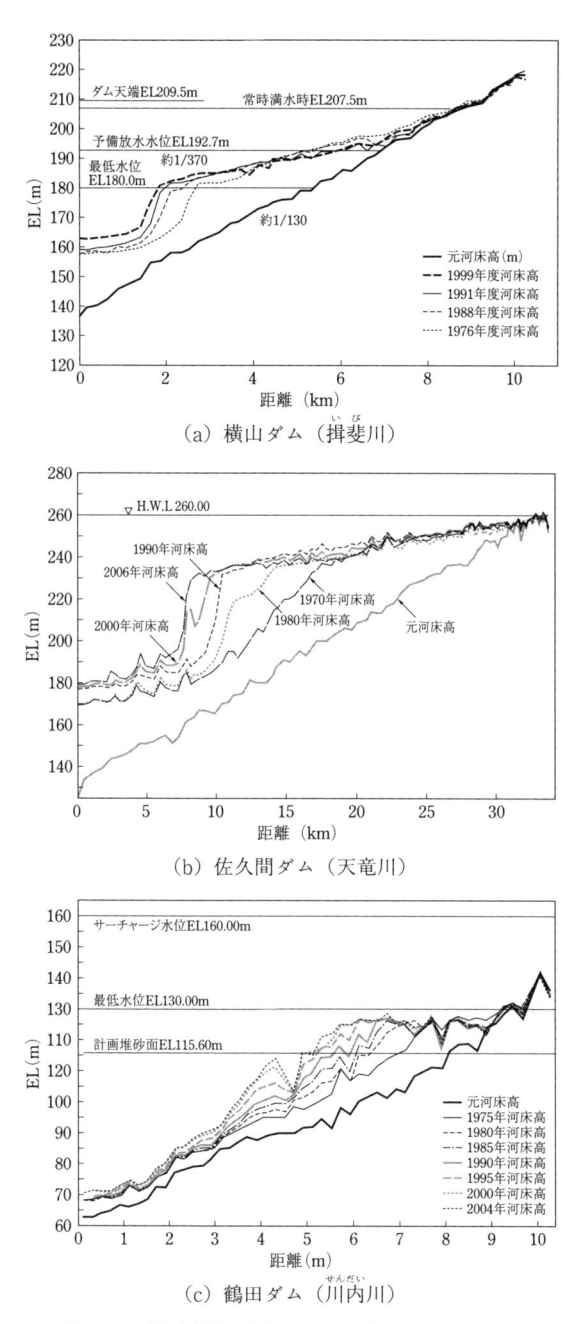

(b) 佐久間ダム（天竜川）

(c) 鶴田ダム（川内川）

図 3.20　堆砂形状の例（国土交通省河川局資料より）

3.6　ダム貯水池

間となる．

(a) 堆砂量予測

堆砂量を支配する要素はきわめて多く，かつそれら要素の中には予測のきわめて困難なものもあるので，堆砂量の的確な予測は非常に難しい．たとえば，大洪水が発生すれば，堆砂量は一挙に増大するが，大洪水の発生年は予測できず，これらの要素は統計的に判断せざるをえない．したがって，計画段階で予測した値を絶対視することなく，貯水池完成後は定期的に堆砂状況を実測して，予測値と照合しつつ，貯水池を管理すべきである．現実には近傍類似の既設貯水池の堆砂実績から堆砂量を類推する．

既設貯水池の中から，堆砂を支配する因子の類似しているものを選び，その実測を参照して堆砂量を推定する．

貯水池における堆砂対策としては，通常100年間の堆砂量を推定し，貯水池容量にその堆砂容量を確保する．

堆砂量を推定するには，多くのダム貯水池における堆砂実績を統計的に処理した経験式を用いた例が多かった．しかし，わが国全体の堆砂量を高い精度で推定する式はなく，その適用範囲も限られ，かつ経験式は現象の要因を支配するパラメータ特定が困難であるので，現在は主として参考値として利用されている．

まず類似のダムの比堆砂量［(堆砂量／集水面積)×年数］から当該ダムの比堆砂量を推定し，当該ダムと近傍類似のダムを，土砂生産，土砂輸送，貯水池で捕捉される量などの観点から複数抽出し，それに地形，崩壊地面積などを考慮して補正する方法によって推定している．近傍類似ダムを選ぶにあたっては，堆砂量は，貯水池へ流入する土砂量と，貯水池内での流入土砂の補捉に関する量とに大別される．流入土砂に関しては地質を優先的に考え，さらに地形勾配，森林率，崩壊地面積率をも影響因子とする．貯水池内の補捉に関しては，年間降水量および河床勾配に支配される．

これらデータを集めた結果に基づき類似ダムを定めるが，必ずしも容易ではなく明確な基準はない．前述いくつかのパラメータを比較し，対象ダムとパラメータの値がとくに近いものが選ばれている．

(b) 堆砂量の多い13水系の状況

表3.2にわが国で特に堆砂量の多い水系の堆砂状況を示す．これら13水系の

表3.2 堆砂の多い水系の堆砂状況(2006年3月時点)(国土交通省河川局資料より)

地方	水系	ダム数	当初総貯水容量 (10^6 m^3)	堆砂量 (10^6 m^3)			全堆砂率 (%)	年平均堆積土砂量 (10^6 m^3)
				有効容量内	死水容量内	合計		
北海道	石狩川	49	1,126	20	32	52	4.62	1.48
〃	沙流川	3	37	4	10	14	37.84	1.31
東北	北上川	26	704	14	31	45	6.39	1.13
関東	利根川	37	777	22	18	40	5.15	1.08
北陸	阿賀野川	29	1,514	10	55	65	4.29	1.41
〃	信濃川	49	610	16	39	55	9.02	1.80
〃	黒部川	6	237	17	23	40	16.88	1.82
〃	庄川	16	599	18	51	69	11.52	1.24
中部	大井川	13	369	53	47	100	27.10	2.58
〃	天竜川	15	624	58	158	216	34.62	4.48
〃	木曽川	38	797	27	94	121	15.18	2.57
近畿	新宮川	11	777	19	26	45	5.79	1.02
四国	吉野川	15	570	23	8	31	5.44	1.01

2006年現在の年平均堆積土砂量は約2,300万m^{3}に達し,とくに天竜川では堆砂量約2.16億m^{3}にも達し,次いで木曽川,大井川のように中部山地から流出する河川が多い.しかし,一般に中国,九州地方のダム堆砂量は少なく,堆砂状況は地域差,河川差がきわめて大きい.

3.6.4 富栄養化(eutrophication)

貯水池の水質問題では,濁水とともに,あるいはそれ以上に重大な課題は富栄養化対策である.富栄養化は狭義には"水域における栄養塩の増加"であるが,広義には"水域における栄養塩の増加とそれに伴う藻類の生産力の増大,それに起因する生態系の構成と代謝の変化"をいう.

ダム貯水池の富栄養化の原因は,人為的な汚濁源によってもたらされる栄養塩,湛水により水没した樹木などから分解溶出する栄養塩などである.都市化,工業化社会における人間の活動が原因となる人為的富栄養化に対し,たとえば小島貞男の指摘によれば,ナイル川のアスワンハイダムのナセル湖の富栄養化は,主としてナイル川上流のエチオピアの農地から運ばれてくる土壌に含まれる栄養分による自然的富栄養化であるという.

富栄養化の原因として最も重要なのは,水域における生産力の基礎となっている植物プランクトンであり,その生産力と関係の深いのは,栄養塩のうち窒素

（N）とリン（P）である．植物プランクトンは泳ぐ力はなく，水中に浮遊して水の動くままに身を任せて生活しているので浮遊生物とも呼ばれる藻類である．これは海草，水草などの藻とは異なり，顕微鏡下の下等植物である．藻類は微少であるが，多数集まると水は緑，赤，褐色などになる．防火用水や公園の池の水が緑色になるのはこのためである．大貯水池でも藻類が大量に発生すると水は濃緑色を呈し，水面にアオコが浮く．種類も珪藻類から緑藻類，藍藻類に変わる．しかも，藍藻類の中にはカビ臭を出す種類があり，その貯水池が水道水源である場合には，その臭気が水の味を悪くする原因となる．

藻類は植物であるので光のない場所では生育できない．したがって，貯水池の表層にもっぱら増殖し炭酸同化作用を行い，表層では酸素が過飽和になる．一方，底層にはプランクトンが枯れ落ちて分解し，酸素を消費してやがて無酸素状態になり，湖底から鉄，マンガン，アンモニアなどが溶け出すこともある．

このようにダム貯水池や湖沼における富栄養化は水質管理上重大な問題となっている．適切な対策を打つには，富栄養化現象が解明されていなければならないが，それは必ずしも容易ではない．というのは，この現象は水理学，生物学，化学などとそれぞれ関係し，いわば学際的アプローチを待たねばならず，従来の個々の学問的方法にとっては，複雑にして難解だからである．以下それぞれの学問分野からの解明手法を紹介するが，いずれも学際的要素をいかに取り込むかが今後の課題である．ほかの学際的テーマと同じように，多くの測定を重ね，実態をより詳しく捕捉することが，解明への必須の前提といえる．

比較的大規模な多目的貯水池などの場合の富栄養化対策としては以下の方法が採用されており，それぞれの貯水池の状況に応じて，いくつかの方法を組み合わせることが望ましい．

(1) 水源対策としての栄養塩の規制
(2) 成層の破壊
(3) 底泥の酸化
(4) 長期滞留部分の除去
(5) 取水口の高さ調整
(6) 流入水の直接取水

このうち，(1)(6)は貯水池外での対策であって，貯水池の水質そのものをよくするのではない．(5)も貯水池の水を利用する立場からの対策である．

ここでは，貯水池の富栄養化の除去策としての(2)について述べる．

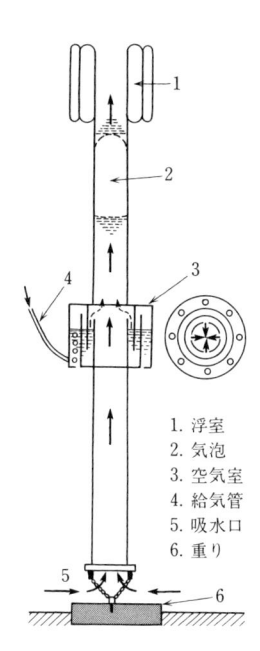

図 3.21 空気揚水筒構造図（小島貞男，1985：おいしい水の探究，
　　　　NHKブックス，p.151 より）

1. 浮室
2. 気泡
3. 空気室
4. 給気管
5. 吸水口
6. 重り

　(2)については，貯水池の底近くに空気を吹き込み，強制的に水を循環させることによって，藻類，さらには放射菌の増殖を抑える方法が，わが国ですでに数十ヵ所で実施されている．元来この方法はイギリスで考案されたが，わが国では小島貞男らによって多くの改良が加えられ，日本独自の技術となりつつある．

　図 3.21 のような空気揚水筒を池内各所に設置する．筒の下部か中央部付近に円筒を取り巻くように空気室をおき，内部に逆サイフォンを備える．ここに陸上のコンプレッサーから空気を押し込むとやがてサイフォンが働いて，室内の空気が一気に筒の中に噴出し大きな気泡となって円筒内を上昇する．筒内の水は押し上げられ上端から飛び出し上昇する．こうして揚水された底層の水は，多量の酸素を含む表面の水と混合されて酸素を得，水温も上昇するので，すぐには底層に戻れず水平方向に拡散する．

　一方，気泡上昇とともに筒の中にはつぎつぎと底層の水が流入し上昇流をつくり，貯水池に新たな循環流が生ずる．藻類を含んだ表面の水が光のない下方へ向かえば，藻類は死ぬか弱められる．富栄養湖では光は最大約5mまでしか入らないからである．この循環によって，まず藍藻類がなくなり，やがて珪藻類，緑藻類も減少する．

　この水循環法はすでに多くの成功例があるが，どの貯水池にも有効とはいえな

い．第1に水深5m以下の浅い湖沼池では底まで光が到達しているから効果がない．第2に大貯水池では，池全体に水循環させるには莫大なエネルギーを要し現実には実施しえない．第3には冷水を嫌う農業用水などに利用する貯水池では適さない．循環によって下方の冷水が表面に押し上げられるからである．

3.7 河口部における諸現象

3.7.1 鉛直混合の諸形態

河川が海に流入し両者の接点となるところを河口といい，河口付近で川からの淡水と海からの塩水とが混合する水域を河口部または河口域という．

河口部における流れは，河川流と潮汐，波と海浜流，境界条件としての河口部地形，河川水の淡水と海水間の密度差によって支配される．とくに，淡水と海水の塩分，両者の水温差，浮遊物質の濃度分布に起因する密度差が，流れの構造，境界面の鉛直構造に影響を与える．

河口部での淡水と塩水との接触の仕方には各種あり，塩水のほうが比重が大きいので，塩水が下部に潜り込み，淡水が上部に這い上る型式になることが多い．それを大別すると，図3.22のように弱混合型，緩混合型，強混合型となる．

弱混合型は入退潮による混合が弱い場合に現れ，淡水と塩水は比較的明瞭な2成層となり，塩水がくさび状に淡水の下に潜り込む形となるので，その部分を塩水くさび（saline wedge）と呼ぶ．潮差の小さい日本海側の河川にこの型が出現することが多い．もっとも，現実河川における流れのレイノルズ数はきわめて大きく，現象は非定常であるので，乱れによって上下層間に混合が生じ，2層の界面には中間層または遷移層が形成されるのがふつうである．

強混合型は密度が鉛直方向にほぼ一様であり，塩分濃度分布は1次元拡散方程式でほぼ表すことができる．潮差が大きく，乱れが著しい場合に生じやすい．鉛直方向の密度は一様でも，流速分布は上層で下流向き，下層で上流向きの流れとなるため，水平勾配による鉛直循環流が生ずる．太平洋岸の河川では，大河川を除いては河川水深が比較的小さく，潮汐による乱れが強く，この型か緩混合型の河口密度流になることが多い．

河口密度流はおおむねこの3形態に分類されるが，1河川がそのいずれかの型の混合を示すとは限らず，潮汐の変動によって，上げ潮時には強混合型，やがて緩混合型となり，下げ潮時には弱混合型となる河川もある．

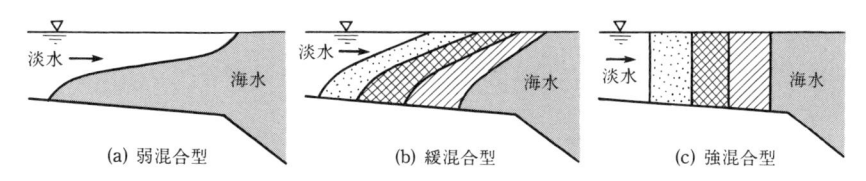

図 3.22 河口部における流動形式（玉井信行，1989：水理学，2，p.197，培風館より）

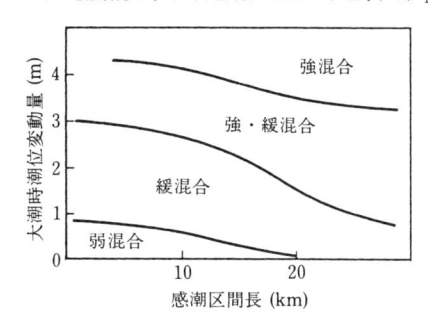

(a) 弱混合型　　(b) 緩混合型　　(c) 強混合型

図 3.23 河口部の混合型の区分図（須賀堯三，1979：感潮河川における塩水くさびの水理に関する基礎研究，土木研究所資料，1537 号，p.7，図 1.2.6 より）

日本の 90 河川について須賀堯三が混合型を感潮区間長と大潮時潮位変動の関係から分類した結果を図 3.23 に示す．この調査では混合形態を，水面付近の塩素イオン濃度 C_s と水底付近の塩素イオン濃度 C_b との比によってつぎのように分類している．

$$C_s/C_b < 0.1 \quad 弱混合$$
$$0.1 < C_s/C_b < 0.5 \quad 緩混合$$
$$0.5 < C_s/C_b \quad 強混合$$

潮差が 3 m 以上の場合はおおむね強混合となる．須賀の調査例では強混合型は 10% 以下，弱混合型は約 20%，残りの約 70% は緩混合型であった．

上述の鉛直混合のほかに，淡水くさびが形成される例もある．塩水の濃度が低く水温が高く，一方，流入する河川水の水温が低く濁度が高い河口部では，河川水の密度が高く塩水の下にくさび状に潜り込む．石狩川，冬季の斐伊川が宍道湖に流入する水域などにおいて，この形態が観察されている．

3.7.2 汽水区間の長さ

塩水と淡水との混合によって生じた低塩分の海水を汽水（brackish water）という．両者が混合した水から成る湖を汽水湖という．浜名湖，宍道湖はその例で

ある．汽水域の長さは河川によって著しく異なり，それによって生物相や取水条件に影響を与え，下流域の河相を著しく左右する．なお，陸水学では汽水域に干潟や潟湖，塩分の低い湾なども含める．

日本海側では干満差は 30 cm 程度か，これ以下の場合が多いのに対し，太平洋側では数十 cm から 2 m の範囲に分布し，筑後川などが流入する有明海では 5 m にも及ぶ．太平洋側では汽水区間が 5 km 以上にも及ぶ河川が多く，特に湾奥に河口がある河川，瀬戸内海へ流入する河川のように，外海の潮流を直接受けない河川の汽水区間は比較的長い．

汽水区間の長い河川の河口部は，河口に至るかなり長い区間，河幅や水深を保ったまま海へ出ているのも特徴である．北海道の天塩川と石狩川はいずれも汽水区間が 20 km 以上にも達して，このような形態を持っており，北海道のほかの河川とは著しく異なっている．

汽水区間が 20 km 以上の河川は，このほか，利根川，木曽・長良・揖斐の木曽三川，筑後川，六角川，川内川であり，淀川は 19 km 地点に堰がある．次いで長いのは東北の高瀬川 18 km，多摩川 15 km，吉野川 15 km であり，いずれも太平洋側の河川である．日本海側河川では，この区間が 10 km 以上は少なく，斐伊川 20 km はむしろ例外で，次いで由良川 13 km，九頭竜川 10 km にすぎない．

長い汽水区間の河川の底質は，おおむね細砂かシルトで，その堆積も多い．この区間では流速が小さくなるとともに，上流からのシルトは負に荷電しており，上げ潮に乗る塩水中の Mg や Ca などの正イオンの塩類と中和し，シルトは凝集し沈積しやすくなる．この凝集に際しては，微生物の死骸や上流からのそのほかの有機物を吸着するので，底質は富栄養化する．かつ塩水の入退潮によって酸素が補給され，適度な富栄養化が保たれると，底生生物は豊かになる．汽水区間の長い河川の COD は 3～8 ppm で，都市河川の場合は 8 ppm 以上となっている例が多い．

汽水区間が 1 km 未満の河川はおおむね急流で，日本海に多く，北海道でも石狩川，天塩川以外のほとんどの河川，太平洋岸では駿河湾から遠州灘にかけて河口を持つ河川，四国の物部川，九州の五箇瀬川がその例である．これら河川の河口部は，波浪の影響を直接受け，下流部まで河床に砂礫があり，水深は浅い．上流からのシルトも河口部には堆積しない．

わが国の過半の河川の汽水区間は 1～5 km であり，前述の諸特性は多様である．

3.7.3 塩水くさび

弱混合型において塩水くさびが生ずる場合の密度流は，密度境界面の上下で，流速，水深，密度の異なる2つの流れが存在すると見なしうる．その界面形状を1次元的に追跡する手法を紹介する．

2つの流れに関わる連続方程式，質量保存則，運動量保存則を連立させて解くが，水表面，密度境界面，河床のそれぞれの勾配が大きくないと仮定すれば，開水路の流れとして解析することができる（前出：玉井，1989，p.197-200）．

図3.24のように，密度境界面を通しての運動量や質量の輸送を考慮し，上層，下層の流速，水深，密度をそれぞれ，$u_1, u_2, h_1, h_2, \rho_1, \rho_2$ とすれば，連続の式は，つぎのようになる．

$$\frac{\partial h_1}{\partial t} + \frac{\partial}{\partial x} u_1 h_1 = E(|u_1| - |u_2|) \qquad (3.46\text{ a})$$

$$\frac{\partial h_2}{\partial t} + \frac{\partial}{\partial x} u_2 h_2 = -E(|u_1| - |u_2|) \qquad (3.46\text{ b})$$

上層の流れが下層の流れを引張る連行量は，相手の層の平均流速の強さに比例するとし，その比例係数 E を連行係数という．界面を通しての交換量は，式（3.46 a, b）に示すように相互の連行量の差で定まると考える．

流れの方向には移流項が支配的であると考え，拡散項を無視すると，上層についての質量保存則は次式で表される．

$$\frac{\partial \rho_1}{\partial t} + u_1 \frac{\partial \rho_1}{\partial x} = \frac{\rho_2 - \rho_1}{h_1} E|u_1| \qquad (3.47)$$

下層の密度 ρ_2 は一定と考え，下層の質量保存則は不要とする．

つぎに運動量保存則は上層および下層に対しそれぞれ次式で表す．

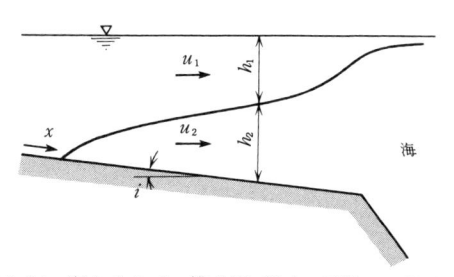

図3.24 塩水くさびの模式図（前出：玉井，p.198より）

$$\frac{1}{g}\frac{\partial u_1}{\partial t}+\frac{u_1}{g}\frac{\partial u_2}{\partial x}=i-\frac{\partial h_1}{\partial x}-\frac{\partial h_2}{\partial x}-\frac{\varepsilon}{3}\frac{\partial h_2}{\partial x}-\frac{2}{3}\frac{h_1}{\rho_1}\frac{\partial \rho_1}{\partial x}$$
$$-\frac{f_\mathrm{i}}{2gh_1}|u_1-u_2|q-\frac{Eq}{gh_1}|u_1| \tag{3.48}$$

$$\frac{1}{g}\frac{\partial u_2}{\partial t}+\frac{u_2}{g}\frac{\partial u_2}{\partial x}=i-(1-\varepsilon)\frac{\partial h_1}{\partial x}-\frac{\partial h_2}{\partial x}-\frac{h_1}{\rho_2}\frac{\partial \rho_1}{\partial x}+\frac{f_\mathrm{i}}{2gh_2}|u_1-u_2|q$$
$$-\frac{f_\mathrm{b}}{2gh_2}u_2|u_2|+\frac{Eq}{gh_2}|u_2| \tag{3.48'}$$

ここに,
$$\varepsilon=(\rho_2-\rho_1)/\rho_2\cong(\rho_1-\rho_2)/\rho_1$$
$$q=u_1-u_2 \quad (f_\mathrm{i} \text{は界面抵抗係数,} f_\mathrm{b} \text{は底面の摩擦抵抗係数})$$

上層の密度は鉛直方向に直線的に変化すると仮定して運動量輸送を考えている.

式 (3.46)〜(3.48) の基礎方程式を, 上下層の水深の変化を求める形にするには, 特性曲線法の解析と同じように, $\partial Q_1/\partial x$, $\partial Q_2/\partial x$, $\partial h_1/\partial x$, $\partial h_1/\partial x$ を未知数として式 (3.46)(3.48) の2組の式を解けば, 水深変化に対しては次式 (3.49) を得られる. ここに Q_1, Q_2 は上・下層の流量である.

$$\frac{\partial h_1}{\partial x}=\frac{1}{\Phi}\Bigl[-(1-\varepsilon F_{d_2})^2 i_{f_1}+\Bigl(1+\frac{\varepsilon}{3}\Bigr)i_{f_2}-\varepsilon\Bigl(F_{d_2}{}^2+\frac{1}{3}\Bigr)i$$
$$+\frac{\varepsilon}{b}(h_1 F_{d_1}{}^2-h_2 F_{d_2}{}^2)\frac{\partial b}{\partial x}$$
$$+\frac{Q_1}{gbh_1{}^2}(1-\varepsilon F_{d_2}{}^2)\frac{\partial h_1}{\partial t}-\Bigl(1+\frac{\varepsilon}{3}\Bigr)\frac{Q_2}{gbh_2{}^2}\frac{\partial h_2}{\partial t}-\frac{1-\varepsilon F_{d_2}{}^2}{gbh_1}\frac{\partial Q_1}{\partial t}$$
$$+\frac{1+\varepsilon/3}{gbh_2}\frac{\partial Q_2}{\partial t}-\frac{2}{3}(1-\varepsilon F_{d_2}{}^2)\frac{h_1}{\rho_1}\frac{\partial \rho_1}{\partial x}+\Bigl(1+\frac{\varepsilon}{3}\Bigr)\frac{h_1}{\rho_2}\frac{\partial \rho_1}{\partial x}\Bigr] \tag{3.49}$$

$$\frac{\partial h_2}{\partial x}=\frac{1}{\Phi}\Bigl[(1-\varepsilon)i_{f_1}-(1-\varepsilon F_{d_1}{}^2)i_{f_2}+\varepsilon(1-F_{d_1}{}^2)i+\frac{\varepsilon}{b}(h_2 F_{d_2}{}^2-h_1 F_{d_1}{}^2)\frac{\partial b}{\partial t}$$
$$-\frac{(1-\varepsilon)Q_1}{gdh_1{}^2}\frac{\partial h_1}{\partial t}+\frac{(1-\varepsilon F_{d_1}{}^2)Q_2}{gdh_2{}^2}\frac{\partial h_2}{\partial t}+\frac{1-\varepsilon}{gdh_1}\frac{\partial Q_1}{\partial t}-\frac{1-\varepsilon F_{d_1}{}^2}{gdh_2}\frac{\partial Q_2}{\partial t}$$
$$+\frac{2}{3}(1-\varepsilon)\frac{h_1}{\rho_1}\frac{\partial \rho_1}{\partial x}-(1-\varepsilon F_{d_1}{}^2)\frac{h_1}{\rho_2}\frac{\partial \rho_1}{\partial x}\Bigr] \tag{3.50}$$

ここに $\Phi=\varepsilon(1-F_{d_1}{}^2-F_{d_2}{}^2-F_{d_3}{}^2-1/3)$, ε^2 項は省略, F_{d_1}, F_{d_2} はそれぞれ上・下層の密度フルード数であり, 次式のとおりとなる.

$$F_{d_i}{}^2=Q_i^2/\varepsilon gb^2 h_i^3 \quad (i=1,2) \tag{3.51}$$

式 (3.49), (3.50) の解析解は, 条件が非常に簡単な場合のみ可能であるので,

一般に数値解析によって求める.

3.8 水理模型実験と数値シミュレーション

実際の河川に発生するさまざまな現象を研究する方法として，現地での実測資料の解析，水理学や水文学に基礎をおく理論的解析とともに，水理模型実験および数値シミュレーションによる方法も有効であり，幅広く利用されている．

ここで水理模型実験と数値シミュレーションについての基本的事項について簡単に触れる．

まず第一に，両者の方法とも，それぞれの特性を理解し適切に利用することによってはじめて現象の解明に役立つ点に留意したい．さらにいずれの方法によるにせよ，現場で実際に起きている，もしくは発生するであろう現象について十分に理解していることが前提である．精緻な模型を造り，あるいは膨大な計算を行いさえすれば，現象がより深く解明されるわけではない．これら研究を実施する前に，対象とする河道などの河川環境の変化などについて，現場をよく観察し，既往の資料を検討し，ある程度の見通し，もしくはあるべき姿について判断力を持っているべきである．さらに，研究対象個所の上下流の状況や，河川全体の中での位置づけについて把握しておくことが必要である．上下流への影響についての考慮を欠く河川改修が望ましくないのと同様，水理模型にせよ数値シミュレーションにせよ，対象個所のみを近視眼的に眺めることは厳に慎みたい．

3.8.1 水理模型実験

水理模型においては，人工の河川構造物を設計どおりにつくることができるので，ダムをはじめ構造物周辺の水理，特に局所的現象の解明にはきわめて有利である．

水理模型実験の最大の利点は，現象を肉眼で確かめられることである．特に水理模型は2次元流および3次元流を肉眼で把握できることが特徴であり，ほかの方法の及ばない点である．具体的には，構造物周辺の渦と剥離現象，構造物周辺の流線と水衝状況，流速分布，局所的な土砂流送に伴う洗掘と堆積現象などである．眼で確かめられるということは，たとえ定量的に把握できないとしても，現象を観察することによって現場を彷彿と眼中に再現しつつ，現象理解への考察を深め，熟慮することができる．

また物理模型は，降雨や浸透実験など水文学的研究にも利用されており，ますます要望の高まりつつある河川生態学の基礎研究にも分野が広がっていくであろう．

　水理実験は，わが国では1920年代後半，中山秀三郎によって行われたのが最初といわれ，その後，内務省土木試験所（独立行政法人土木研究所の前身）などで1930年代から推進され，第二次大戦後，1950年代から普及発展し各種研究機関で活発に行われ，その成果を挙げてきた．

　水理模型実験で重要なのは実物と模型の間の相似性である．厳密にいえば両者間の相似性は成立しないが，現象を支配する主な外力間の相似性を保つことで実用に耐える結果を得ることができる．たとえば，歪み模型を用いた固定床流れの実験では，鉛直縮尺 y_r，水平縮尺 x_r，粗度縮尺 n_r の間に，マニングの抵抗則より導かれる関係 $y_r = n_r^{3/2} x_r^{4/3}$ を満足するようにすればよい．

　最近の流れの計測技術，とくに可視化技術および画像解析技術の進歩は著しく，これらを駆使することにより，複雑な流れの構造も比較的容易に把握できるようになっている．

3.8.2 数値シミュレーション

　数値シミュレーションは，近年のコンピュータの飛躍的発展によって，その可能性を著しく拡大し，河川現象の解明にも重要な役割を演じつつある．特に河川現象をモデル化し，多様なシミュレーションを駆使して，多数の条件を与えて河川現象とその変化を予測することができる．

　その精度は，用いる数値モデル，使う方程式の精度にかかっており，それらが実際の河川現象をどれだけ忠実に表現しているか否かによって左右される．数値解法の発展やコンピュータの普及により，多くの研究者や技術者が手軽に数値シミュレーションを行えるようになり，しばしばその成果を過大評価する嫌いがあるが，重要なことは，コンピュータにデータを入力する以前の段階である．

　数値シミュレーションに当っては，上述の精度に関連して，実際の現象をどれだけ定式化，モデル化できるかをまず検討すべきである．さらに，解析に要する費用，時間なども考慮した上で取りかかるべきである．そして，シミュレーション結果をわかりやすく表現するとともに，現地での実測資料や水理模型実験などの結果とシミュレーション結果をフォローアップしていくことこそ，重要である．

　数値モデルによる計算の有利な点は，短時間に，多くの条件による数値計算を

行うことができる点にある．水理模型による実験では，模型を改造したり造り変えなければならないような場合でも，数値計算では，与えられた条件，もしくは数値を変えただけで立ちどころに定量的な解答を与えてくれる．

数値シミュレーションの限界は，当然のことながら与件が数値化しにくいもの，数値化できてもその精度の低いものは扱いにくい．また，境界条件を明確に数量化できるか否かに，その適用の可否がかかっている．したがって，たとえば土砂流送を伴う局部の微細な現象などに対しては，その適切なモデル化ができない限り，現段階では大きな期待はかけられない．

---演習問題---
1) 流出解析における各種の手法，合理式，単位図法，タンクモデル，貯留関数法を比較し，それぞれの特徴を考察せよ．
2) 洪水流を水理学的手法によって解析する場合の仮定条件を考え，その精度について考察せよ．
3) 現場または写真によって，河床に形成されている砂州を観察し，河床波の系列による分類を試みよ．さらにその砂州の洪水前後における形の変化を観察せよ．
4) ダム貯水池の堆砂状況について，各貯水池を比較し，それぞれの特性を比較せよ．

---キーワード---
面積雨量，DAD解析，蒸発散，浸透，合理式，単位図法，タンクモデル，貯留関数法，洪水追跡，限界掃流力，河床波，砂漣，砂堆，反砂堆，交互砂州，複列砂州，鱗状砂州，選択取水，堆砂，富栄養化，塩水くさび，汽水，数値シミュレーション．

---討議例題---
1) 流出解析には，なぜきわめて多くの手法が提案されているのか．
2) 河床波はなぜ各河川各区間ごとにさまざまな形態をとるのか．それら河床波の種類とその河川，およびその区間の特性との関係を討議せよ．
3) 堆砂による悪影響とその対策について考察せよ．

参考・引用文献
安藝皎一・本間仁編，1955：物部水理学，岩波書店．
安藝周一・白砂孝夫，1974：貯水池濁水現象の調査と解析(その1)(その2)，電力中研技術第二研究所報告．
芦田和男・高橋 保・道上正規，1983：河川の土砂災害と対策，森北出版．

岩垣雄一, 1956：限界掃流力に関する基礎的研究, 土木学会論文集, 41号.
椛根　勇, 1973：水の循環, 共立出版.
木下良作, 1984：航空写真による洪水流解析の現状と今後の課題, 土木学会論文集, 345号.
木村俊晃, 1961：貯留関数法による洪水流出追跡法, 土木研究所.
栗原道徳, 1948：限界掃流力について, 九大流体工学研究所報告, 4巻3号.
小島貞男, 1985：おいしい水の探究, NHKブックス.
須賀堯三, 1979：感潮河川における塩水くさびの水理に関する基礎研究, 土木研究所資料, 1537号.
須賀堯三, 1985：河川工学, 朝倉書店.
菅原正巳, 1972：流出解析法（水文学講座）, 共立出版.
高橋　裕・虫明功臣, 1971：流出解析研究の流れ, 水経済年報, 17巻1章, 水利科学研究所.
高橋　裕編, 1978：河川水文学, 共立出版.
玉井信行, 1989：水理学2, 培風館.
ダム技術センター編, 1987：多目的ダムの建設, 17章ダムの堆砂.
土木学会水理公式集改訂委員会, 1985：水理公式集.
日高孝次, 1941：応用積分方程式論, 河出書房.
虫明功臣・石崎勝義・吉野文雄・山口高志編著, 1987：水環境の保全と再生, 山海堂.
村本嘉雄・藤田裕一郎, 1978：中規模河床形態の分類と形成条件, 土木学会第22回水理講演会.
森下郁子, 1983：ダム湖の生態学, 山海堂.
山本晃一, 1988：河道特性論, 土木研究所資料, 2662号.
吉野文雄・米田耕蔵, 1973：合理式の洪水到達時間と流出係数, 土木技術資料, 15巻8号.
Boys, P. Du., 1879: Études du régimes du Rhône et l'action exercée par les eaux sur un lit à fond de graviers indéfiniment affouillables, Annales des Ponts et Chausées, 18.
Einstein, H. A., 1942: Formulas for the transportaion of bed load, *Trans. ASCE*, vol. 107.
Horton, R. E., 1933: The role of infiltration in hydrologic cycle, *Trans. AGU*, vol. 14.
Philip, J. R., 1957: The theory of infiltration, Part 1〜7, *Soil Science*, vol. 83〜85.
Sherman, L. K., 1932: Steam-flow from rainfall by unit graph method, *ENR*, vol. 108.
Shields, A., 1936: Anwendung der Aehnlichkeitsmechanik und der Turbulenzforschung auf die Geschiebebewegung, Berlin.

4 治水

五月雨をあつめて早し最上川

　芭蕉（1644〜94年）がこの句を詠んだのは1689（元禄2）年であった．日本ではこれ以前にも多くの詩歌や記録に，上流山地流域の雨が集まって河道へ流出してくる様子が描写され，それは古くから日本人共通の認識であった．

　しかし，諸外国では必ずしもそうではなかった．洪水の源泉についても中世まではさまざまな説があった．日本の河川流域の小さいこと，豪雨の激しさ，地形特性などが，日本人の河川観，洪水や治水観を正確かつ鋭敏なものに育てたと考えられる．

小貝川の決壊（1986年8月6日12時40分撮影）．茨城県石下町本豊田地先において破堤（右岸，利根川合流点より35.6 km上流）．1986年台風10号は関東東部，東北一帯に大きな災害をもたらし，特に小貝川，那珂川，阿武隈川，吉田川では大洪水となり，各所で破堤した．石下町では9時57分に破堤し，その地点は旧河道の捷水路部分に当り，排水機場があり，氾濫水はこの排水路を逆に流れた．

4.1 治水とは

治水とは文字どおり水を治めることであり,特に河川の氾濫や高潮による被害から,住民とその生活,耕地や住居,社会基盤などを守ることである.現在では河川からの脅威に対して,洪水をコントロールすることを治水というが,元来は河川を舟運,あるいは水資源開発の場として,さらに取水して利用するために,河水をコントロールすることも含めて治水と称していたし,現在でもそのように広義に解釈する場合がある.

治水は人類の集団生活がはじまった太古より営まれてきた.水,そして河川という自然の猛威と恵みに対し,長い歴史を通して河川技術の成果が積み重ねられている.換言すれば,治水とは自然としての川と人間の共生の歴史である.

治水の中で最も重要な技術が洪水処理(flood control)である.洪水による被害を軽減するための技術行使は,特に,洪水が狂暴を極めるモンスーン地域においては,つねに重要な国家的事業であり,治水なくして国政の安定はありえなかった.世界の治水史の中でも最も困難にして,たびたび大規模な河道変遷を繰り返し(図4.1),最も長い歴史を持つ中国の黄河の治水に関連して,"水を制する者は天下を制する"といわれてきたことが,この間の事情を雄弁に物語っている.その黄河治水の始祖といわれ,のちに夏の国の帝位に就いた禹は,洪水処理に当って,隄(つつむ),疎(わかつ),浚(さらう)の三工法をいかに巧みに組み合わせるかに,治水の成否がかかっていると考えていたといわれる.築堤,分水,浚渫は,現在もなお治水の要諦であり,洪水処理の原則である.

4.2 なぜ治水史を学ぶか

河川工学においてなぜ治水史を学ぶべきか.それは技術の対象としての河川が本来自然の一要素であり,技術によって人工的に創造できるものではなく,河川技術がつねに人間と自然との歴史的関係において把握されなければならないからである.

河川は,豪雨,豪雪,土砂流出,氾濫など絶えず自然の強い働きかけによって変化し続けているのみならず,人間が河川とその流域に絶えず働きかけることによっても変化している.河川技術者が備えるべき最も重要な資質の1つは,河川

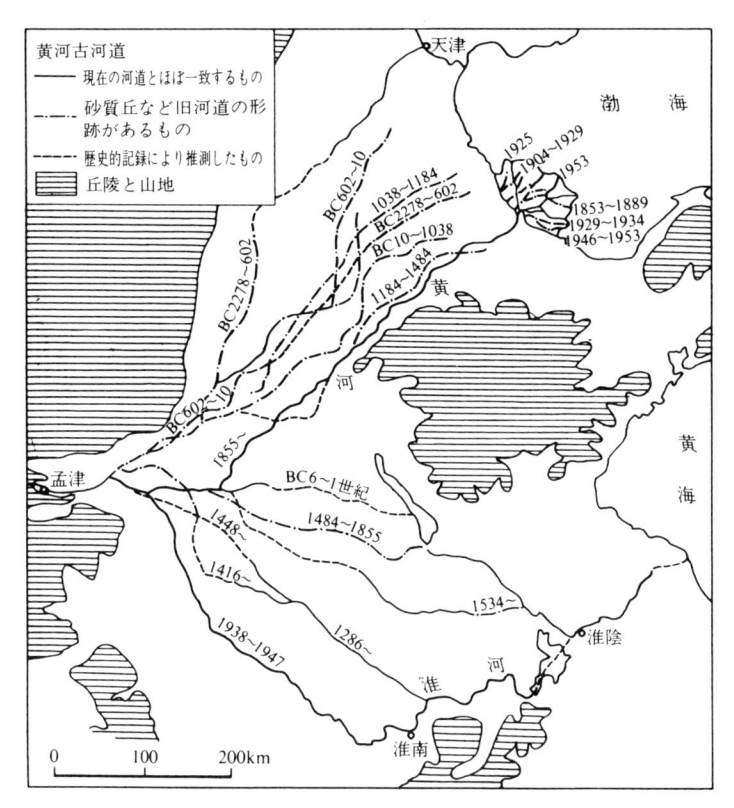

図 4.1 黄河下流河道の変貌（任美鍔編著, 1986：中国の自然地理, p.54, 東京大学出版会より）

とその流域への人間の働きかけ，すなわち河川工事や流域の開発行為によって，河川がどう変わるか，それを予測する能力である．

この視点に立つならば，現在私たちの眼の前を流れている河川を，治水史の集積として見ることができる．治水史を学ぶことによって，あるいは治水史的観点で河川を見る習慣を積むことによって，河川景観を熟視する能力を鍛えることができる．

大規模河川事業は，その河川にいつまでも決定的影響を与える．江戸時代初期の利根川東遷，江戸時代中期と明治の大改修による木曽川の三川分離（図 4.2），昭和初期に完成した信濃川の大河津分水（図 4.3），明治後期以来約 70 年かけて，流路を約 100 km も縮めた石狩川の 29 ヵ所ものショートカット（図 4.4），これらの過去の大工事を知らずして，現在のそれぞれの河川を論ずることはできない．これらの場合，重要なことは，過去の工事記録的工事史にのみ関心を持つのでは

図 4.2　三川分離された木曽川
　右から木曽川, 長良川, 揖斐川. かつて1本の川であったのを, 宝暦時代の治水を経て, 明治の近代治水工事によって三川に分けられた.

図 4.3　信濃川の大河津分水の流入口
　1909年から1931年にかけてのこの放水路工事によって, 新潟平野は大水害から免れることができた. 彼方に見える弥彦山の向うに日本海がある.

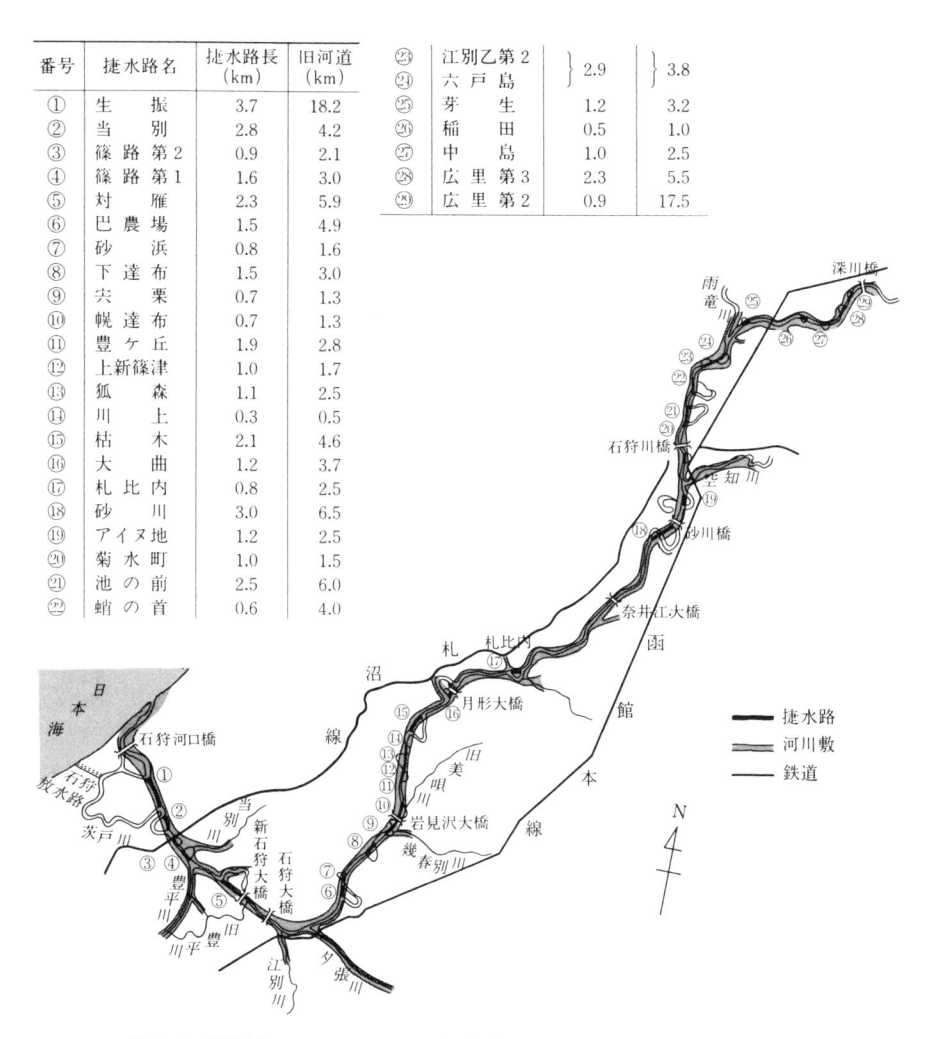

番号	捷水路名	捷水路長 (km)	旧河道 (km)
①	生 振	3.7	18.2
②	当 別	2.8	4.2
③	篠 路 第 2	0.9	2.1
④	篠 路 第 1	1.6	3.0
⑤	対 雁	2.3	5.9
⑥	巴 農 場	1.5	4.9
⑦	砂 浜	0.8	1.6
⑧	下 達 布	1.5	3.0
⑨	宍 栗	0.7	1.3
⑩	幌 達 布	0.7	1.3
⑪	豊 ヶ 丘	1.9	2.8
⑫	上 新 篠 津	1.0	1.7
⑬	狐 森	1.1	2.5
⑭	川 上	0.3	0.5
⑮	枯 木	2.1	4.6
⑯	大 曲	1.2	3.7
⑰	札 比 内	0.8	2.5
⑱	砂 川	3.0	6.5
⑲	アイヌ地	1.2	2.5
⑳	菊 水 町	1.0	1.5
㉑	池 の 前	2.5	6.0
㉒	蛸 の 首	0.6	4.0

番号	捷水路名	捷水路長 (km)	旧河道 (km)
㉓	江別乙第2	2.9	3.8
㉔	六 戸 島		
㉕	芽 生	1.2	3.2
㉖	稲 田	0.5	1.0
㉗	中 島	1.0	2.5
㉘	広 里 第 3	2.3	5.5
㉙	広 里 第 2	0.9	17.5

図 4.4 石狩川のショートカット（北海道開発局石狩川開発建設部，1980 より）
　曲がりくねっていた石狩川の河道をまっすぐにする捷水路が大正以来 29 ヵ所も掘られ，石狩川は約 100 km 短くなった．

なく，その工事に対する社会のニーズ，その計画の動機，工事計画の考え方，当時の技術水準，そしてその工事がその河川と当時の流域社会に与えた影響に関心を持ち，その視点から過去の大工事を理解することである．

　1つの河川を勉強しようとするならば，その河川の過去の大水害について知ることは欠かせない．かつての破堤地点に立ち往時を偲びつつ，なぜここで堤防が

切れたかを思いめぐらすことは，河川景観を読む第一歩である．

　過去の歴史的治水事業，大水害などの知識を蓄えて河川景観を眺め，思考を重ねることによって，河川をめぐる自然，社会，技術の相互関係を探る能力が養われていく．その場合には，治水史以外のさまざまな思考と知識を総動員すべきである．

　私たちは治水史によって，先輩技術者の努力を知り，その経験を教訓とし，新たな計画への意欲と知識を持つことができる．治水史によって私たちは歴史上の先輩たちと対話することができる．対話の繰返しが，先輩への畏敬，歴史的工事への感動を呼び，河川技術者の責任と自覚を促すこととなろう．

4.3　水害の特性とその変遷

4.3.1　災害としての水害の特性

　地震，火山爆発，地すべりなどによる災害とともに，水害も災害の一種であるが，他の災害とは異なる特性を持っている．すなわち，水害は技術の進歩，経済成長にもかかわらず，古くしてつねに新しい災害であり，時代の推移とともにつぎつぎとその形態を変えていく災害である．災害を広義に解釈すれば，科学技術の進歩，社会制度の発展によって次第に衰えてきた災害と，逆に科学技術の進歩に伴って新たに生じた災害がある．前者は冷害，伝染病などであり，後者は交通災害（航空機，自動車事故など），放射能汚染はじめ各種の公害である．水害は，そのいずれにも属さず，古今東西を問わずいつの時代にも発生している．

　水害を容易に絶滅できない自然的要因としては，その直接原因である豪雨の発生を私たちはコントロールできないからである．その点では地震や火山爆発と同様である．水害をなかなか軽減できない別の理由は，水害の状況が被災対象の土地の条件によって著しく左右されるからである．土地条件は社会経済的要因に主として影響を受け，土地開発などによる土地利用状況や，生活条件の変化が水害の様相を著しく変え，その急変はしばしば水害を激化させる要因となる．

　災害としての水害のこの特性を理解することなくして，すぐれた治水計画も樹立できないし，適切な水害調査も実施しえない．

4.3.2　水害の変遷

　日本の河川の特性は（付録1），水害の特性に忠実に反映されている．水害の

図4.5 河川および砂防事業に尽力したお雇い技師ヨハネス・デ・レーケ（晩年68歳）

歴史性のゆえに，約2,000年の日本史においても，水害の形態は顕著に変わってきた．ここでは明治以降の水害の変遷について考察する．

明治政府は，積極的に西欧科学技術を輸入し，河川技術に関しては1872年（明治5）以来お雇い外国人としてオランダ技術者を招き，河川計画とその事業の近代化に踏み切った．とくにデ・レーケは30年余にわたって日本の河川計画に著しく貢献した（図4.5）．明治以降は日本の社会と経済は急速に発展し，国土開発も活発に行われたが，一方，日本の宿命ともいうべき豪雨災害への対応は重要な国家的課題であった．

明治以降の1世紀余の水害と治水は，それ以前とは画然と異なっている．図4.6に明治初期以降，2005年（平成17）に至る水害による毎年の死者・行方不明者数，被害額の推移を示す．台風の襲来回数やその規模，梅雨期豪雨の強さなどは年による差が大きいため，被害も年ごとにかなり異なるが，日本列島が毎年，相当数の死者と被害額を出していることがわかる．特別に被害の突出している年があり，その年を中心に何年間か被害の大きい年が集中している傾向も見える．それは1896年（明治29），1910年（明治43），1934年（昭和9），などである．これらの年には超大型台風が大暴れしている．

第二次大戦後は，それ以前に比し被害者数，および被災対象となる私たちの財産が増加したことなどにより，被害額も大きいが，とりわけ，1945年（昭和20）から1959年（昭和34）までの15年間の死者・行方不明者が多い．国民所得は

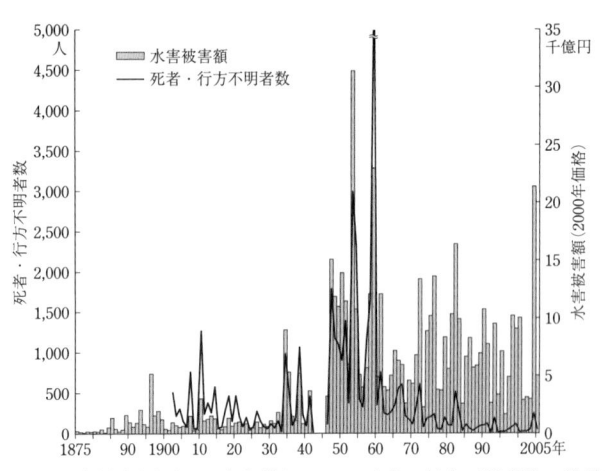

図 4.6　明治以降の水害被害額（2000 年価格）および死者・行方不明者数の推移（『水害統計』1985 年版より）

1960 年代以降，高度成長によって飛躍的に増大したので，図 4.7 に示すように，被害額の国民所得に対する比は，国民所得の低かった 1945～59 年が大きかったことが明瞭である．

図 4.6 に描かれているように，戦後の 15 年間はきわめて特殊な水害受難期であった．この間は，1946 年，50 年，52 年の 3 年以外は，毎年 1,000 人以上の水害犠牲者があり，特に 1953 年の約 3,000 人，1959 年の約 5,500 人が多い．前者は 6 月末の北中部九州，7 月中旬の紀伊半島の梅雨前線豪雨，8 月の台風 13 号による東海地方の災害などが集中したためであり，後者は 9 月の超大型の伊勢湾台風による悲惨な災害が発生したためである．

1960 年以後は，年犠牲者数が 1,000 人を越えたことはなく，第二室戸台風発生の 1961 年を除けば，すなわち 62 年以降は 600 人を越えたことはない．すなわち，敗戦直後の 15 年間とその後を比べれば，豪雨災害死者数の激減が顕著である．この 15 年間は戦争により，治水工事費も労力もきわめて少なく国土は荒廃していた上に，運悪く毎年のように大型台風や，まれに見るような激しい梅雨末期豪雨がこもごも日本列島を襲い，大被害を連発させた．

百年オーダーの豪雨周期については観測資料が百年余にすぎないため，高い精度で結論を下すことはできないが，明治後半に同様に大型台風や梅雨豪雨の発生が集中していること，江戸時代後期の天保，天明年間に大水害の集中的頻発を考えると，台風，梅雨などによる猛烈な豪雨の発生には，数十年の周期があると推

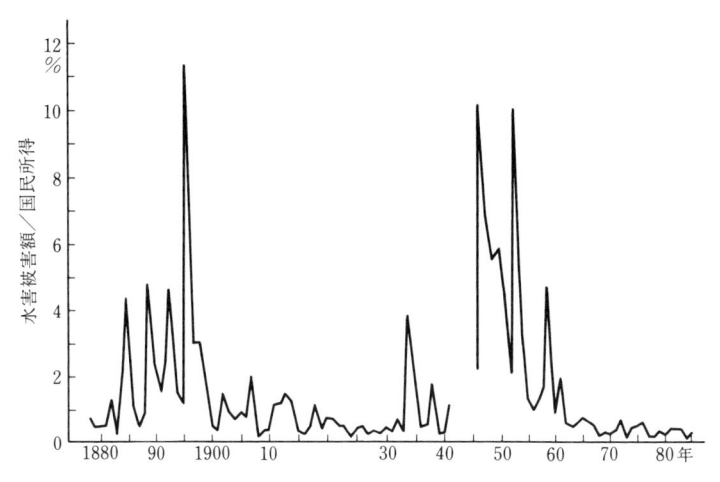

図 4.7 水害被害額と国民所得の比の推移（高橋，1988：都市と水，p.6，岩波新書より）

測される．

　1960年代以降，水害による死者数が大幅に減った原因は，豪雨発生の減少だけではなく，国土保全事業の進展，情報の収集伝達手段の飛躍的進歩，さらに官民による人命尊重精神の普及とその具体的対策の充実が挙げられる．すなわち，水害に限らずすべての災害への耐久力は，多くの要因を含む総合的なものであり，60年代以後は，それ以前に比し，国土全体の水害への抵抗力が著しく増したといえる．

　死者の内訳には変化が生じつつあり，図4.8に示すように，70年代以降，土砂災害（土石流，山崩れ，崖崩れなど）による死者の比率が増し，7割以上にも達している．土砂災害による死者数はそれ以前にも多かったが，土砂災害以外の氾濫などによる死者が著しく減ったために，土砂災害犠牲者の比率が増加したと推定される．破堤がビッグニュースになるくらい，その件数が近年は際立って減少し，かつ破堤氾濫による死者も，避難体制や警報伝達の進展などによって激減したのに反し，土砂災害はその発生の場所や時間の予測がきわめて困難であり，いわばゲリラ的に発生するので，その犠牲者を減らすことは容易でない．

　前述の大水害発生の15年間以後，死者数は減少したものの，60年代以降は都市水害が頻発するようになった．その基本的原因は，戦後の高度成長を支えた急激な都市化である．第二次大戦後は，世界的に都市化が進んだが，日本の場合はとりわけ激しかった．日本の労働人口に占める第一次産業人口の比率が1940年

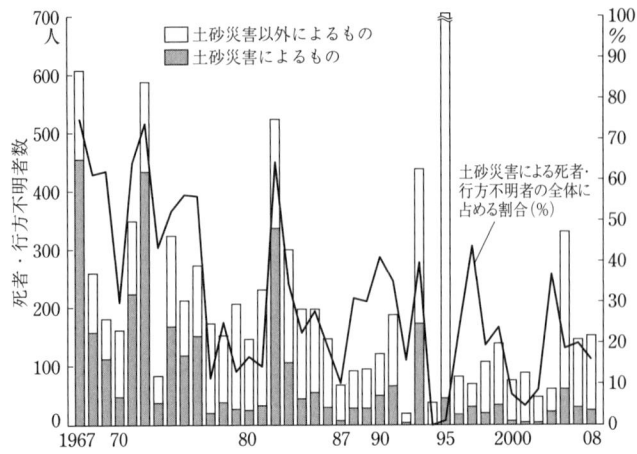

図4.8 自然災害による死者・行方不明者の原因別状況の推移（内閣府『防災白書』2007年度版，国土交通省砂防部ウェブページより）
注：死者・行方不明者の全体は，台風，大雨，強風，高潮，地震，津波によるものである．

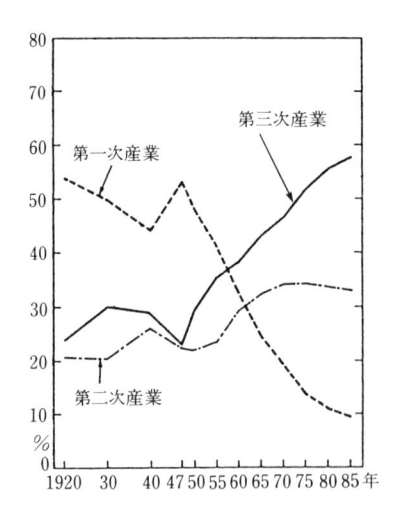

図4.9 産業構造人口の変遷

代までは，欧米各国と比べ高かったことも，その後の地すべり的とさえいわれた第二次，第三次産業人口への急速な移動をもたらした原因であった．1950年以降のわが国の労働力人口比率の変化は図4.9に示すとおりであり，日本の50年代以後の第一次産業人口比の急減と第三次産業人口比の急増ぶりが明らかである．農山漁村からの人口流出がこの変化をもたらし，都市人口の増加に応ずる急激な

図 4.10　東京の浸水地域の拡大（東京都立大学都市研究会，1968：都市構造と都市計画，p.415，東京大学出版会より）

住宅需要増に対応するため，住宅の質も立地も貧弱であった．住宅立地は地価の比較的安い土地から進行しやすく，それに伴う治水対策が伴わなければ，水害を激化させる．都市化は豪雨の流出率を増加させ，都市河川の洪水負担を大きくさせる．かつ新しい宅地開発が，従来敬遠されていた川沿いの低平地への進出により，浸水は増大する．一般に日本の場合は水田が宅地化される場合が多い．水田は豪雨の一時的遊水地であるから，宅地化しても浸水しやすい．都市化の進行とともに，新興住宅地を中心に新型のいわゆる都市水害が蔓延したのである．

この都市水害の最初の例は，1958年9月の狩野川台風における東京山の手の氾濫水害や横浜の無数の崖崩れであった．その頃都市化が急速に進行していた東京の山の手にはじめて本格的な氾濫水害が発生し，以後豪雨のたびに都市化の進行に応じて氾濫域が広がり，とくに全国の人口急増都市に発生していった（図4.10）．全国的都市化と都市水害の発生の関係に如実に見られるように，経済の動向や社会の変化は土地利用の変化を媒介として，水害の形態を変える．

倉嶋厚は，台風のエネルギーと死者数との関係について，1934年の室戸台風以来の主要台風について調査し，図4.11のように，時代の推移とともにその関係が変わってきたことを示した．横軸の台風エネルギーは，台風を囲む最大円形

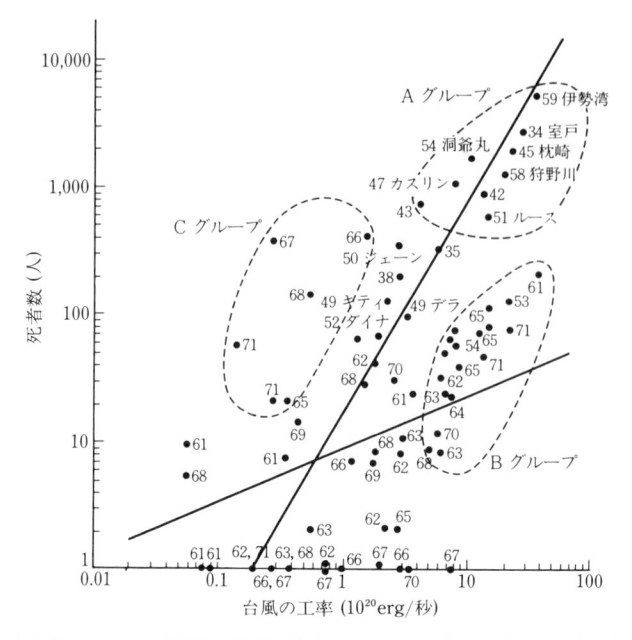

図 4.11 台風の工率と死者数の関係（倉嶋厚, 1977：災害の研究, 日本損保協会より）
丸印のそばの数字は台風の年号（西暦の下 2 桁）.

等圧線の半径と中心気圧との積を台風の工率と定義し erg で表している.

この台風工率と死者数の関係は, 1959 年までと 1960 年以後で著しく変化していることがわかる. 1950 年代までは工率の大きい強力な台風が襲来すると千人オーダーの死者数が記録されており, これを A グループとする. 60 年代以降の台風は, B もしくは C グループに示される範囲にプロットされている. このプロット群からつぎの諸点が指摘できる.

(1) 60 年代以降は, 50 年代までの実績からは 500〜1,000 人以上の死者発生が予想される強い台風が襲来しても, 死者数は 1 桁少なくなり, 100 人オーダー程度となった.（A グループの消失）
(2) 60 年代後半以降は, それまでの実績からは多くの死者が予想されない小規模な台風によっても, ときにかなりの死者が発生する例が生じてきた.
（C グループの出現）

治水事業は進展しても, 開発のあり方, 土地利用の変更が防災の観点から適切でない場合, 新型の水害が現れることは, 都市水害にも示されるように, "水害の歴史性" として理解すべきである.

4.4 治水計画の立て方

4.4.1 治水計画の目標

　治水の目的は，住民の生命と生活，財産を守ることであり，治水計画は，その目的を達する計画でなければならない．住民の生活の方法や財産の状況は地域と時代によって異なるので，治水計画もまたそれに応ずるべきである．

　治水計画の第一段階は洪水処理（flood control）である．河川を襲う洪水による被害を軽減するために，洪水処理のさまざまな技術手段が古くから考案され実施されてきた．日本における洪水処理の方法の経緯を以下概略する．それぞれの時代における社会，経済，技術の状況に応じて，洪水処理の具体的方法もいくたの紆余曲折を経て発展してきた．

4.4.2 洪水処理の歴史的変遷

　技術の水準も低く，現在のような大規模河川工事を行えなかった時代には，洪水を完全に抑制するのではなく，氾濫しても被害を最小限に止める目的で，氾濫原の土地利用にさまざまな工夫を凝らしていた．すべての土地や財産を平等に守ることは困難であったので，重点主義がとられ，守るべき土地をランク付けしていた．どの河川に対しても同じレベルの洪水処理を行うことも不可能であったので，特に重要と考えられる特定の土地を浸水から守ることをまず目標とした．そのほかの地域はそれぞれの土地の特性に応じて浸水の頻度を少なくするために，浸水を前提とした対応が浸水の段階に応じて考慮され，その状況は明治中期まで続いていた．

　毎年のように襲う氾濫に対して，沖積平野の氾濫原の低平地では，地主階級は石垣などを積んで地盤を一段と高くし，さらに屋敷内に一段と高い水屋を設け，避難用の住居としていた．集落内の比較的高い場所や堤防の上は共同の避難所となっており，各戸ごとに舟を用意していた．

　藩政時代には堤防の左右岸に高低差のあるのは決して珍しくはなく，城や城下町のある側の堤防を高くしていた．"尾張三尺"と称して，江戸時代には木曽川の左岸尾張側の堤防は対岸より少なくとも三尺（約90 cm）は高くし，御三家の尾張を重点的に守っていた．濃尾平野は西方の右岸側が緩やかに低くなっていたので，右側岸の氾濫の頻度は多くその期間は長かった．そこでこの地域は各自の

図 4.12 水屋（大垣市, 1975 年；河合孝・伊藤安男, 1976：写真集輪中, 大垣青年会議所より）

集落を守るために自らの集落だけを囲む輪中堤を図 4.13 のように築いた．俗に輪中根性と称して，排他独善の意に解されているが，輪中の民にとってはそうせざるをえない事情があったのである．

　堤防も今日のように連続的に築かれていたのではなく，集落のある地域にのみ堅固な堤防が築かれ，ほかの地域は自然堤防を補強する程度の場合が多く，急流河川では霞堤と称して，堤防を連続的に築かず，雁行状に配置し，不連続部分からは，上流側での破堤などによる堤内地の氾濫流を河道へ導き，あるいは河道の洪水流の一部をこの部分に一時的に貯留させるなどにより，一種の安全弁の効果をも期待していた．

　農村では住居は一般に河床よりはかなり高い地盤に立地し，川沿いの土地には高桑やりんごなどの比較的背の高い果樹が植えられ，低湿地には蓮根などの長期湛水に強い野菜などが栽培されていた．したがって，蓮根畑などの多い低地は，

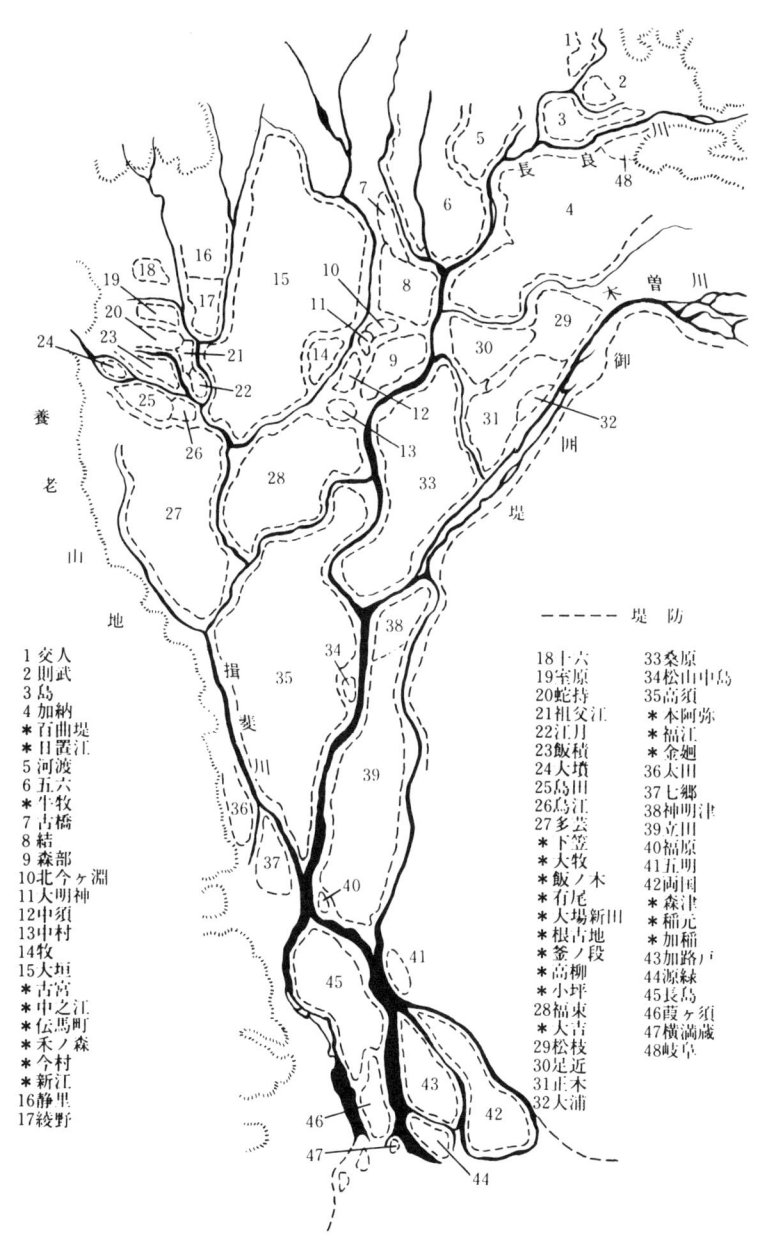

図 4.13　西濃平野輪中分布図（安藤萬壽男，1988：輪中 ── その形成と推移，p.322，大明堂より）

4.4　治水計画の立て方

図 4.14　堀田(ほった)（岐阜県海津町外浜，1978 年；出典は図 4.12 と同じ）

氾濫常習地であることが読み取れたのである．氾濫常習地で水田を経営しようとすれば，堀田と称して，一部の土地を浚渫して盛り上げた土地に稲を植え，掘った部分は水路として舟で往来する方式がとられた（図 4.14）．

　このような状況は明治中期までは全国至るところの低湿地に，場所によっては 1960 年代までも見られた風景であり，氾濫対策との調和を考慮した農業経営であり，川そして洪水と同居した農耕ともいえる，氾濫地住民の知恵であった．

　明治開国とともに，政府は近代科学技術による河川計画を推進し，1896 年（明治 29）の河川法制定までは，舟運，かんがいのための河川事業である低水工事に重点がおかれていた．1885 年の淀川，筑後川，1889 年の筑後川，1896 年の利根川洪水をはじめ 19 世紀末の打ち続く大洪水に際会し，重要河川の抜本的治水事業を意図した政府は，河川法を制定し，国家的にとくに重要な河川の治水に関しては，国の予算と行政によって行うことにした．その重要河川は内務省が直轄したので，それら河川を直轄河川と呼ぶ慣例が生じた．

　内務省の治水方針は，これら直轄河川に対して，大洪水といえども堤内地に氾濫させず，河道内をなるべく早く海まで流過させることとした．これは，従来の洪水への対応を根本的に変える画期的な治水であった．1896 年，河川法制定と

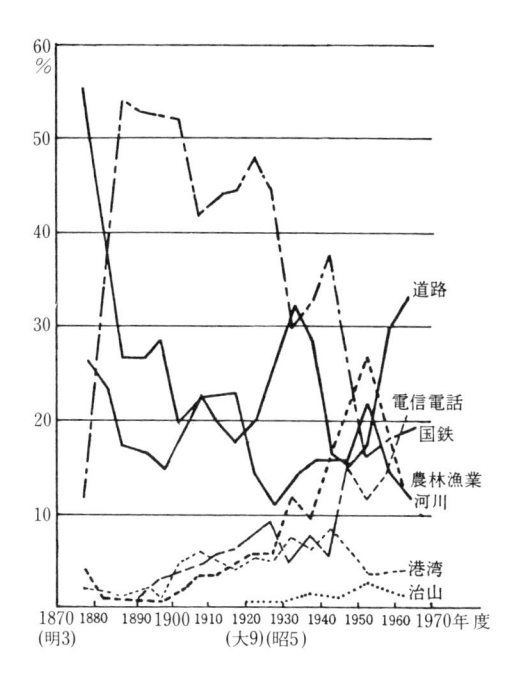

図 4.15 インフラストラクチャー投資の施設別構成比（1877〜1962年度，1960年度価格による5ヵ年平均値）（沢本守幸，1981：公共投資100年の歩み，p.76，大成出版社より）

ともに淀川，筑後川が直轄河川に指定され，1900年からは利根川など，さらに1910年の全国的大水害後は北上川などを加え，合計50河川につぎつぎと内務省による大規模河川工事が開始された．図4.15に示されるように，明治時代における公共投資の比率は鉄道についでは治水などの河川事業が多く，政府がいかに治水事業を重視していたかがわかる．

大河川においては，流域内に降った豪雨をすばやく河道に集め，できる限り早く河口まで運ぶために，河道の両側に高い堤防を連続的に築き，曲がりくねった河道をまっすぐにする捷水路（cutoff）を掘削し，下流部では洪水流の相当部分を分けて一挙に海へと運ぶ放水路（floodway）を人工的に開削し，河口までの洪水の流路を短くする方針がとられた．直轄河川におけるこれらの河川改修事業が，明治後半から大正，昭和初期にかけて全国的にいっせいに行われた．その結果，洪水流の出足は早くなり，従来河道周辺部などで一時的に遊水していた氾濫水も河道へと集まりやすくなり，毎年のように湛水していた，いわゆる氾濫常習地域は激減し，土地利用度は著しく高まった．

一方，流域への豪雨による洪水流が一挙に河道に集中しやすくなった結果，洪水流が下流へ到達する時間が短くなるとともに，中下流部における河道内の洪水

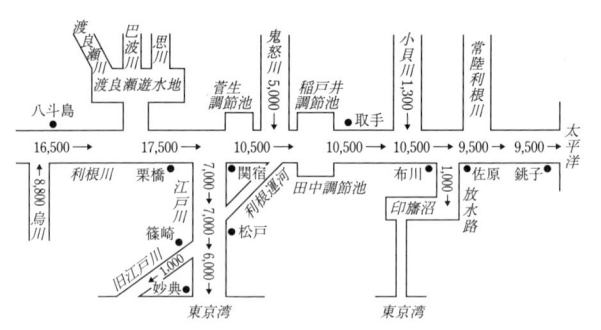

図 4.16 利根川計画高水流量図（国土交通省河川局より）

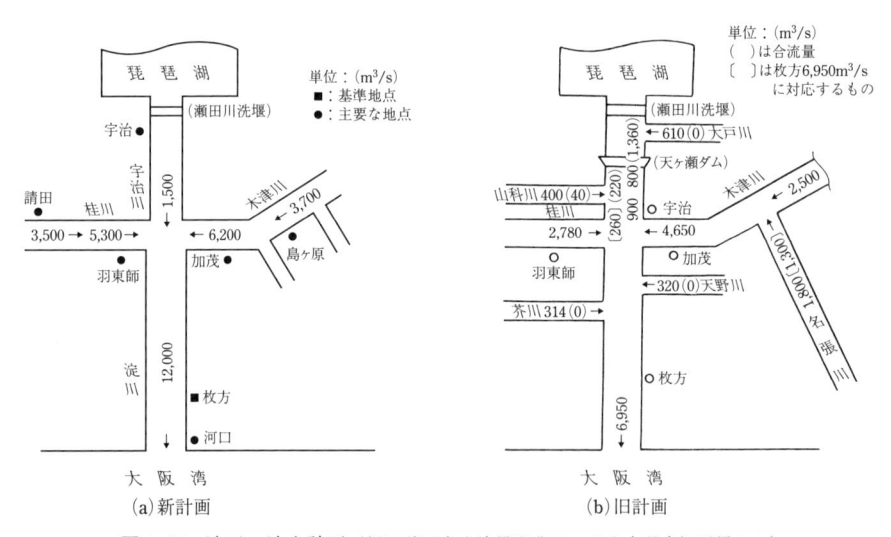

図 4.17 淀川の治水計画（新旧計画高水流量配分図，国土交通省河川局より）
(a) 新計画　　(b) 旧計画

流量も増加してきた．したがって，増大した洪水流量に対処するため，さらに治水規模を拡大し，堤防高を上げなければならなくなった．流域の開発が進むと，流出係数が大きくなり，洪水流量は増大するが，河川改修自身によっても洪水流量は増大するのであり，ここにも河川現象と人間の行為の密接な相互関係の一端がうかがわれる．

　第二次大戦後における治水計画に重大な影響を与えたのはダムの登場である．

ダムの出現は，治水，利水に効果をもたらすが，ダム建設個所周辺のみならず河相への影響も大きく，とくに多くの河川において，ダム地点上下流の河相と景観を著しく変えた．昭和初期までのダムは主として，水道や発電，農業用水のためであったが，1937（昭和 12）年，内務省が農商務省，逓信省の協力を得て，洪水調節と農業用水と発電目的を兼ねたダム計画が河水統制事業として採用された．洪水調節のダムは，すでに 1926 年（大正 15），物部長穂が提唱し，1930 年から鬼怒川に五十里（いかり）ダムの建設がはじめられたが，当時の技術では，困難な地質条件を克服することができず，1933 年には工事が中止された．河水統制事業によるダムも，相模ダム（相模川，1947 年完成）を除いては，比較的小規模なものが多く，大河川に洪水調節を主体とする多目的ダムが本格的に建設されたのは，1950 年代以降である．

1950 年代から 60 年代にかけてのダム技術の飛躍的進歩により，つぎつぎと発電専用ダム，多目的ダムが建設され，洪水処理計画においてもダムの役割が重要になり，上流ダムにおいて洪水流量の一部を貯留して下流側河道の洪水負担を少なくさせる計画が積極的に採用された．洪水流量をカットする点においては，ダムは遊水地による洪水調節と同じであるが，ダムは河道を横断して建設されるので，遊水地のように河道外に土地を確保するのとは異なり，河道への影響ははるかに大きい．もっとも，河道が広い場合には河道内に遊水地を設ける場合もある．

したがって，1950 年代以降の治水計画は，従来の河川改修に加えて，ダムが加わり，いっそう複雑多岐になってきた．現在の利根川，淀川を例に，各種治水施設の配分，役割などを示すと図 4.16，図 4.17 に示すとおりである．

明治中期以降，日本の急速な近代化とともに進行した流域開発が，大規模な治水工事を必要とし，それが洪水の規模を大きくしたのと同じように，第二次大戦後の旺盛な都市化に伴う流域内の開発が，都市河川の洪水流量を増加させた．後者の場合の変化は，前者の場合よりもいっそう短年月に，比較的狭い都市河川流域に集中的に出現したということができる．この都市水害に対する洪水処理対策は，明治以来大河川に対し行われてきた改修の手法をそのまま当てはめることはできなかった．人口稠密な都心部を流れる河川の幅員を広げることはほとんど不可能であり，堤防をさらに高くすることも困難であったからである．

1960 年代後半から東京などいくつかの都市では洪水を流すための地下河川が掘削され，ニュータウン建設のような大規模宅地開発に際しては，あらかじめ洪水用の調節池を設け，洪水が一挙に河道に集中するのを和らげる手法がとられた．

さらに 1977 年以降，建設省は特定都市河川を対象として，いわゆる総合治水対策を実施し，河川改修工事にのみ依存するのではなく，流域貯留や土地利用，危険地公表などを織り込んで総合的に都市水害に取り組むこととしている（4.6 節に詳しく述べる）．このように，洪水への対応を流域全体で考え，かつ土地利用方式や住民との連帯にまで広げることは，明治初期までは，わが国では原則としてどの河川でも考えていたことであった．というのは，近代治水以前には，洪水を河道で完全に処理することは，技術的にも財政的にも不可能であったからである．現代都市河川において，部分的とはいえ昔の洪水処理方式を復元せざるをえなくなったのは，土地の制約などのために編み出された手法とはいえ，自然の水循環を尊重しており，それが治水の本質に合致しているからと考えられる．

というのは，治水は元来河道のみを対象とした洪水処理だけでは全うできず，河道と同時に流域全体を対象とする治水方策を考慮してこそ，治水の本来の目的を達することができるからである．

4.4.3 計画策定の手法

治水計画の実際の作成方法は，国全体としてのバランスの上から，普遍性，客観性が求められるとともに，個々の対象河川流域についての具体的技術手段は，それぞれの地域と河川の特性に立脚する必要がある．

1896 年の河川法制定とともにはじめられた，内務省直轄河川での治水計画において，改修工事計画の目標として，計画高水流量の概念が確立された．これは，治水の規模を定める計画上の流量であり，この洪水流量までの洪水流を安全に河道を流過させるように河川計画を樹立し，それに基づく河道を設計し，工事を施工することとした．

明治初期において，1872 年（明治 4）来日したファン・ドールン（Van Doorn）らオランダ技術者により，まず利根川の境，淀川の毛馬にそれぞれ 1872 年，73 年に量水標が設置され，組織的な水位観測がはじめられた．1875 年からは全国的に主要地点での雨量観測もはじまり，治水計画のための基本的水文量が徐々に整備され，自然科学に基礎をおく河川計画の素地が築かれた．

旧河川法が制定された 1896 年頃は，洪水流量資料の蓄積も十分ではなく，特に大洪水の場合は河道外への氾濫量も多く，洪水流量の精度は低かったので，直轄河川改修の計画高水流量を定めるに当っても，必ずしも厳密に洪水流量を解析して計画するわけにはいかなかった．そのため，主として過去の大洪水流量を参考

にして，計画高水流量が定められた．国家的に重要な河川に対しては，過去最大の洪水流量を計画高水流量とすることが目標とされ，一般には，河川の重要度に応じて，過去のいくつかの大洪水流量の中から計画対象の流量が適宜選ばれていた．また国の治水財政状況にも左右され，治水予算規模をも考慮して，実現可能な計画規模が定められていた．大正末期までは，河川流量にも尺貫法が採用されており，1尺^3/秒を1個と呼んでいた．明治時代の重要河川の計画高水流量もこの単位によって，有効数字は1ないし3桁であり，ごく大雑把に定められていた．たとえば，利根川は1900年に栗橋で13.5万個（=3,750 m^3/s），1896年に淀川は三川合流後20万個，筑後川は久留米で16万個と定められていた．

　過去最大の洪水流量が計画高水流量の基準とされていたが，4.3節で述べたように，洪水流量は流域の開発や治水工事そのものによって拡大する傾向にあるので，この基準でも治水計画の目標としては決して十分とはいえない．しかし，その当時の財政規模などを考えれば，過去最大洪水流量を目標とするのが精一杯であった．

　第二次大戦後は，種々の長期計画に確率概念が用いられるようになり，水文資料も蓄積されてきたため，計画高水流量を定めるのにも確率洪水の考え方が採用された．すなわち，特に重要な河川は，100年に1回程度の大洪水流量を計画高水流量とすることになり，現在ではさらに200年に1回の確率の洪水を計画対象の高水としている．

　建設省では1958年に河川砂防技術基準案を作成し，治水計画はもちろん，すべての基本計画，調査，設計はこの基準に即して行うこととした．この基準は1976年にその後の状況の変化に応じ，新知識を加え改訂されている．

　河川の調査，計画，設計への要望が複雑多岐になりつつある現在，この種の基準によって，全国多数の河川の計画に統一性と客観性を与えることができるとともに技術の普及に役立つと思われる．したがって，河川技術者はこの基準の主要な点について熟知している必要がある．しかし，この基準にしたがって調査し計画する場合には，それに盲従することなく，つねに新しい課題を探究する態度と，個々の河川の特性に照らすことを忘れてはならない．

　河川技術者にとって重要なことは，現実の個々の河相を把握することであり，技術基準にしたがってさえいれば十分というわけではない．"マニュアル（技術基準）できて技術亡ぶ"という比喩的な警句がある．元来，マニュアルは技術の普及と向上を目指して作成されるのであるが，その利用法を誤まると，画一化と類型化に陥り，技術の独創的発展の芽を摘んでしまうことを戒めている．特に河

川技術のように，複雑で多様な自然を相手とする技術の場合は，この警句を噛みしめる必要があろう．この技術基準に依存するに際しても，その手法の背景，条件，精度などについて考慮するならば，将来の基準の進展への素地となろう．

4.4.4 基本高水

治水計画には，洪水処理計画をはじめ，高潮対策，塩害防止対策，震災防止，土砂害防止対策などあるが，その主体は洪水処理もしくは洪水防御計画である．

ここでは洪水防御の治水計画について，前述の河川砂防技術基準に示されている手法を例に解説する．基準では河川の重要度と計画の規模について表4.1のように定められている．計画の規模を何年確率にするかは，その河川の重要度，いままでの洪水被害状況，治水工事の経済効果などを総合的に考慮して決める．河川の重要度とは，河川とその流域の規模，想定氾濫面積，流域および想定氾濫区域内の人口，資産，生産額，中枢管理機能，氾濫した場合に想定される最大被害額などが主要な要素である．同一水系で計画基準点が数地点ある場合には，それぞれの区間の重要度に応じた規模の洪水に対処できるように計画規模が決められている．表4.1のように，河川の重要度は5階級になっているが，同一水系でも重要度が異なる区間もある．

河川重要度のランクを定めたのちに，それに応じた基本高水を決定する．基本高水とは，治水計画の対象となる規模の洪水であり，もしダムや遊水地などの貯留施設による調節がなければ，自然に流過する洪水が対象となる．計画対象規模の洪水，すなわち基本高水が発生した場合，ダムなどで計画一杯に貯留調節されたのちに下流の河道地点を通過する洪水を計画高水といい，その流量をその河道区間の計画高水流量という．河道設計とは，その計画高水流量を安全に流しうる河道の設計である．洪水調節ダムが存在しなかった時代には，全川を通じて計画高水流量が治水計画の基本であり，まずこれを決定していた．第二次大戦後多くの主要河川において洪水調節ダム計画が樹立されたため，ダム群でまず洪水流量が調節され，その計画貯留量まで考慮した基本高水流量と，貯留後の下流河道の計画高水流量とを区別することとなった．

したがって，治水計画においては，まず基本高水を定め，基本高水流量をダム湖や遊水地の貯留施設負担分と，河道を流過させる負担分とに分ける．ダムや遊水地が計画にない場合は，洪水流はすべて河道で負担し，基本高水流量をそのまま河道における計画高水流量とする．

表 4.1　河川の重要度と計画の規模

河川の重要度	計画の規模（年超過確率の逆数）（単位，年）
A 級	200 以上
B 級	100〜200
C 級	50〜100
D 級	10〜50
E 級	10 以下

　基本高水は図 4.18 の手順にしたがって定める．計画規模は表 4.1 に基づいて定められ，それに対応する確率降雨量を既往降雨量記録から計算する．A 級河川であれば，200 年に 1 回発生する確率の豪雨量となる．この値を a mm とする．つぎにその河川流域での，ある基準以上の過去の大洪水 n 個を選び，それぞれの実績降雨量を $b_1, b_2, \cdots b_i \cdots b_n$ mm とし，引き伸ばし率（図 4.18）a/b_i が 2 以下の豪雨を計画降雨群とする．すなわち，特に激しい豪雨を計画の対象とすることになる．

　つぎに，これら計画降雨のそれぞれについて，いずれかの流出解析法によってハイドログラフ群を求め，その中の最大流量 Q を一応基本高水流量候補とする．

　つぎに前述の実績降雨群 n 個のすべてについて流出解析を行い，ピーク流量 $q_1, q_2, \cdots q_i \cdots q_n$ を求め，Q より大なる場合が m 回あったとすれば，大洪水のカバー率 $(n-m)/n = 50\%$（図 4.18）となれば，Q を基本高水流量と決定する．カバー率が 50% 以下であれば，さらに Q を大きくして，カバー率が 50% を越えるまで同様の計算を繰り返し，最終の基本高水流量を求める．カバー率は 60〜90% が適当とされている．前述の引き伸ばし率 2 以上の豪雨の場合でも，ピーク流量が Q を上回る大洪水がありうるので，カバー率という概念でその大洪水群をある程度考慮して，計画規模の安全度を高めている．

　確率計算を洪水流量群でなく降雨量群について行うのは，降雨量は無作為の標本と見なされるが，洪水流量は人為的要因によって変わる量であるので，確率統計の対象としての母集団とは考えられないからである．洪水流量は河川改修計画の進行に伴って増大する傾向があり，ダムにより洪水調節すれば，下流の流量は当然変わってくるように，人間の行為によって変化する．

　利根川や淀川流域のように，広く複雑な地形の流域では，既往豪雨群を選ぶに当っては，多種類の降雨パターンからそれぞれ数回以上の豪雨実績を集める必要がある．

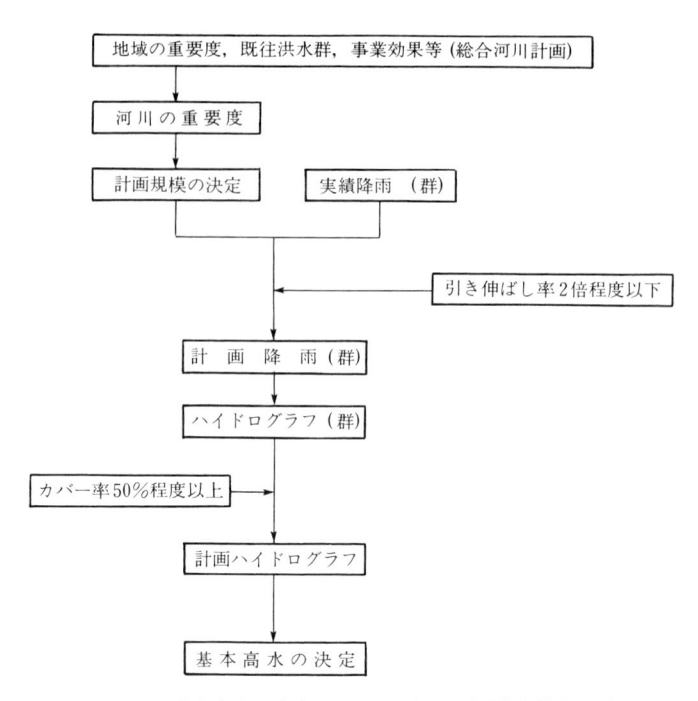

```
         ┌─────────────────────────────────────────┐
         │ 地域の重要度，既往洪水群，事業効果等（総合河川計画） │
         └─────────────────────────────────────────┘
                          ↓
                    ┌──────────┐
                    │ 河川の重要度 │
                    └──────────┘
                          ↓
                  ┌──────────┐   ┌──────────┐
                  │ 計画規模の決定│   │ 実績降雨（群）│
                  └──────────┘   └──────────┘
                          ↓           ↓
                                ┌──────────────────┐
                                │ 引き伸ばし率2倍程度以下 │
                                └──────────────────┘
                          ↓
                    ┌──────────┐
                    │ 計 画 降 雨（群） │
                    └──────────┘
                          ↓
                    ┌──────────┐
                    │ ハイドログラフ（群） │
                    └──────────┘
                          ↓
         ┌──────────────────┐
         │ カバー率50％程度以上 │
         └──────────────────┘
                          ↓
                    ┌──────────┐
                    │ 計画ハイドログラフ │
                    └──────────┘
                          ↓
                    ┌──────────┐
                    │ 基本高水の決定 │
                    └──────────┘
```

図 4.18　基本高水の決定（国土交通省河川砂防技術基準より）

　基本高水とその流量が決定されれば，ダムや遊水地の貯留量を差し引き，支川からの計画高水流量を加え，派川への計画高水の流出量を差し引き，さらに河道の貯留や低減などを考慮して，河道の重要拠点ごとに計画高水流量を定める．

　河道計画は，それぞれの地点での計画高水流量に基づき，その流量を安全に流過できるように，河道断面，すなわち河幅や堤防の高さ，高水敷と低水路の配分と規模などを定め，さらに河川構造物や許可工作物などの配置，設計を定める．

　流域面積が比較的小さく，水文資料の蓄積が必ずしも十分でなく，かつダムなどによる貯留もない河川では，計画高水流量を合理式によって算出することもある．この場合には流出係数の定め方，比流量と流域面積との関係，隣接類似河川の計画例などを参考とし，それら河川との計画規模のバランスにも配慮する必要がある．この場合，流出係数の定め方については表4.2などを参考とする．

4.4.5　超過洪水

　基本高水は表4.1のように，相当程度の大洪水にも耐えられるように計画され

表4.2 流出係数の実例（水理公式集，1985, p.155 より）

(a) 防災調節池の洪水吐等の設計流量算定のために提示されたピーク流出係数

土地利用状況	f_p	備考
開 発 前	0.6〜0.7	山林・原野・畑地面積が70%以上の流域
開 発 後 (1)	0.8	不浸透面積率がほぼ40%以下の流域
開 発 後 (2)	0.9	不浸透面積率がほぼ40%以上の流域

(b) 表層土の状態とピーク流出係数

表層土の状態	f_p	備考
花崗岩質砂質土（表層土の厚い場合）	0.1〜0.2	(滋賀県)野洲川　上流傾斜のある林地
花崗岩質砂質土（表層土の薄い場合）	0.5〜0.7	(広島県)立花試験地農地
火山灰堆積土	0.2〜0.35	(鹿児島県)シラス地帯の畑地
古生層中生層など表層土の厚い山地丘陵地	0.5〜0.7	(京都府)鴨川　林地の中に農地点在流域 120 km² 程度
第三紀第四紀など表層土の薄い山地丘陵地	0.6〜0.8	(京都府)小畑川　30%程度農地を含む林地流域　1.3〜12 km²
舗装率の高い市街地	0.9〜1.0	(京都府)天神川

ているとはいえ，確率は小さいが，それを超過する大洪水の発生も考慮しておかなければ，十分安全な治水計画にはならない．このような現行の計画規模を上回る，もしくはその恐れのある超過洪水は，個々の河川での発生確率は小さいとはいえ，現実には全国いくつかの河川では，かなりの頻度で発生している．しかも，いったん超過洪水が発生した場合の被害は大きい．とくに，それが人口や資産が過密に集中している大都市における発生の場合の被害は甚大と推測される．超過洪水の場合は，破堤も十分予想され，しかもわが国の大都市がおおむね沖積平野の臨海部の河川氾濫区域に立地しているので，超過洪水対策は治水計画においてきわめて重要である．

かつて，河川技術者は治水対策を立てるに際して計画規模の洪水処理までを目標とし，それ以上の大洪水については，不可抗力の自然の猛威と考え，具体的な治水手段を十分には考慮していなかった嫌いがある．もとより，河川工事を伴うハードな技術手段としては，財源や土地条件の制約などもあり，一定規模の治水計画を立て，一応はそれまでを完全に処理する計画とするのは当然といえる．ただし，いったん超過洪水が発生すれば，その被害は甚大であり，それをいかに軽減できるか否かこそ，治水の最終目標である．ある程度までの洪水は処理できるが，発生の可能性のある，より大きな洪水への対策が用意されていなければ，真の治水とはいえない．もとより，超過洪水対策は，計画上の基本高水までの洪水

対策とは異なる手段とならざるをえない．異常洪水ともいえる超過洪水に対しては，被害を完全になくすことはほとんど不可能であるので，重大な被害とはならないような手段によるしかない．4.4.2項に述べたような，往時においての洪水と同居する生活対応は，今日の言葉で表現すれば，まさに当時の超過洪水対策であった．

　現代においては，河川管理者の治水範囲は基本高水までとされ，超過洪水に対する行政上の具体的対応はなかった．しかし，1987年，河川審議会超過洪水対策小委員会による「超過洪水対策およびその推進方策について」の答申を契機として，河川管理者による超過洪水対策がはじめて明確に表明された．

　この答申においては，さし当り大都市地域の大河川の超過洪水対策として高規格堤防（いわゆるスーパー堤防）の整備を推進し，その整備区域を親水空間，防災空間などとして，多様な機能を発揮できるよう，総合的施策を行うとしている．高規格堤防とは，図4.19のように可能な限り天端幅を広くとり，天端上の土地利用を都市計画などの一環として位置づけ，川に面して遊歩道，並木を配し，さらにビルなどの建築物は川に正面を向けて建てる．このようにして，堤防の安全度を高めるとともに，水辺空間を都市の生活環境の質の向上に資するようにし，かつ河川が市民の憩いとやすらぎの場となるようにデザインする．

　さらに，同答申においては，水防災対策特定地域を設定し，ここでは従来の河川改修によらず，遊水機能を持たせつつピロティ式住宅などにより，洪水から土地を守りつつその有効利用を提案している．これらの住宅新築，既存住宅の嵩上げなどに際しては，助成，誘導などの施策が考慮されてよいであろう．

　いかなる治水政策もそうであるが，特にこの種の超過洪水対策を行うに当っては，河川管理者の権限，および河川技術の枠を越える点が多く，関連行政機関はもとより，地域住民がその意図を十分理解し，その協力を得ることが必須である．

4.4.6　水文データ，とくに雨量と確率概念

　基本高水を定めるに際して，確率洪水の計算は，数理統計学に基づく手法が数学的合理性に適うとして重用されている．この確率年の差を河川重要度のランク別に適用すれば，全国的にバランスの取れた計画が立案できる．図4.18における基本高水の決定において，引き伸ばし率およびカバー率の採用，さらに実績降雨群の選び方に恣意性の入り込む余地があるとはいえ，それを乱用せず計画立案者として一定の基準に基づいて適用すべきである．

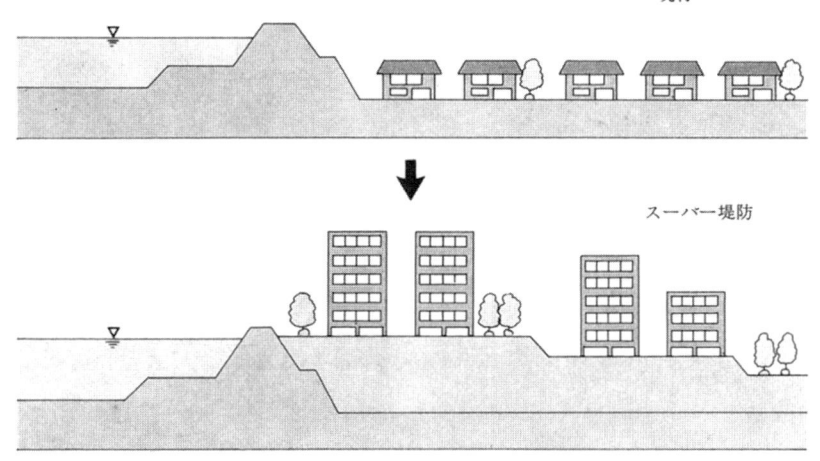

(a) スーパー堤防と現行堤防の比較（国土交通省河川局資料より）

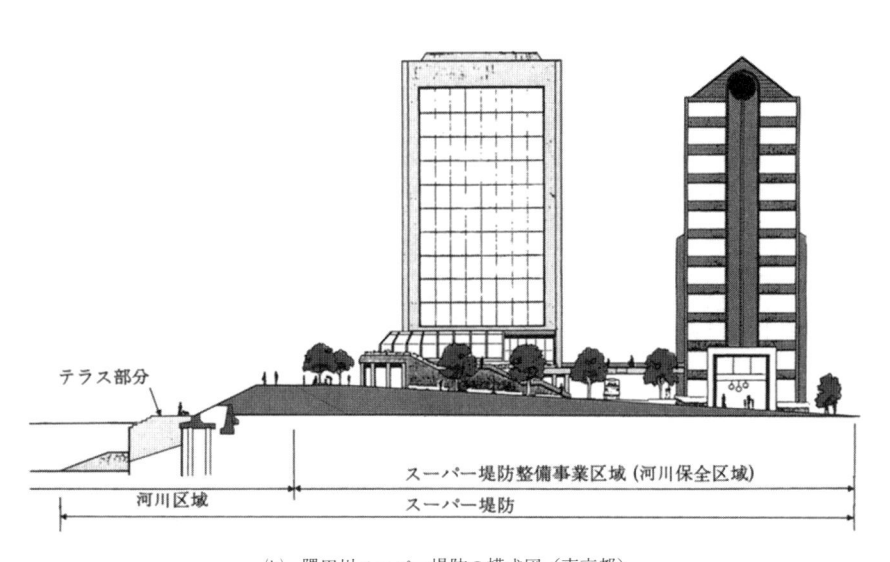

(b) 隅田川スーパー堤防の模式図（東京都）

緩やかな勾配を持つ堤防に，さらに，市街地側に盛土して堤防幅を広くし，地震や洪水に強く，かつ，水に親しみやすく土地が有効に利用できる堤防．

図 4.19 スーパー堤防による改造のモデル

4.4 治水計画の立て方

1964年に新河川法が制定されたのちも，基本高水を基本とする計画理論は，河川砂防技術基準の根幹となっている．1997年の河川法改正において，河川整備基本方針を水系ごとに，社会資本整備審議会で定めることになった．それに沿って，各河川の河川整備計画の立案に当たっては，学識経験者の意見を聴き，住民の意見を反映させるための措置を講じなければならないとされた．（河川法第16-2条）これが，河川行政においていわゆる住民参加への道を拓いたと評価された．ただし，基本高水の計画手法はそのまま踏襲されている．

　確率統計手法を水文資料に適用する場合の課題は，実績降雨データの収集，精度，その期間などである．100年足らずの資料によって，1万年確率の降水量や洪水流量も計算できるが，その数字は精度上ほとんど無意味である．雨量観測点が特に上流山地に少なかった第二次世界大戦以前と，戦後雨量観測所が増加し，特にアメダス（AMeDAS, Automated Meteorological Data Acquisition System, の略，地域気象観測システム）が1974年以降全国に展開され，雨量データ，流域雨量の精度も向上し，雨量データの質は格段の進歩を遂げている．長期的雨量データを取扱う場合，データの質の変化には留意する必要がある．

　　一方，1980年代から地球温暖化によって世界的に雨量強度なども著しい変化が現れている．IPCC（Intergovernmental Panel on Climate Change）（気候変動に関する政府間パネル）の第四次報告（2007年）によれば，世界的気候変動はもはや明らかである．日本の水資源に関しては，冬の雪は減少傾向（雪国のダムの貯水に影響），梅雨は空梅雨と豪雨の確率が増す，台風上陸数増大，強烈な台風襲来の可能性大，時間雨量100 mm以上の出現回数が1997～2006年に全国で50回で過去の10年間の倍以上，超過確率雨量も多くの観測点で変化している．1990年以前における100年確率豪雨が1991年以後は50～30年確率となっている．すなわち，確率豪雨をつねに最近10～30年のデータで検討しておく必要がある．それによってその都度，治水計画を変更するのは現実的ではないが，その事態に対応する治水手段を検討しておくべきである．要するに確率概念を水文資料に適用するのは数学的に合理的とはいえ，その基礎となっている雨量データの異変や精度についてはつねに留意すべきである．

4.5　水防

　水防とは，元来地域住民が洪水氾濫に対し自衛するために編み出したさまざまな手段による洪水および氾濫対策であり，まさに民衆の知恵の結集である．

河川工事などによる治水が行われる以前から，水防は自然発生的に存在していた．日本では中世において土地利用体系が整いはじめ，土地についての評価が定まってきた段階から，治水と水防のそれぞれの役割が地域ごとに徐々に明確になった．江戸時代には，幕府および諸藩にとっては，被災条件を含めた土地の質よりは，量の評価が重要であり，水田面積の確保と拡充がきわめて大切であった．幕府と諸藩は，一部特例を除き，水防を管理指導する必要性を感ぜず，水防はもっぱら地域ごとの自衛手段となり，その手段いかんによっては，幕府や藩と対立することもあった．

　明治以降は，地方行政組織の確立と治水費の負担の明確化に伴い，水防は漸次法体系の中に組み込まれるようになった．1880年（明治13）町村会法によって，水防の自治組織が町村会や水利土功会として認定され，1890年の水利組合条例によって，洪水時の水防活動が法的に裏付けられた．農業用水に関わる水利組合条例に水防活動が組み込まれたことは，農業用水を基盤としつつ水防をも担う，農民と水との付き合い方を如実に示していたと考えられる．

　いくたの変遷を経て，第二次大戦後，1949年，毎年のように大水害に見舞われていた状況を背景として水防法，水害予防組合法が制定され，水防は法体系に位置づけられ，洪水時の破堤氾濫を防ぐ水防活動に限定されて定義されるようになった．水防法は1958年に改正され，水防組織は任意団体から特別地方公共団体となり，地方自治体が賦課金や維持管理費を負担するが，国庫補助も可能となり，水防組織は従来の農民と水，川との付き合いに基づくものから，事務組合へと性格を変えていった．

　この頃，日本は急激な都市化が進行しつつあり，農村の水社会が崩壊しはじめ，かつ治水事業が進展して治水安全度が上昇し，水防はもはや不必要と感じられてきたことも，水防の意義を衰えさせる原因となった．しかし，治水事業が大幅に進展したとはいえ，破堤氾濫を完全に防ぐことは容易ではなく，都市水害の頻発や超過洪水対策の必要性への認識から，1970年代後半以降，水防の意義が見直されてきた．元来，治水事業と水防は，両々相まって氾濫水害に対処できるのであり，将来とも水防の役割を軽視すべきではない．

> 　水社会とは，玉城哲が披瀝した概念である．農業経済学者である彼は，日本の各地の農村を隈なく調べ歩き，それぞれの地域ごとに水を中心として形成された社会に焦点を当て，水と技術と社会の関係を生涯を通して追求した．
> 　彼によれば，「日本は工業化した文明社会としては，稀にみるほどゆたかな水の

表 4.3 水防警報の段階

段　階	種　類	内　　容
第1段階	準　備	水防資器材の整備・点検，水門等の開閉の準備，幹部の出動等
第2段階	出　動	水防団員の出動の通知
第3段階	解　除	水防活動の終了の通知
適　宜	情　報	水防活動のために必要な水位等河川の状況の通知

イメージをともなった社会であるといってさしつかえないだろう．日本列島ほど河川，水路そして溜池の分布密度の高い地域を，他に発見することは困難である．雨の降り方にしても，一年を乾期と雨期とにはっきり分けてしまわなければならないような大陸諸国と，違っている．いつも枯れることのない水の流れ，水面に恵まれているという点で，日本は"水社会"というにふさわしい．そのひそかな憧れは，決して日本の自然が生み出したものではなく，まさしく，日本列島のうえに形成された社会が生み出したものだった．」

　水防が住民の水害への自衛意識から発生し，住民の水害意識を向上させてきたのであり，水社会を成立させてきた．水防の軽視は，住民の河川認識を希薄にし，河川行政への過度の期待と依存を招くことになる．水防の重視は，住民の河川を見る目を育成し，個々の地域特性に根ざした画一的でない効果的な水防を可能ならしめる．

　ここで水防法に基づく狭義の水防活動の手順を示せば表 4.3 のとおりであり，洪水，高潮の危険が近づくと，都道府県知事が，2 都府県以上にわたり特に重要な河川の場合は，国土交通大臣が水防警報を出す．水防作業に用いられる工法は，古くから種々考案されており，その代表的なものは，図 4.20 のように月の輪工，木流し工，五徳縫い，表蓆張り，築廻し，繋ぎ縫いなどがある．これら工法は各地域の河川の特性，材料の取得条件などに合わせて考案され，利用され，祭りなどそれぞれの地域ごとの行事を利用し代々伝承されてきたのであり，縄の結び方，編み方，土俵の積み方，杭打ちや杭留めの位置や方法などが，その河川の洪水との特性で伝受されてきた．特に失敗例を教訓として知らせ合って，衆知を集め学習した点を学ぶべきである．すなわち，工法の伝受を通して，互いに地元の洪水の特性を知ることになり，郷土の川を自ら守る意識の昂揚にもなっていたと思われる．失敗は自らの生命，財産に関わることであり，郷土の川を荒廃させることでもあったので，真剣にその実態を研究する心掛けが自然に生まれた．失敗

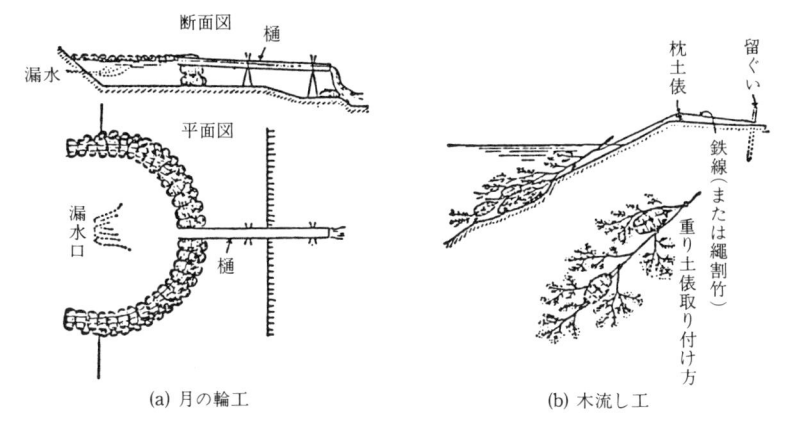

図 4.20　水防作業の工法（須賀尭三，1985：河川工学，p.155，朝倉書店より）

図 4.21　阿武隈川の水防実施例（1986 年 8 月）

例の公表と正確な実態究明は，水防に限らず技術の進歩の原動力である．

4.6 現代都市の水害と治水

4.6.1 都市水害への総合的治水

すでに4.3.2項および4.4.2項の後段において説明したように，戦後高度成長期以降の日本においては，激しい都市化に伴い，人口急増の大都市とその周辺，地方中核都市において新型の都市水害が発生するようになった．それへの対応として，1977年，河川審議会総合治水対策小委員会の報告が発表され，以後これを受けて都市河川においては総合的な治水対策が推進された．

この総合治水対策の内容を要約すれば表4.4のとおりである．ここで"総合的"とは，従来推進してきた河道への治水施設の整備のみならず，全流域を考慮する治水，すなわち特に流域の持つべき保水，遊水機能を確保し，河道への流出抑制などの施策である．河川管理者のみでは治水が全うできないので，関係行政部局，関係住民の理解と協力を求めたことにも見られるように，治水の関係する分野が広範囲にわたり，各種の対策を総合することの必要性が強調されている．治水はつねに全流域を眺めて考慮すべきであり，治水以外の関連部局，および流域住民の協力なくしては完成しない．

1950年代末から発生しはじめた都市水害は，70年代になり全国的に頻発する傾向を示していたが，その原因の大半が流域開発にあるので，従来の河道への洪水処理対策では防ぎ切れないことが，徐々に河川当事者以外にも理解されるようになってきた．

1961年の第二室戸台風以降，広範囲に大災害を与える大型台風がしばらく襲来しなかったが，70年代に入るや，都市水害の頻発のみならず，72年7月の梅雨前線豪雨による全国的大災害，74年の東海地方を襲ったいわゆる七夕水害による巴川などの都市域氾濫，同年9月の多摩川破堤，75年8月台風6号による石狩川の破堤，76年台風17号による長良川破堤など，この時期に毎年のように重要河川の破堤が続き，河川行政としてもこの新たな状況をふまえた対策樹立を迫られていた．ここで治水の原点に立ち戻り，土地利用，住民協力を含む総合的治水への対策の展開になった．したがって，総合的治水は原理的にはどの河川流域にも当てはめるべきものであるが，差し当り急を要し，その効果を発揮しやすい都市河川にまず適用された．

表 4.4 総合的な治水対策（建設省河川局）

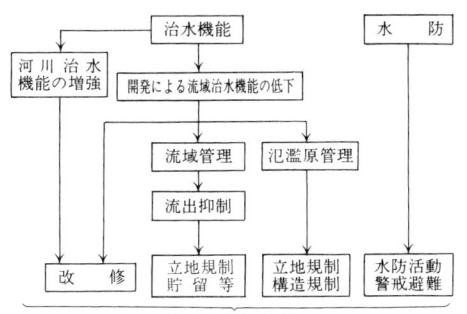

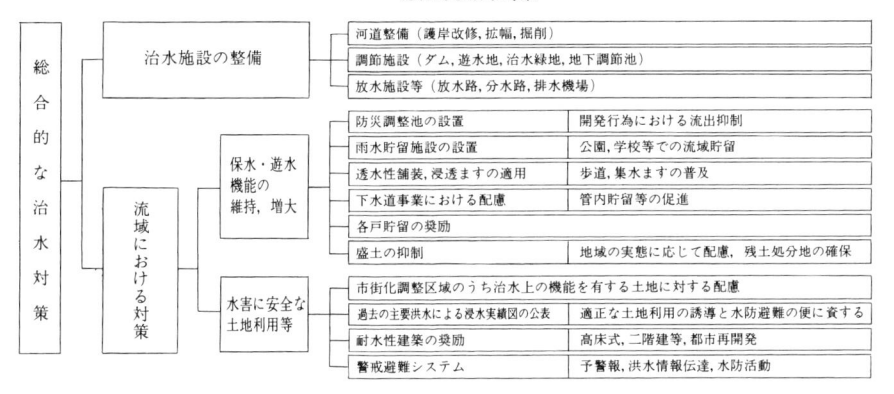

```
                    治水機能                  水　防
河川治水
機能の増強    開発による流域治水機能の低下
                ┌──────┬──────┐
              流域管理  氾濫原管理
                │
              流出抑制
   │           │       │       │
  改　修    立地規制  立地規制  水防活動
            貯留等    構造規制  警戒避難
        └─────総合的な治水対策─────┘
```

```
                                    ┌ 河道整備（護岸改修, 拡幅, 掘削）
                治水施設の整備 ─────┼ 調節施設（ダム, 遊水地, 治水緑地, 地下調節池）
                                    └ 放水施設等（放水路, 分水路, 排水機場）
総
合                         ┌ 防災調整池の設置        ── 開発行為における流出抑制
的                         │ 雨水貯留施設の設置      ── 公園, 学校等での流域貯留
な          保水・遊水     ├ 透水性舗装, 浸透ますの適用 ── 歩道, 集水での普及
治          機能の         │ 下水道事業における配慮  ── 管内貯留等の促進
水   流域における  維持, 増入 ├ 各戸貯留の奨励
対   対策                   └ 盛土の抑制             ── 地域の実態に応じて配慮, 残土処分地の確保
策
                           ┌ 市街化調整区域のうち治水上の機能を有する土地に対する配慮
            水害に安全な   │ 過去の主要洪水による浸水実績図の公表 ── 適正な土地利用の誘導と水防避難の便に資する
            土地利用等     ├ 耐水性建築の奨励        ── 高床式, 二階建等, 都市再開発
                           └ 警戒避難システム        ── 予警報, 洪水情報伝達, 水防活動
```

4.6.2 河道への治水対策

都市河川の治水は，さまざまな新技術が駆使されている．それらを大別すれば，河道への工法と流域への諸対策となる．

堤防のハード対策として，図 4.22 のような特殊堤と呼ばれる方式は，堤防天端の上部に衝立状にパラペットウォールを設けた堤防をいう．市街地で堤防敷幅の用地を得るのが難しい場合に主として用いる．矢板や杭を用いて自立構造となっていることが多く，堤防の嵩上げに相当し，より高い洪水位や高潮水位に対して越流を防ぐことができる．しかし，十分に堤防敷幅を取って堤防を高くするのと比べて，強度が劣るのはやむをえず，河川景観としても望ましくない．

都市河川治水の共通の難点は，河幅を広げるため，また堤防敷地のための用地を得るのがきわめて困難な点にある．そこで 1970 年以降，地下空間への施工技術の進歩に支えられて，地下河川もしくは地下貯水池（または地下調節池）が表 4.5 のように各都市で建設されている．

4.6 現代都市の水害と治水

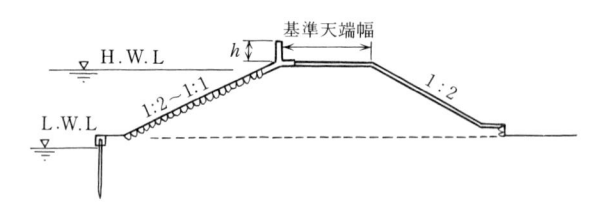

図 4.22 コンクリート構造のパラペットを有する堤防
パラペットの高さ h は高くとも 1 m, なるべく 80 cm 以下とするのが望ましい.

　地下河川は一般に洪水流量の一部を流下させるために道路の下に設けられ，バイパストンネルとか地下分水路ともいう．地表の放水路と類似の役割を持ち，自由水面のある開水路とすることが多いが，地形条件などにより圧力トンネルとすることもある．その場合には，流送土砂，流木などによる閉塞，変動水位による振動などへの対策を立てる必要がある．

　トンネル断面は，計画高水流量の一部である計画流量を支障なく流下させるように設計する．断面は馬蹄形，円形，長方形などがあるが，一般に摩耗対策としてインバートコンクリートで表面施工する．トンネル内で跳水現象が生じないように，圧力トンネルの場合は，空気がトンネル天端に留まらないように留意する．トンネルの呑口および吐口部分では，洪水流が円滑に流入，流出できるように，特に各口の形状や入口への導流構造に留意し，それに必要な護岸や河床工を施し，流木，土砂などが大量に流入しないようにすべきである．

　地下分水路は公道の下に掘られることが多く，すでに埋設されている電気，ガス，上下水道などの施設をまず移設し，地下鉄，高速道路の橋脚，ビルなどの基礎杭などに支障を与えないように施工する（図 4.23）．地下鉄などの周辺の地下工事と同時施工できるように計画調整することが望ましい．それによって，工事費をある程度軽減できるし，施工も比較的容易となり，地下交通への支障期間を短くすることができる（図 4.24）．しかし，その工事費は高く，表 4.6 に示すとおり，東京の神田川のお茶の水地下分水路の場合，延長 1 m 当り 1,540 万円（1988 年価格）にも達する．

　地下調節池もまた，表 4.5 のように名古屋，大阪，東京でまず建設され，その貯水量はそれぞれ，10 万，14 万 m^3 であり，今後徐々に建設されるであろう．

　地下調節池が一般的河川改修と比べ有利な点は，この調節池のみで確実に洪水流量の一部を調節できることである．通常の河川改修では原則として全川の改修が完了しないと効果を十分発揮できないのに反し，この調節池は比較的短期間で

表 4.5 主な地下河川(トンネル,地下放水路,地下貯水池を含む,長さ：2,000 m 以上もしくは断面積 80 m² 以上：2008 年 8 月現在)

施設名	水系	河川名	所在地	トンネル長さ (m)	トンネル縦断面積 (m²)	完成
利根導水路	利根川	利根川	稲敷市	2,600	12.6	1991
首都圏外郭放水路 (中川, 綾瀬川, 江戸川)	利根川	中川, 綾瀬川, 江戸川	春日部市	6,300	10.9 (第1,2,3トンネル) 10.9 (第4トンネル) 6.5 (第5トンネル)	2006
北千葉導水路	利根川	利根川, 江戸川	我孫子市〜松戸市	47,400	8.0〜12.6	1998
国分川分水路	利根川	国分川	松戸市〜市川市	2,555	55	1994
高田馬場分水路	荒川	神田川	豊島区〜新宿区	1,460	88	1982
江戸川橋分水路	荒川	神田川	文京区〜新宿区	1,760	108	1977
三沢川分水路	多摩川	三沢川	稲城市	2,670	22〜52	1983
帷子川分水路	帷子川	帷子川	横浜市	5,320	83	1997
狩野川放水路	狩野川	狩野川	伊豆の国市	1,060	345	1965
若宮大通調節地	庄内川	新堀川	名古屋市	316	500	1986
余呉川西野トンネル	淀川	余呉川	滋賀県高月町	286	83	1959
大津放水路	淀川	大津放水路	大津市	2,194	91.6	2006
今出川分水路	淀川	白川	京都市左京区	2,500	17.6	2008
天神川	天神川	天神川	神戸市	2,500	10	2000
新湊川	新湊川	新湊川	神戸市	680	105	2006
寺畑前川 調節池	猪名川	寺畑前川	兵庫県川西市		961	工事中
小谷川放水路トンネル	江の川	小谷川	島根県江津市	941	114	2006
新安江川流域調整池	太田川	新安川	広島市	40	230.00	1994
新宇治川放水路トンネル	仁淀川	宇治川	高知県いの町	2,607	37.35	2007
日下川放水路トンネル	仁淀川	日下川	高知県日高村	4,998	40.63	1982
御笠川分水路	御笠川	御笠川	福岡市	141.1	116.1	2005
西佐賀導水路	筑後川	西佐賀導水路	神崎市, 佐賀市	4,210	14.14	2001

4.6 現代都市の水害と治水　145

図 4.23 水道橋分水路（東京都建設局河川部資料より）

表 4.6 神田川の 4 地下分水路

	延長(m)		断面積(m²)	計画流量 (m³/s)		総事業費 (円)	施工年度
高田馬場分水路	1,460	暗渠 2 連 1,215 呑口部 245	6.60×6.65×2		330	85 億	1982
江戸川橋分水路	1,644	2 連 1,063 1 連 581	7.50×7.15×2 7.50×7.20×1	2 連	230 115	100 億	1977
				1 連			
水道橋分水路	1,640	1 連 680 2 連 430 1 連 530	9.50×7.45 7.70×7.45 10.00×6.40	2 連 1 連	270 125	130 億	1985
お茶の水分水路	1,300	560 740	ボックス 6.80×7.00 シールド φ8		80	200 億	1990

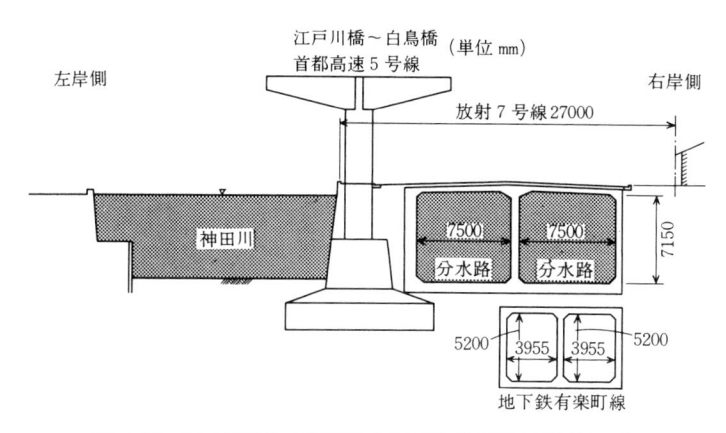

図 4.24 江戸川橋分水路断面（東京都建設局河川部資料より）

表 4.7 主な多目的遊水地（2007年1月現在）

施設名	水系名 河川名	所在地	遊水地面積 (ha)	治水容量 (m³)	多目的利用 (洪水調節以外)	完了 年度
沖館川	沖館川	青森市	26.3	590,000	小中学校，運転免許センター	1994
深作	利根川 綾瀬川	大宮市	35.1	710,000	公園	1992
妙正寺川第一	荒川 妙正寺川	新宿区 中野区	2.1	130,000	公園，住宅	1994
寝屋川	淀川 寝屋川	寝屋川市 大東市	50.3	1,460,000	公園	1992
坪井川	坪井川	熊本市	56.6	1,080,000	公園	1998
横内川	堤川 横内川	青森市	62.5	2,200,000	市スポーツ広場，県総合学校教育センター，県聴覚障害者情報提供センター等	完成
大柏川 第一調節池	利根川水系 大柏川	市川市	16.0	254,000	公園	完成
今井川 地下調整池	帷子川水系 今井川	横浜市	国道1号線下 φ10.0 m× 2.81 km	146,000	広場	完成
麻機遊水地 第3工区	巴川	静岡市	55.0	560,000	公園	完成
新川治水緑地	庄内川水系 新川	名古屋市	18.0	550,000	公園	完成
曽我川治水緑地	大和川水系 曽我川	橿原市	7.5	232,000	公園，スポーツ施設	完成

注）遊水地は原則として，出水時のみ貯水し，通常は土地利用し，河川でも遊水地は，常時水を張っている調節池，貯水池と区別している．ただしその区別は必ずしも厳密ではない．

完成し速効性のあること，公道の下に建設することが多く土地取得が容易である．

しかし，地下調節池の難点は工事費の高さである．名古屋市の若宮大通街路調節池の場合，貯水量 $1\,\mathrm{m}^3$ 当り 6.5 万円に相当する（1985 年価格）．ダム湖の場合とは条件が異なるが，参考までに比較すると，ダムの場合は洪水調節容量 $1\,\mathrm{m}^3$ について 500〜5,000 円，平均 2,000 円程度であるので，地下調節池は工事費のみを考えると相当割高である．今後，地下空間の利用が進めば，地下調節池に限らず，それが地下の水環境に与える影響についても慎重に考慮し，とくに地下水挙動に与える影響について監視する必要がある．

多目的とは，洪水調節とほかの目的（公園，自動車教習場，ピロティ型建築物など）を併せ持つという意味である．洪水に際しては，建築物利用に支障のないように床を高くしたピロティ式にする必要があり，自動車などの事前退避，洪水後の清掃などが必要であるが，都市においては土地利用の価値が高いので，ほとんどの時期に利用できる点に意義がある．表 4.7 にその実例を示した．

4.6.3　流域の治水対策

総合治水対策の眼目は，流域に対するさまざまな施策であり，それを大別すると，流出抑制策と被害軽減策である．流出抑制策の場合，個々の施設の容量は小さく，その効果は必ずしも大きくはないが，それらを数多く設けることによって，流域の各区域ごとに流出抑制し，下流への洪水流出に時差を与えることができる．都市中小河川流域の豪雨の場合は，流出が短時間に河道に集中して流量が一時的に急増するので，短時間の流出時差でも，ピークを急上昇させない効果は大きい．

さらに，下水道においても流出抑制型が普及しつつあり，図 4.25 に示すように，下水道施設の雨水系統については，さまざまな流下段階で雨水を積極的に地下へ浸透させようとしている．雨水が川へ一挙に集中するのを緩和する仕掛けである．

流出抑制策のうち，雨水を地下へ浸透させる方法は，単に洪水対策に留まらず，下水処理場への下水負担を軽減させ，地下水を涵養するなど多面的効果が期待できる．

被害軽減策のピロティ式（高床式）は，モンスーン地帯である東南アジアの農村では，いまもなお各地に見られる雨期の氾濫対策である．かつて，わが国でも氾濫常習地帯において，水屋，水塚を設け，舟を各戸に常備していたのと同じように，洪水氾濫を無理に抑制せず，それに順応しようとする方策である．前述の

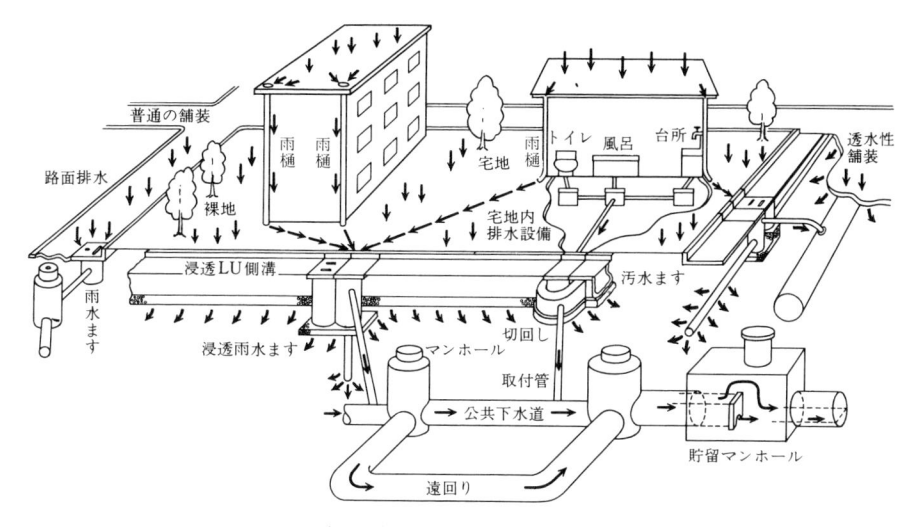

図 4.25 雨水の流出を抑制する下水道（東京都下水道局資料より）

雨水浸透や雨水貯留もまた，豪雨への対応としては，自然の水循環に沿うものであり，都市化によって切断，もしくは変更を強いられた水循環の一部復元ということもできる．道路舗装，下水道普及，水田から宅地への土地利用の変化などは，いずれも都市機能を向上させ，都市そのものの成立・発展に不可欠な要因である．しかし，都市化が自然の水循環にどのような影響を与えるかを予測し，都市水害への対策を用意しなければならない．

演習課題

1) 多くの自然災害における水害の特性について述べよ．
2) 河川研究において，なぜ治水史が重要なのか．
3) 中国の黄河は4千年以上の治水史を持ちながら，現在なお治水上の難点を抱えているのはなぜか．
4) モンスーン地域における，洪水と水害の特性を説明せよ．
5) 第二次大戦後の高度成長期から，都市に特有な新型水害が発生した理由を解説せよ．
6) 水害による死者が1960年代以降激減した理由を考察せよ．
7) わが国における治水計画の立て方と作成プロセスを述べよ．
8) 水防の手法について述べ，一般住民の役割について説明せよ．

―――キーワード―――
洪水処理，国土保全，土砂災害，都市水害，輪中，河川法，河水統制事業，多目的ダム，河川砂防技術基準，基本高水，超過洪水，スーパー堤防，水防，水社会，総合治水，流出抑制型下水道，流域貯留

―――討議例題―――
1) 治水史の学び方，研究方法について討議せよ．
2) 日本の治水の特徴について，その自然的特性，社会的経済的特性をふまえて論ぜよ．
3) 今後，河川上流部においては，少子高齢化，人口減少の傾向が著しく進行する．それら地域への治水対策をどう考えるべきか．
4) 水害被害額を軽減させる方法について討議せよ．
5) 治水と水防の関係について考察し，現代における水防の果たすべき役割について論ぜよ．
6) 気候変動で日本では強烈な台風の襲来頻度が増し，短時間雨量が強くなる傾向が見られる．それにより日本の治水条件はどう変わるか．

参考・引用文献

倉嶋　厚，1977：死者数からみた近年の気象災害の特徴について，災害の研究，9巻，日本損保協会．
国土交通省河川局（毎年）：水害統計．
国土交通省河川砂防技術基準（案），1958，1976，山海堂．
内閣府（毎年）：防災白書．
沢本守幸，1981：公共投資100年の歩み，大成出版会．
資源調査会，1956：水害地域に関する調査研究（木曽川）．
高橋　裕，1971：国土の変貌と水害，岩波新書．
高橋　裕，1988：都市と水，岩波新書．
玉城　哲，1983：水社会の構造，論創社．
土木学会編，1988：水辺の景観設計，技報堂出版．
都立大学都市研究会，1968：都市構造と都市計画，東京大学出版会．
宮村　忠，1985：水害――治水と水防の知恵，中央公論社．
任　美鍔編著，1986：中国の自然地理，東京大学出版会．

5 水資源の開発と保全

「飲水思源」

　中国の古来の諺に，中国人の水思想の一端がうかがわれる．水を飲む人は，その源に思いを致せ．それが井戸水であるならば，その水を探し当て，それを掘った人の苦労を思えの意である．

　現代にあてはめれば，都市の人は水を飲む際に，その水源のダム建設に伴う水没者に感謝しよう，ということになろう．

成都郊外，岷江の都江堰にある上述の石碑．

5.1 水利用とは何か

5.1.1 水利用の原理

水は空気や土と同じように，自然の構成要素であるとともに，われわれはその恩恵に浴して生活や産業の基盤を築いている．古くは，世界の四大文明発祥は，いずれも常時相当量の水を得やすい地域においてであった．現在では，技術の進歩によって，水の長距離輸送が可能になったとはいえ，それには巨額の経済的ならびに社会的費用を要するので，水が身近にある地域の有利性は変わらない．

わが国で水資源なる用語が一般化したのは，第二次大戦後のことであり，特に高度成長期になってからである．1947年設立された資源調査会において水部会（1956年水資源部会と改称）が設置され，ここでは水資源という概念が認識され，水を資源としてとらえることが普及しはじめた．1962年に水資源開発促進法が制定され，水資源開発公団が設立されるに及んで，"水資源"は完全に国民の間にも定着した．

アメリカ合衆国ではすでに19世紀末から水を資源としてとらえていたことが，当時の論文，著書などから明瞭に認められる．すなわち，アメリカにおいては，水資源をいかに開発するかが，半沙漠の西部開拓での重要課題であった．日本よりは水の絶対量がはるかに少ない地域を開発してきた経緯のゆえに，早くから水が資源であると認識していたからであろう．

資源とはいえ，水は自然の重要なる要素であり，鉱物資源のように使えば消費されてしまうのとは本質的に異なる．水は地球表面を循環し，あるときは気体の水蒸気となり，あるときは固体の氷となるが，われわれはもっぱら液体となった水を利用する．つねに自然界を循環し，水の総量に変化はないが，その相，質，場所はつぎつぎと変わっていく．われわれは大循環する水の一部分を取り出してきて利用し，多くの場合，使用して汚したのち，自然界へ返している．取水とか水を捨てるというのは，われわれの側から見た概念であって，それもまた自然界の水循環の一環である．しかし，われわれが永遠に付き合わねばならない水に関しては，とくにそれが鉱物などの消費資源ではなく，循環資源であるという特性に照らしてみるとき，水を取り，捨てるという考えではなく，自然の水循環からいったん借りてきて利用し，あとはその水循環へ返すと考えるべきである．借りたものを返す際には，汚さずに可能な限り元の状態に戻すのが，自然と付き合う

場合の基本的作法である．

具体的にいえば，水を利用している段階ではなるべく汚さず，汚しても元の水質に戻しやすいようにする．自然界へ戻すときには，取水時の水質に戻し，使用後は可能な限り早く自然界へ返すべきである．上水道，工業用水道や，発電水力のための取水は水を取得するのではなく，一時的に借りるのであり，下水道は水を捨てるための施設ではなく，自然の水循環へ返す施設系と解すべきである．

5.1.2 水利権の定義

水利権とは水を使用する権利であり，実定法（人為的に定め，社会に現実に行われている法）ではなく，歴史的あるいは社会的に発生した権利である．一般には用水権，水利使用権，流水使用権，流水占用権などと呼ばれることもある．水利権とは，河川の流水を含む公水一般を，継続的，排他的に使用する権利である．

河川法第 23 条では「河川の流水を占用しようとする者は，国土交通省令で定めるところにより，河川管理者の許可を受けなければならない」とされており，この規定により許可された流水の占用の権利を許可水利権という．これに対し，旧河川法（1896 年）前から，主としてかんがい用水として社会的に容認され，いわば慣行的に流水を占用していた権利を，旧河川法において認めたものを慣行水利権という．河川法においては国家的重要度に応じ，一級河川（国土交通大臣管理），二級河川（都道府県知事管理），準用河川（市町村長管理）に分類指定する．河川法の対象とならない河川は普通河川と称し，その水利権は地方自治法の規定に基づく都道府県または市町村の条例によって成立するが，その普通河川が河川法の対象となる一級，二級，または準用河川の指定を受ければ河川法第 23 条の許可を受けたものと見なされる．

古くから水田農業を営んでいたわが国では，河川から水田への取水かんがいが行われていた．降雨量や河川流量が十分でない瀬戸内海周辺では，それを補うために大和時代から数多くの溜池を建設して農業に利用していた．河川からの取水流量がきわめて少なかった段階では，水を自由に使用できたので水利権を考える必要もなかったが，利水者が増し，取水流量も増え，その量が渇水流量を越えると，利水者間に対立，競合が生ずる．これを解決するために，それぞれの地域ごとに水利権が形成され，水利秩序がつくり出される．こうして形成された慣行水利権の中には，往時の強力な支配者が権力的につくり出したものもあるが，一般には長い水利紛争や渇水の経験をふまえて複数の利水者が自治的に生み出したも

のと解釈できる.

　わが国では，江戸時代中期，8代将軍吉宗の頃に，開発の進んでいた多くの地域では，河川から常時取水できる渇水流量の利用は一応限界に達した．それ以後，新規利水は厳しく規制され，既存利水については先発利水が優先されていたが，自然条件から上流側が有利であった．しかし，いくたの紛争を教訓として，異常渇水時には相互扶助的な水利慣行が歴史的に熟成されてきた．上下流の関係についても，上流側の取水口では，ある程度以上の量は取水できないように施工したり，上下流で日時を限って交互に取水するなどの策が講じられ，調整案が地域ごとに形成されてきた．

　許可水利権は，河川管理者が個々の水利権を量的に規制することに重点がおかれているが，慣行水利権はその形成過程を反映して，個々の水利権の内容を細かく規定する性格ではなく，利水者相互の関係を総合的に包括する水利秩序を重視している．この両水利権の共存は，水利用をめぐる伝統的慣習と近代的合理性の妥協の産物と見られる．

　1930年代後半から，ダムによる水資源開発が始まり，従来の水利用の限界が打破されてきた．つまり，ダム建設により渇水時の流量を人為的に増加させることができ，その増量に対して新しい水利権が与えられることとなった．この傾向は，第二次大戦後の高度成長期に，多数のダムが水資源開発のために建設されたために，水利権は大幅に拡大された．水利用の高度化に対応して，新河川法が1964年に制定され，公水管理が強調され，水利権の更新期，取水施設の改築などの機会に，慣行水利権の許可水利権への切り換えが逐次進められている．

　一般の人が河川のような公物を自由に使用できる使用関係は，公物法上一般使用といわれる．河川の一般使用としては，家事用水のための取水，水泳などであり，自由に使用できるが，使用者はその使用についてなんらの権利も生じない．

5.1.3　水利権の安定性

　水利権を新たに許可できるのは，原則として申請された取水量が，基準渇水流量から既得水利権量および河川維持流量を排除した流量（基準流量）の範囲内の場合である．こうして許可された水利権は，ほかの河川使用者，および河川維持流量の目的である河川流水の正常な機能の維持に支障を与えることなく，かつ安定した取水を継続できるので，安定水利権と呼ばれる．

　これに対し，豊水水利権，暫定水利権がある．豊水水利権とは，流水の占用の

許可条件として，河川流量が基準渇水流量などを越える場合に限って取水できる権利で，安定水利権が基準渇水年において通年取水が可能であるのに反し，豊水水利権では通年取水が可能とは限らない．水利権は元来，流水を排他的継続的に占用できる性格であるので，豊水水利権は，水利権の特例である．豊水水利権を認める条件は，前述の基準渇水流量を越える部分（豊水）のみの利用，またすでに建設中のダムにより，将来はその地点の基準渇水流量が確実に増加する場合のその増加流量を越える部分などがある．しかし，この許可は，水需給が逼迫し緊急性のある場合に限ることとなっている．

というのは，豊水水利権は，①豊水時にしか取水できないので，水利使用目的が十分に達成されない，②条件に反して渇水時にも取水される恐れがあり，下流の既得水利を侵す場合がありうる，③水資源開発によって正規の安定水利権を得た者との間に費用負担の差が生ずる，などの問題点がある．

暫定水利権とは，安定的水源がなくとも，水需要の急増に対し緊急取水が社会的に強く要請されていると判断される場合に許可されるので，許可期限を定め，期限がきた場合にはその権利は失われる．この許可条件としては，一般に豊水であることとされるので，その場合"暫定豊水水利権"と呼ばれる．暫定水利権は，申請された水利使用の緊急性，河川の流況，将来の水源措置の見通しなどを総合的に判断して個別案件ごとに許可される．

発電のための水利権は，基準渇水流量を越える水の利用を前提として成り立っているので，その点では豊水水利権の性格を持つとはいえ，河川から実質的には安定的に取水できるという面に着目して安定水利権と解釈するのが妥当である．

5.1.4 河川流水の範囲

占用許可が必要な河川の流水の範囲はつぎのとおり定められている．
(1) 河川区域内の表流水（貯留水を含む）
(2) 河川区域内の地下水
(3) 河川の表流水と一体をなしていると認められる河川区域外の地下水

(2)(3)は伏流水と呼ばれる．(3)項の河川伏流水は，たとえ河川区域外にあっても，河川の表流水と一体をなし，その取水によって河川水への影響が明らかであると認められる場合に，その占用，すなわちその地下水（井戸水）を汲み上げるのには，河川管理者の許可が必要となる．

5.2 各種水利用の特性

水資源開発の対象となる各種水利用は次表のとおりである．

表5.1　各種の水利用

農業用水	水田かんがい用水 畑地かんがい用水 畜産用水
生活用水	家庭用水（飲用，料理，掃除，水洗トイレ，洗車など） 都市活動用水（事務所ビル用水など第三次産業で使用される水）
工業用水	
観光レクリエーション用水 水運確保用水	

わが国の水資源開発の場合はもっぱら生活用水，農業用水，工業用水であるが，それぞれの利用方法，利用系統は著しく異なり，使用量の計量や精度も異なるので，これらを使用水量のみで単純に比較するわけにはいかない．

5.2.1　農業用水

農業用水の利用形態の特徴は，自然の水循環に比較的よく則っている点にある．すなわち，わが国の農業用水の大部分である水田用水の場合，用水は水稲のために利用され，用水は水田という土地に注がれる．その水は一部は蒸発し，一部は浸透し地下水となり，あるいはほかの水田へ注がれ，やがて川などへ排水される．

水田に導かれた水は湛水されて，水稲を育てるのみならず，水温と地温を維持し，肥料などの栄養分を株の根元に十分行き渡らせ，雑草駆除労力の節減など多目的に使われる．一方，水田が豪雨時の洪水調節の役割も担っていることは，水田における水が自然の循環に適応していることを示している．

水田用水需要は減水深を単位として表示される．これは，降雨の補給がないとして，水田水面がどれだけ下がるかを示す深さで，通常1日単位で示されることが多い．この減水深は，水田からの蒸発散量と浸透量の和と考えられ，mm の単位で与えられる．日減水深は，わが国では平均15～20 mm といわれているが，水田によって相当の差があり，同じ水田でも場所によっても差が大きい．

水田用水の全国年間総使用量を全国平均の日減水深に基づいて推算すると次式のとおりである．1970年以来の減反政策により水田面積は2006年現在約250万

表 5.2 農業用水量の内訳（単位，億 m³/年）
（2007：日本の水資源，p.215 より）

水田かんがい用水	520
畑地かんがい用水	28
畜産用水	5
計	552

ha となった．

$$[(水田面積)\times(日減水深)\times(取水日数)$$
$$-(稲作期間中の水田への雨量)]/(1-損失率)$$

いま，これらの項に，それぞれ近似値を次式のように与え損失率を 15% とすれば，水田用水総量は，水田面積 250 万 ha として計算すれば，

$$(250 万 ha \times 20\,mm \times 100 日)-(400\,mm \times 250 万 ha)/(1-0.15)$$
$$=470 億 m^3$$

となる．

このほか，この総量を推定する方法として，取水口ごとの推定取水量を積算する方法もあるが，正確な取水量測定資料の得られる取水口はきわめてわずかであるから，これから全国取水量の推定は無理であり，一定の広さの特定の圃場の用水量の推定の場合にのみ適している．

国土交通省土地・水資源局水資源部による 2004 年農業用水需要量は表 5.2 のように推定されている．

5.2.2 生活用水

生活用水は各家庭で使用する家事用水と，都市活動に欠かせない事務所ビル，交通機関，ホテル，病院などで使用する都市活動用水に大別される．これらは主として水道施設によって供給され，各使用単位ごとにメーターによって計量されている．それらの全国的積算は，毎年『水道統計』によって公表されており，工業や農業の用水量よりは，利用形態の特質上，最も精度が高い．

生活用水の原単位は 1 人 1 日当りの給水量である．最近のわが国のいくつかの都市の水道用水原単位は表 5.3 に示すとおりである．

わが国では江戸時代初期，すでに江戸の玉川上水をはじめ，全国の多くの都市でかなりレベルの高い水道施設を持っていた．しかし，濾過した水を鉄管で圧力をかけて送水する近代的水道がはじめて出現したのは，1887 年（明治 20）横浜

表 5.3 主要都市における水道用水原単位（1965 年と 2005 年の比較）（1 人 1 日当りの最大および平均給水量，単位 ℓ）

	2005 年		1965 年	
	最大	平均	最大	平均
札 幌	339	291	283	222
東 京	407	362	471	395
横 浜	383	339	452	359
名古屋	443	354	484	348
京 都	444	405	422	317
大 阪	579	497	640	502
神 戸	410	362	412	335
広 島	425	341	437	343
北九州	382	341	414	336
福 岡	317	293	291	235

全国平均では 2005 年，1 人 1 日最大給水量は 423 ℓ，1 人 1 日平均給水量は 363 ℓ である．参考までに，国単位で 1 人 1 日あたり 30 ℓ 以下の国は 1990 年現在 38 ヵ国（ほとんどアフリカ，そしてアジアの貧困国）もある（P. H. Gleick, 1998 *The World's Water* 1998-1999. Island Press より）

市において，イギリスの土木技師パーマー（H. S. Palmer）の指導によってであった．その時の計画給水人口は 10 万，1 人 1 日平均給水量は約 80 ℓ であった．以来，港町，大都市から中小都市へと水道は普及したが，その普及が急速に進んだのは第二次大戦後であり，とくに 1957 年，水道法の制定以後であった．

1950 年，全国の水道普及率はやっと 25％ 程度であったが，1978 年にはついに 90％ を越え，2005 年 3 月現在 97.2％ に達し，約半世紀の間に水道事業が急速に発展したことを物語る．

水道事業の将来計画を樹立するには，目標年次における水道普及率と人口を設定し，それに原単位である 1 人 1 日当りの給水量を定め，将来給水人口（将来の全人口×水道普及率）×（1 人 1 日最大給水量）によって総上水需要量を定め，それを供給できる水資源開発計画を定める．

5.2.3 工業用水

工業用水は，各工場で使用しその工業生産を行うために必要な用水であり，さまざまな用途がある．工業用水の用途別ならびに産業別の使用量の実績を図 5.1 に示した．

用途別では圧倒的に冷却用が多い．したがって，使用後の用水は高温となっているが，水質としてはほとんど汚れない．冷却用水を大量に使用する鉄鋼業など

①淡水の用途別用水量構成比　　　　②冷却・温調用水の産業構成比

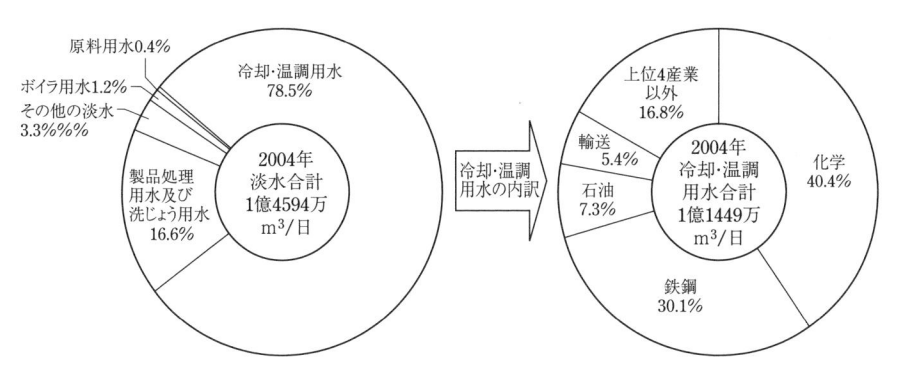

[図：左円グラフ　2004年淡水合計1億4594万m³/日
- 原料用水 0.4%
- ボイラ用水 1.2%
- その他の淡水 3.3%
- 製品処理用水及び洗じょう用水 16.6%
- 冷却・温調用水 78.5%

右円グラフ　2004年冷却・温調用水合計1億1449万m³/日
- 上位4産業以外 16.8%
- 輸送 5.4%
- 石油 7.3%
- 鉄鋼 30.1%
- 化学 40.4%]

図5.1　淡水の用途別用水量構成比および冷却・温調用水の産業別構成比（従業員30人以上の事業所）

では，冷却塔を設け，使用後の高温水をここへ送って，冷却して再び冷却用に使われ，何回も再生した水を使用し，補給水のみを加えて冷却の効果を挙げ水利用を合理化している．このように，いったん使用した水を回収して再び利用する場合，その水は回収水と呼ばれ，回収水の全用水量に対する比率を回収率という．最新設備の冷却塔を有する製鉄所では回収率が90％以上にも達し，利水合理化，節水の実を挙げている．

　工業用水の水源別用水量とその推移は図5.1に示すとおりである．1950年代までは過半の水源は河川水であったが，60年代の爆発的ともいえる需要増に対して河川水では供給できなくなり，その比率は激減した．河川水比率の激減に対し，1960年代までは井戸水（地下水）への依存を高めたが，その過剰揚水によって各地に地下水位低下，臨海部での塩水混入，地域によっては地盤沈下などが発生したので，地下水規制が徐々に強化され，1970年代以降，地下水依存率は低下した．これを補ったのが，再利用による回収水比率の激増である．とくに大量の用水を使う用水型工業（鉄鋼業，化学工業など）において回収率が飛躍的に向上し，工業用水への補給水量の増大を防ぎ，工業用水不足を凌いだ．しかし，1973年のオイルショック以後は，全国的に工業用水需要の伸びは，停滞もしくは下降気味となった．2004年現在における工業用水用途別構成と最も多い用途の冷却・温調用水の産業別構成比を図5.2に示す．

　工業用水の原単位は，工業生産高などを指標とする試算も行われているが，用水の形態が業種，工場規模，用途などにより，きわめて多様であるので，計画の

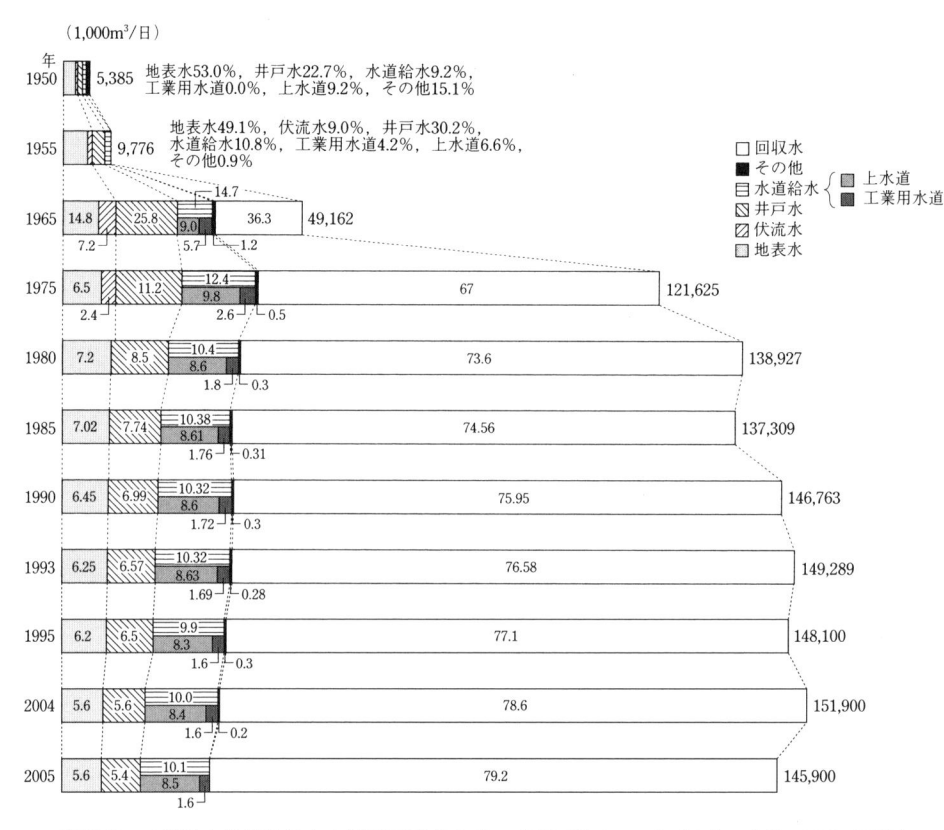

図 5.2 工業用水総使用量と水源別使用量比率の変遷（淡水のみ）（山本・高橋，1987：図説水文学，p.145，共立出版にその後のデータを加筆）

基準として客観的に定められる原単位はないといえる．

したがって，個々の計画地域単位ごとに，最近の水需要の推移，現存工業の将来動向，立地予定の業種，これら工業における回収率向上の可能性などを勘案して，需要予測すべきであろう．

5.2.4 水需要の推移

最近約50年間の上水道用水および工業用水の需要量の推移は図5.3に示すとおりである．1960年代には両者とも水需要は急激な上昇傾向であったが，前述のように1973年のオイルショックを契機に工業用水補給量の伸びが止まり，上水道用水の需要は少しずつ増加しているが，高度成長期の都市化時代と比べ，そ

160　5　水資源の開発と保全

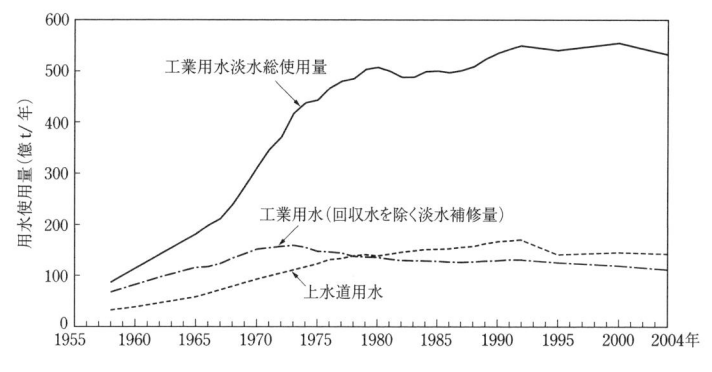

図5.3 水需要の増加の推移（山本・高橋, 1987：同左, p.125に加筆）

の増加率は鈍化し，近年はおおむね横ばい状況である．

5.3 水資源の開発

5.3.1 水資源賦存量

水資源開発の源泉はいうまでもなく雨と雪である．しかし，蒸発散によって失われる量は水資源開発の対象とならないので，降水量（mm/年）から蒸発散（mm/年）を差し引き，当該地域の面積（km^2）を乗じた値が，水資源開発の対象となる．これを水資源賦存量といい，1971年から2000年までの30年間の資料に基づく，わが国の地域別賦存量は表5.4（国土交通省，日本の水資源，2007年）のとおりである．

すなわち，全国の水資源賦存量は平年で約4200億m^3，渇水年で約2800億m^{3}となる．ここに渇水年とは，おおむね10年に1回発生すると予測される降水量の少ない年とする．人口1人当りの水資源賦存量は，関東，近畿，北九州，沖縄がとくに少ない．

降水量は梅雨や台風期に集中していることなどにより，実際に水資源として利用可能な量は，ほかの流域から大量に導水しない限り，年降水量のおおむね7割が一応の限界であろう．さらに，平年の賦存量に対する渇水年のその比は70%程度である．九州と沖縄では45〜65%と少なく，東北や北陸のような多雪地帯では75%程度と大きく，かつ安定している．水資源需給計画を考える場合には，地域による安定度の相違，年による差について考慮する必要がある．

表5.4 地域別降水量および水資源賦存量（国土交通省土地・水資源局，日本の水資源，p.211 より）

地域区分	人口(千人)(2000年)	渇水年			平均年		
		渇水年降水量(mm/年)	水資源賦存量(億m³/年)	1人当たりの水資源賦存量(m³/人・年)	平均年降水量(mm/年)	水資源賦存量(億m³/年)	1人当たりの水資源賦存量(m³/人・年)
北海道	5,683	955	402	7,074	1,163	576	10,135
東　北	12,293	1,327	610	4,962	1,635	855	6,955
関　東	41,322	1,213	247	598	1,551	374	905
（内陸）	7,904	1,222	160	2,024	1,562	241	3,049
（臨海）	33,418	1,199	87	260	1,533	133	398
東　海	16,991	1,608	465	2,737	2,083	668	3,931
北　陸	3,131	1,955	155	4,950	2,408	212	6,771
近　畿	20,856	1,377	195	935	1,786	307	1,472
（内陸）	5,430	1,345	83	1,529	1,729	130	2,394
（臨海）	15,426	1,404	112	726	1,835	177	1,147
中　国	7,733	1,299	203	2,625	1,724	338	4,371
（山陰）	1,375	1,471	81	5,891	1,897	125	9,091
（山陽）	6,358	1,219	121	1,903	1,643	213	3,350
四　国	4,154	1,606	165	3,972	2,155	268	6,452
九　州	13,446	1,698	368	2,737	2,273	610	4,537
（北九州）	8,630	1,442	106	1,228	1,977	202	2,341
（南九州）	4,816	1,886	262	5,440	2,491	409	8,493
沖　縄	1,318	1,665	15	1,138	2,123	26	1,973
全　国	126,926	1,346	2,825	2,226	1,718	4,235	3,337

注1：人口は総務省統計局「国勢調査」（2000年）
注2：平均降水量は1971～2000年の平均値で，国土交通省水資源部調べ
注3：渇水年とは1971～2000年において降水量が少ない方から数えて3番目の年
注4：水資源賦存量は，降水量から蒸発散によって失われる水量を引いたものに面積を乗じた値で，平均年の水資源賦存量は1971～2000年の平均値で，国土交通省水資源部調べ
注5：地域区分については用語の解説を参照
注6：四捨五入の関係で集計が合わない部分がある

5.3.2　ダムと水資源開発

(a)　容量配分

　第二次大戦後，ダム技術の進歩と治水や水資源開発，発電水力への需要増大という社会的要請に応じて，多目的ダムの利用が多くなった．多目的（洪水調節，かんがい用水，発電水力，生活用水，工業用水など）に利用するための多目的ダム，多目的貯水池の計画は，1939年からはじめられた河水統制事業によって具体的事業となり相模ダムなどが建設された．その後，1950年の国土総合開発法，さらには1957年の特定多目的ダム法によって法的にも整備された．

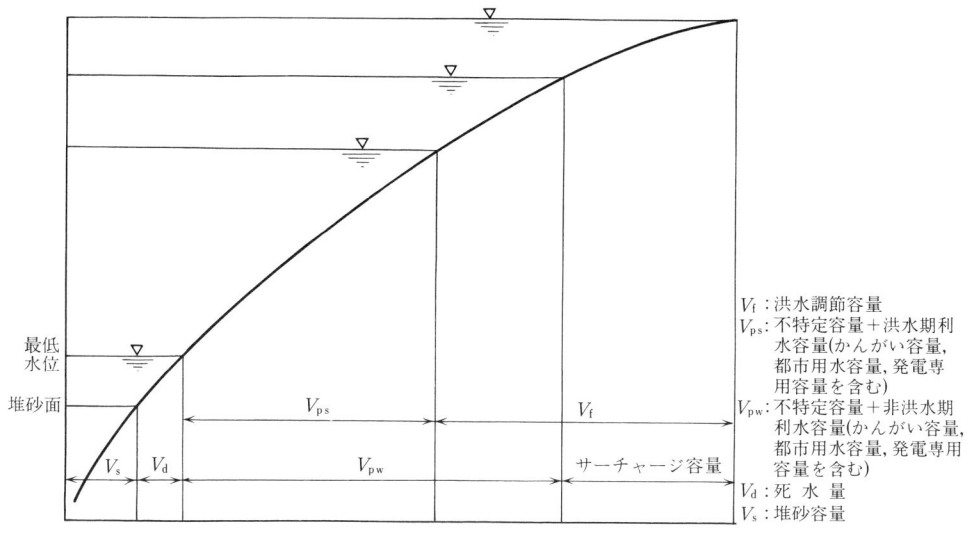

(a) 多目的ダム貯水池容量配分図（国土交通省河川砂防技術基準より）

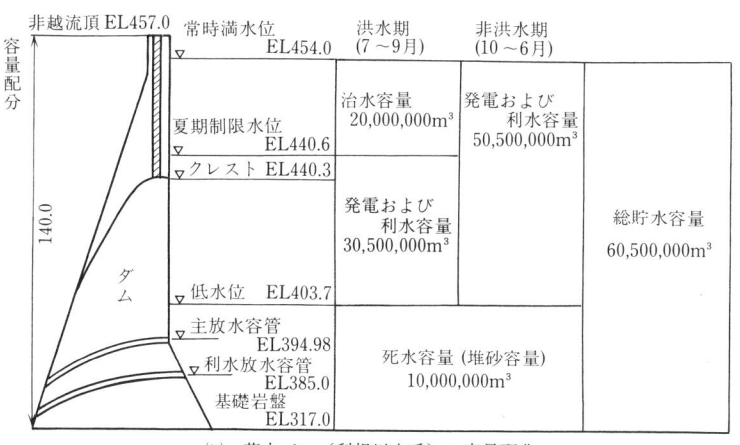

V_f: 洪水調節容量
V_{ps}: 不特定容量＋洪水期利水容量(かんがい容量, 都市用水容量, 発電専用容量を含む)
V_{pw}: 不特定容量＋非洪水期利水容量(かんがい容量, 都市用水容量, 発電専用容量を含む)
V_d: 死　水　量
V_s: 堆砂容量

(b) 草木ダム（利根川水系）の容量配分

図 5.4　多目的ダムの容量配分

　洪水調節のためには，出水期には貯水池の水位をなるべく低くして洪水に備え用意するのが望ましい．洪水を貯留した場合は，つぎに発生する洪水に備えて，なるべく早く放流して水位を下げておきたい．

　一方，利水のためには，貯水池の水位は可能な限り高く，水を貯えて渇水に備えておきたい．洪水調節と利水の両目的のダム貯水池の場合は，水位に対しそれぞれ相反する要求をどう調整するかが眼目である．したがって，梅雨や台風が来

5.3　水資源の開発　163

表5.5　多目的ダムの容量配分内訳

総貯水容量 ｛ 洪水調節容量
特定利水容量（かんがい用水，生活用水，工業用水，発電用水など）
不特定利水容量
堆砂容量
死水量

注1：洪水調節容量は洪水期（6月1日から9月30日としているダムが多い）には多く，非洪水期には少なくしてサーチャージ容量のみを洪水調節容量としている貯水池と，年間を通して同じ洪水調節容量を用意している貯水池とがある．
注2：洪水調節容量を季節によって変えている貯水池では，その差を非洪水期には利水容量として確保する．
注3：不特定利水容量とは，河川の正常な機能を維持するため，および，ダム下流の既得水利権のための放流水の確保容量である．
注4：堆砂容量は，3.6.3項に述べた手法によって，貯水池湛水後100年間に堆積すると予測される量．
注5：死水量は，特に発電水力を含む多目的貯水池の場合，放流口より下方の発電用水に利用できない部分．堆砂容量をもその中に含む．

襲する洪水期には洪水調節を優先し，非洪水期には利水を優先して水位操作を行う多目的ダムが多い．一方，洪水期，非洪水期を区別せず水位を操作する多目的ダムも少なくない．

いずれにしても，多目的貯水池では，水位を定めて両者の容量を使い分けている．なお，利水専用のダムは，たまたま水位が下がっているときに，洪水が流入し洪水調節効果を挙げることはあるが，洪水調節の義務はない．しかし，利水ダムといえども，洪水のピーク流量をダムを通過することによって増大させてはならない．

河川法第52条では，洪水調節のための指示として，「河川管理者は，洪水による災害が発生し，または発生するおそれが大きいと認められる場合において，災害の発生を防止し，または災害を軽減するため緊急の必要があると認められる時は，ダムを設置する者に対し，当該ダムの操作について，その水系に係わる河川の状況を総合的に考慮して，災害の発生を防止し，または災害を軽減するために必要な措置をとるべきことを指示することができる．」とされている．ただし，2007年まで，この条項が発動されたことはない．

多目的貯水池においては貯水池容量を配分し，それに基づいて水位操作することによって，相反する水位への要望を調整している．図5.4にその容量配分を示し，表5.5にそれぞれの容量の定義を示す．

洪水調節容量は，一般に計算された計画値の2割程度の余裕を見込んでおく．というのは，各洪水ごとに流出率が異なること，堆砂形状によっては調節容量が

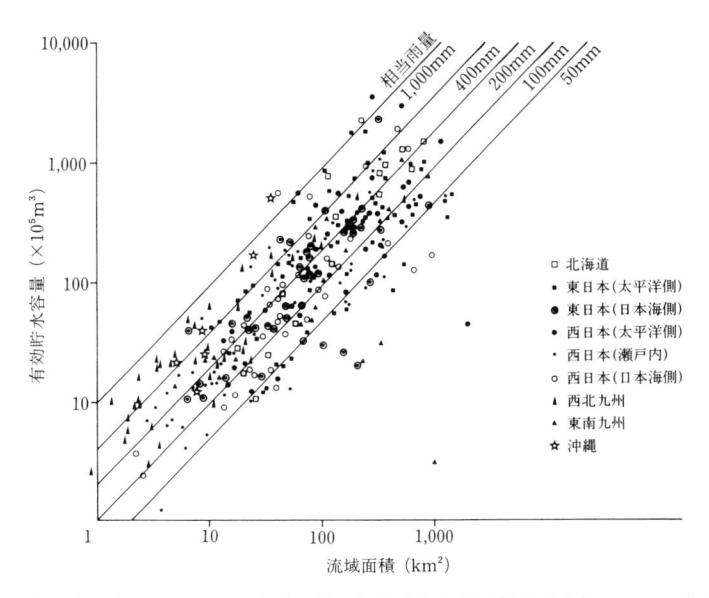

図 5.5 日本の多目的ダムにおける流域面積と有効貯水容量の関係（大熊，1988：洪水と治水の河川史，p.191，平凡社より）

計画より減る恐れがあることなどによる，安全度低下を防ぐためである．

(b) **相当雨量**

流域に降った雨量のうち，何 mm までを貯水池で貯留して洪水調節できるかは相当雨量によって判断できる．相当雨量とは，有効貯水容量もしくは洪水調節容量をダム地点での流域面積で割った値である．図 5.5 に有効貯水容量に対する相当雨量を全国の 353 ダム（1980 年現在の平地湖沼開発による貯水池を除くすべての多目的もしくは治水ダム，当時計画中を含む）について，大熊孝が整理した結果を紹介する．相当雨量 1,000 mm を越えるのは 5 ダムにすぎず，400 mm を越えるダムは 54，200〜400 mm は 95，1 ダム当りの平均は 238 mm であった．さらに有効貯水容量の中に含まれる洪水調節容量については，相当雨量 300 mm を越すものわずか 11 であり，大部分は 200 mm 以下である．

日本では，1 回の豪雨で 2〜3 日間に 200〜400 mm の総雨量の記録は珍しくないことを思えば，ダムによる洪水調節には特に激しい豪雨の場合には限界があり，余裕は少ないと考えられる．

表5.6 目的別ダム一覧（財団法人日本ダム協会，ダム年鑑：2003より）

ダムの目的	専用及び多目的	既設ダム数	新設ダム	全ダム計
洪水調節ダム	専用ダム	100	21	121
	多目的ダム	518	225	743
	合計	618	246	864
不特定用水ダム	専用ダム	2	4	6
	多目的ダム	383	210	593
	合計	385	214	599
農業用水ダム	専用ダム	1,543	57	1,600
	多目的ダム	202	43	245
	合計	1,745	100	1,845
生活用水ダム	専用ダム	105	0	105
	多目的ダム	349	168	517
	合計	454	168	622
工業用水ダム	専用ダム	14	0	14
	多目的ダム	133	45	178
	合計	147	45	192
発電水力ダム	専用ダム	386	12	398
	多目的ダム	214	28	242
	合計	600	40	640
	専用ダム	2,150	94	2,244
	多目的ダム	617	238	855
	合計	2,767	332	3,099

注1：既設ダムとは2002年3月31日までに完成したダム，新設ダムとは2002年4月以降完成予定のダム．
注2：かさ上げダムおよび再開発事業は，旧ダムを含め集計している．

5.3.3　河川水によるそのほかの水資源開発

　従来，水資源開発はダムが主体であったが，今後はダムの有効利用，そのほか種々の開発手法を組み合わせ，水量のみならず水質などの環境面をも考慮した多面的な開発と管理手法が駆使されることになろう．以下，その主要なものを列挙する．

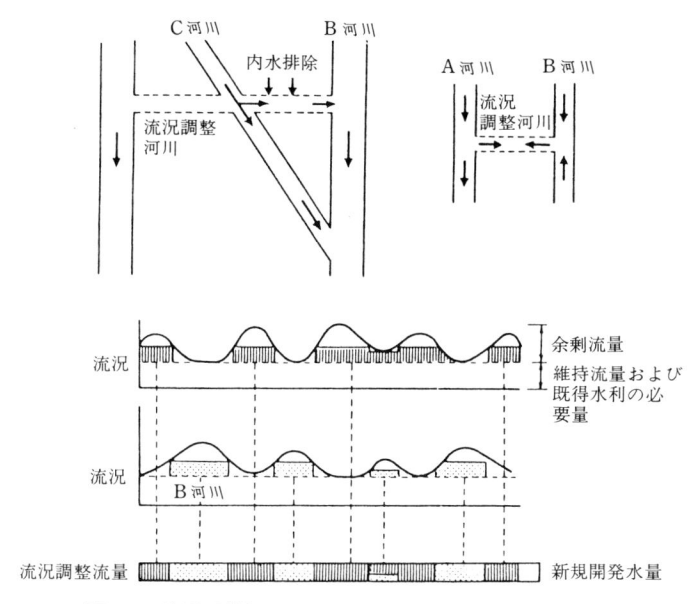

図 5.6 流況調整河川のしくみ（国土交通省河川局資料より）

(a) 流況調整河川

　流況調整河川（図 5.6）とは，複数の河川を人工水路などにより，有機的に連絡して，これら河川の流況を相互に調整することにより，洪水防御，内水排除，水質浄化，河川維持流量の確保を図るとともに，新規に水資源開発も行える多目的事業である．利根川下流部と江戸川を連絡する旧利根運河を利用する，野田導水事業，および，その下流側で両川を結ぶ北千葉導水はその実例である．

(b) 河口堰，中流堰

　河道内に堰（河口堰，中流堰）を新築し，河道掘削などにより河道の断面積を増し，堰の貯留水を利用して新規に水資源開発を行うとともに，河道の流下能力を増大させて治水効果をも狙う．下流河口付近の河口堰の場合は塩水遡上の防除，高潮対策が含まれる．

　下流部の堰で取水する場合は，流域面積が大きくなり，上流側でいったん使用した用水が河川へ戻る量も含め，比較的多くかつ安定した流水を対象にできる点が有利である（7.4.2 節参照）．

(c) 湖沼開発

 天然の貯水池である湖沼からの出口に堰などを設置し，流出量を制御できれば，ダムと同様の機能を期待できる．

(d) 水利用高度化事業

 河川水減少時に，下水処理水を高度処理して再利用する方式が，水需要の逼迫した都市域近傍の河川で採用され，水利用高度化事業と呼ばれている．たとえば，河川水の流況に合わせ下水処理水を上流へ還流させれば，常時，処理水を高度処理する雑用水道（中水道）よりも経済的に有利であり，実用的である．

(e) ダムの再開発

 ダム事業が進展するにつれ，経済的ならびに社会的に有利なダムサイトは減少している．したがって，既設ダムを再開発して，治水および利水機能を増強することは，有力な水資源開発である．
 その方法としてはつぎの2方式がある．
(1) 貯水池容量を増大させる方法
(2) 現行の貯水池の水位操作などの運用を変更する方法
 前者のためには，ダムの高さを上げるとか，貯水池内を掘削する．後者は，取水および放流設備の新設または改造により，放流量を増すなどして貯水池運用を変更する．

(f) ダムの再編成

 同一水系内の既設ダムを新設ダムと連係させ，全水系として最適なダムの編成をする．複数のダムのそれぞれの貯水池容量の最も効率的な利用を図るため，既設ダムの運用を変更する．水需要・社会の変化に応じて，多目的ダムの目的変更も検討すべきである．

(g) 地下ダム

 地下ダムとは，地下に地下水の流れを堰き止める構造物，すなわち止水壁を図5.7のように建設し，地下水位を嵩上げする形で岩石内の穴や隙間に溜め，海への流出を防げる．

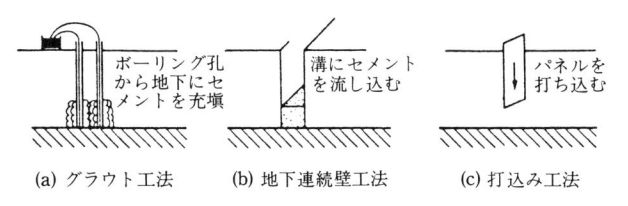

図 5.7　止水壁工法（高橋，1982：水のはなし（上），p.150，技報堂出版より）

　地下ダムには，地下水位の堰き上げによって地下貯水池を造るものと，海岸付近で地下水の塩水化阻止を狙うものとがある．前者はさらに貯水目的と流出抑制目的とがある．

　貯水域により分類すると，貯留水をすべて地下に貯留するものと，貯留水の一部を地表に貯めるものとがある．

　止水壁の建設には，グラウト工法（注入工法），地下連続壁工法，打込み工法の3種がある（図5.7）．建設地の地形，地質および水理条件により，建設地の実情に合った工法が選ばれる．

　1972年に長崎市野母崎町に建設された樺島ダム，1979年に完成した沖縄県宮古島の皆福ダムが地下ダムである．

　地下ダムは特に地質条件が重要であり，皆福ダムはサンゴ礁石灰岩地帯では有利であることが認められた．火山山麓や扇状地なども地下ダムの有力候補と考えられている．

(h)　渇水対策ダム

　一般にダムによる水資源開発は10年に1回程度の渇水対策を目標としているが，それ以上の渇水時に，あるいはそれ以下の渇水時でもその被害を緩和するために，渇水対策ダムがある．すなわち，もっぱら異常渇水時のために用水補給し，渇水調整と相まって最低限の生活用水と都市機能を維持しようとする．

　五ケ山ダム，利根川水系の戸倉ダム，稲戸井調節池などがその例である．

(i)　流水型ダム（穴あきダム）

　洪水時のみ流水を貯留する構造の治水専用ダムである．このダムでは洪水調節用放流設備を河床付近に設け，排砂設備および魚道としても機能させることが期待される．

　流水の放水口は，一般に河床付近，または洪水用の上段，超過洪水用の最上段

に設けられる．このうち，河床付近に放水口を設ける治水専用ダムを俗称穴あきダムともいわれる．そもそもきわめてわずかの例外を除き，放水口すなわち穴のないダムはない．

いわゆる穴あきダム方式は古くからあり，砂防ダムには，河床より高い位置に放水口を設けた穴あきダムはきわめて多い．いずれにせよ自然放流方式であるから，ゲート操作も不必要である利点がある．一方，土砂および流木による放水口の閉塞が心配され，その防止のための技術開発が求められており，流木対策には固定式スクリーンなどが提案されている．穴あきダムの利点として，常時は貯水しないので，ダム湖の富栄養化などの水質問題や堆砂によるダム機能低下なども発生させず，環境面での利点があるといわれている．ただし，洪水時放流後，一時水没していた動植物が洪水前の状況に戻るかなど，環境への影響については十分な事前調査と対策が必要である．近年いわゆる治水専用の穴あきダムが話題となったのは，従来の多目的ダムの主要な目的であった利水需要が頭打ちとなり，治水専用ダムが俎止にあがったからである．

治水専用の穴あきダムとしては，2006年度完成の益田川ダム（島根県）がある．堤高48 mの重力コンクリート・ダムであり，常用洪水吐が河床に設置され，平常時は流下してくる土砂を流水とともに下流に排砂，魚類はここからダム上流へと遡上が期待され，上流側に流木補足工，ダム本体上流側下部に流木止め設備を施し，ダム直下流には減勢工を設けている．

スイス南東部のOrden Damも穴あき治水専用ダムで1971年完成．堤高40 m，天端長171 mのコンクリート・アーチダムであり，常用洪水吐の最大放流量50 m^3/s，非常用洪水吐の最大放流量は120 m^3/sである．アメリカ合衆国の工兵隊は多くの穴あき洪水調節ダムをMiami州などに建設しており，Dry Damと呼んでいる．

そのほか，総合治水対策ダム，水環境対策ダム，雪対策ダム（儀明川ダム，新潟県関川の支流）などがある．

宅地開発などによって増加する流出対策を洪水調節の治水ダムと一体事業とする"地域整備ダム"，局地的な水需要地域に対し地域特性に応じて対応する"小規模生活ダム"などがある．

5.3.4 地下水の利用と保全

地下水は，砂礫などで構成され水を浸透させやすい帯水層の中にある水で，不

圧地下水（自由地下水）と被圧地下水とに大別される．前者は，一般に浅層にあり，自由地下水面を持ち，その量は降水などの影響を受けやすい．後者は一般に深層にあり，透水しにくい地層の下の帯水層に存在する．

　地下水は，一般に良質であり四季を通じて水温の変化が少なく水資源としてきわめて価値が高い．地下水の利用は，湧水や浅井戸の不圧地下水にはじまり，揚水技術の進歩とともに深層の被圧地下水に及び，その用途も拡大してきた．

　現在，わが国の水使用量総計は2004年に年835億m^3と推計され，そのうち地下水は124億m^3，すなわち約15％と推定されている．地下水使用量の約28.6％が工業用水，農業用水26.6％と生活用水28.8％，近年増加した養漁用水が10.4％にも達する．

　地下水利用は，いったん井戸を掘れば，運転費が安く用途が主として冷却用であるために工業用水には特に好都合である．

　最近は地下水の新しい利用として，消流雪用，施設園芸用の需要が伸びており，さらにヒートポンプにより熱源として期待されている．一般に液体は，圧力を低くすると周囲がたとえ低温でも熱を吸収して蒸気となり，圧力を高くすると蒸気は液化し，熱を放出する．この性質を利用して，熱を低温部から高温部に移動させる装置をヒートポンプといい，エアコンなどに応用されている．

　地表水の極度に乏しい乾燥地帯でも，地域によっては相当量の地下水があり，独特な井戸やカナートによって地下水を開発してきた．カナートは，数千年の昔から，北アフリカから中近東，中国新疆省に至る乾燥地帯において利用されてきた地下水路である．図5.8のように数多くの竪穴を掘り，地下に一定勾配のトンネル状地下水路を掘り，地下水をしぼり集めて地上へと導く方式である．地下に水路を設けたのは，蒸発防止，水質汚濁防止と，地下であれば一定勾配の水路とすることができるからである．ただし，その建設と維持管理には多大な労力を要する．

　井戸の構造にも，地下水や地形などの特性に応じ，各地で独特の技術が継承されてきた．火山地帯特有の横井戸，東京都羽村町のまいまいず井戸などがその典型例である．

　温泉もまたきわめて貴重な水資源であり，わが国には豊富である．地球上で温泉の多いのは，大きな造山帯で火山帯地域であり，日本を含む環太平洋地帯，地中海沿岸，アフリカ東部と南部，アイスランドなどであるが，中国，インド，シベリア南西部など大きな構造線や褶曲帯の分布地帯にも多く分布している．日本

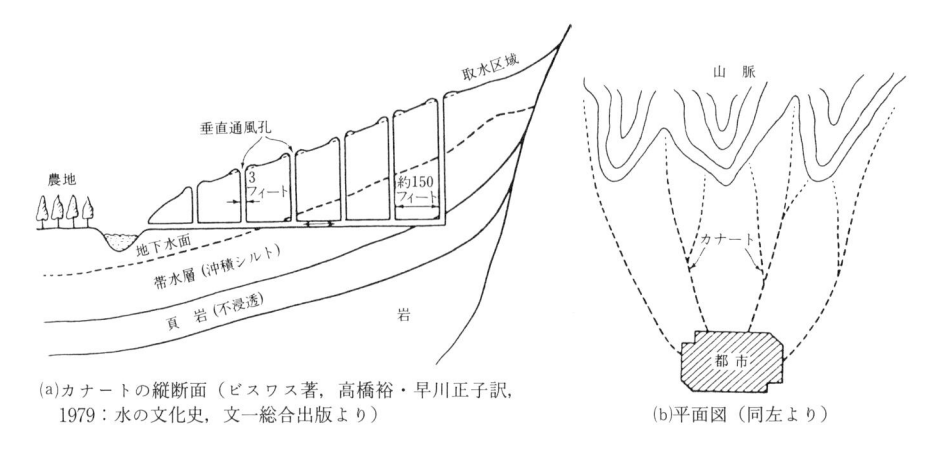

(a) カナートの縦断面（ビスワス著，高橋裕・早川正子訳，1979：水の文化史，文一総合出版より）

(b) 平面図（同左より）

(c) サハラ沙漠インベルベルのカナート

図 5.8　カナート

では第四紀火山帯，および第三紀火山活動の地帯に特に多く分布している．環境省の調査によれば，2005年，全国の保健所に登録されている温泉地は3,162，自噴およびポンプ揚水による湧出総量は約276万 ℓ /分である．

　温泉の定義は，国ごとに限界温度を定めており，わが国では25℃以上を温泉としている．ちなみにヨーロッパの多くの国では20℃，アメリカ合衆国は70°F（21.1℃）である．日本の温泉法（1948年制定）では，定められた19種の化学成分のいずれか1つが，ある一定の含有量を越えていればよいとされている．

自然状態では地下水貯留量に大きな変化はない．一般に涵養と流出が釣り合っているからである．涵養は降水，河川，湖沼などからの浸透によって供給され，流出は河川，湖沼，海洋への流出，湧水，井戸による揚水などである．涵養量と流出量の差によって，地下水面は上下し，それは地下水貯留量の増減を意味する．地下水の貯留量，涵養量，流出量の関係を調べることを地下水の水収支解析という．地下水の水収支関係は，図 5.9 のように考えることができる．

　地下水を開発，利用するに当っては，その水収支について十分に考慮することが重要である．地下水は上述のように，水資源としてすぐれた長所を持ち，かつ利用しやすいために，過剰揚水し，水収支バランスを崩しやすい．長期にわたって地下水を利用するならば，揚水などの流出量が涵養量を越えないように留意しなければならない．自然涵養を上回る揚水を行う場合は，人工涵養によって地下水を補給しないと，貯留量は減少し，やがて利用できなくなる．

　地下水盆の水収支はほぼ図 5.10 のように考えられる．自然の状態では涵養量 I と流出量 O が均衡がとれ閉じた系となっている．貯留量を S とすると，dS/dt

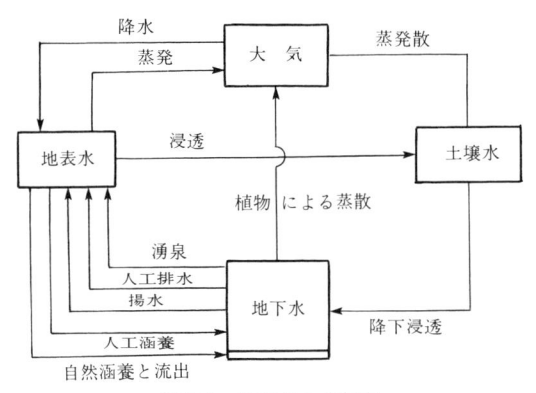

図 5.9 地下水の水収支

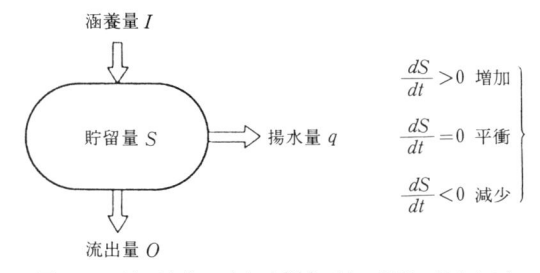

$$\frac{dS}{dt} > 0 \text{ 増加}$$

$$\frac{dS}{dt} = 0 \text{ 平衡}$$

$$\frac{dS}{dt} < 0 \text{ 減少}$$

図 5.10 地下水盆の水収支概念（室田編著：前出より）

$=0$ となる．地下水盆から揚水すると，一時的に $dS/dt<0$ となり，揚水量が涵養量を越えなければ，水収支は再び均衡状態に戻る．

地下水利用に伴い，各種の障害が発生するのは，基本的には水収支への考慮を欠き，長期的視野に立たないからである．地下水障害には，臨海部での塩水混入，水位低下による井戸枯れや井戸干渉，地盤沈下がある．

被圧帯水層から過剰揚水されると，上下の加圧層から水が絞り出され圧密が生ずるために，地盤が沈下する．帯水層自体の弾性圧密や，地中の水圧変化による地層のブロック運動が原因となって地盤沈下することもあるが，その沈下量は圧密によるものより一般にはるかに小さい．

わが国の地盤沈下の現状は図 5.11 に示すとおりである．2006 年度において，年間 2 cm 以上沈下しているのは 7 地域で，その面積は 4 km^2 であり，ほとんど地上から 200～300 m より浅い地層で生じている．

地盤沈下は，地下水利用のみならず，石油採取，地熱発電による熱水採取，水溶性天然ガス採水，掘削工事の排水などによっても生ずる．油田や地熱の場合の地盤沈下は，地層は沖積粘土ではないので圧密沈下ではなく，岩盤や火山堆積物の陥没，収縮によるものである．

地下水障害を起こさないためには，水収支への留意はもちろん，揚水方法が適切でなければならない．ある地下水盆での揚水総量は過剰でなくとも，狭い範囲で集中的に揚水すれば井戸干渉を生じ，水位は局地的に低下し，軟弱地盤であれば地盤は沈下する．

したがって，地下水揚水に際しては，

(1)揚水井の位置・深さ，(2)揚水の地域配分，(3)揚水の時間的操作

に留意する必要がある．すなわち，井戸間隔は一般に数百 m 離し，帯水層中のストレーナーの深度も集中しないようにし，軟弱層の発達していない地盤変動の少ない地域から揚水するよう配慮すべきである．

5.3.5 そのほかの水資源開発

(a) 下水の再利用

循環資源である水は，使用後に下水となって排水される．量的には蒸発，浸透などで若干ほかの循環系へと流れ去るが，大部分は下水処理場などを経て，河川や海洋へと流出する．水需要が増大するのに比例して，下水量も増す．2004 年

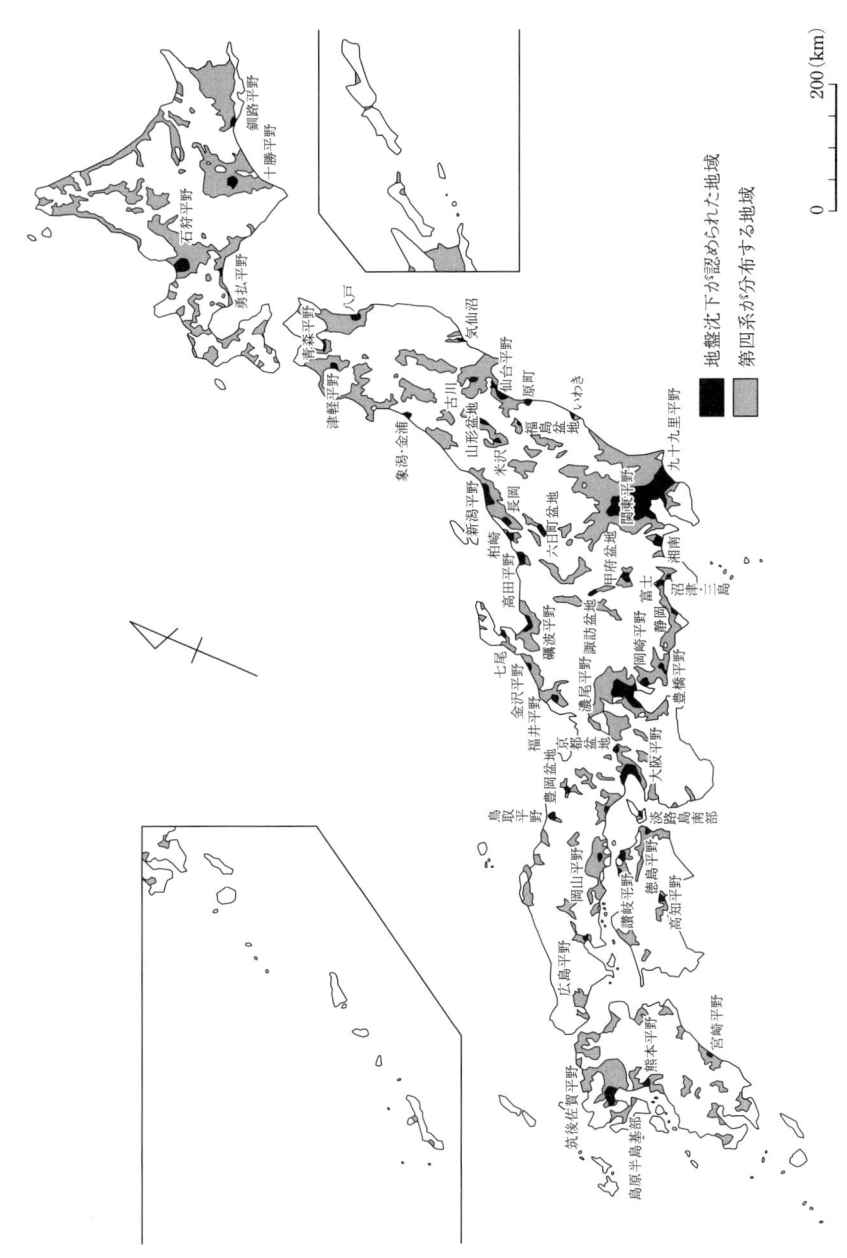

図 5.11 わが国の地盤沈下地域（環境省水・大気環境局，2006：全国の地盤沈下地域の概況，p.15 より）

5.3 水資源の開発

度には全国2,023の下水道終末処理場から年間約141億 m³ の下水処理水が発生している．わが国の下水道の普及率は1988年現在37%にすぎなかったが，2005年度末には漸く約70.0%に達し下水処理水は有望な水資源と考えられる．

水資源としての下水処理水の最大の難点は，利用できるまでの再生に，相当の費用を要することである．しかし，水利用にはさまざまな種類があり，要求される水質も多様である．したがって，必ずしも高度な水質を必要としない用途には，下水処理水はすでにかなり利用されているし，将来ますます普及するであろう．

下水の再生利用は，河川など自然の循環系との関係の有無によって，閉鎖系循環方式と開放系循環方式に2大別される．

(i) 閉鎖系循環方式

過半数の下水処理場では，場内で洗浄水などに処理水を再利用している．場外に送られた処理水もまた，消流雪用水，ビルなどでの水洗トイレ用水，東京都の野火止(のびどめ)用水や玉川用水の復活，大阪城の壕の環境用水などにも利用されている．

(ii) 開放系循環方式

処理水が河川に流出され，河川水とともに利用される場合を，開放系循環方式による下水再生利用という．河川水増強により新たな水資源開発が可能であり，将来多くの河川で進められる可能性がある．

(b) 海水の淡水化

地球上の水の約97%は海水である．海水中の塩分は約3.5%で，残りは水分である．海水中の塩分を除去すれば，海水を淡水化でき，水資源として利用できる．塩分の除去法は表5.7のように各種方式がある．

わが国の海水淡水化プラントは，主として離島の水源として用いられ，かつては蒸発法，電気透析法が多かったが，最近は逆浸透法プラントが多い．工業用水としては，発電所のボイラー用水用として蒸発法プラントが，かん水（塩分が海水の 35,000 mg/l より多い陸水）に逆浸透法が使用されることが多い．

2007年現在，全国の海水淡水化プラントで合計約 217,055 m³/日 の造水能力がある．海水淡水化の難点は，一般に淡水化および淡水化後に利用者まで運ぶのにコストがかかることである．したがって，海水淡水化の当面の目標は低コスト化である．中近東の沙漠地域では，一般に水資源が乏しく，特に臨海部では海水淡水化が汎く利用されている．ここでは，わが国の海水淡水化技術，特に逆浸透膜法が高く評価され活用されている．

表5.7 海水淡水化方式の分類

```
蒸発法 ─┬─ 多種効用法
        ├─ 多段フラッシュ蒸発法
        └─ 蒸気圧縮法
逆浸透法            特殊な膜の性質を利用
電気透析法
LNG 冷熱利用法      水から氷への変化を利用
透過気化法
太陽熱利用法 ─┬─ 直接法
              └─ 間接法
```

　水道事業などにおける海水淡水化プラントの2005年度の実績は年約2,088万 m^3 に達している．一般にそれらプラントは小規模であるが，沖縄には造水能力4万 m^3/日，福岡市には5万 m^3/日のプラントがある．緊急用には可搬式の海水淡水化装置が利用されている．

(c) 雨水利用

　雨水は元来水資源の源であり，小規模であれば降下地点において貯え利用することができる．実施例は官公庁舎，会館，学校，駅ホームなどであり，東京では国技館（1985年），東京ドーム（1988年）のように屋根面積の広いスポーツ施設において，地下に 1,000 m^3 以上の容量の雨水貯水池が設けられた．
　以来雨水利用が，全国的に普及しつつある．
　雨水利用は，下水再利用と比べ処理施設は簡単であり公機関であれば設けやすいが，降水量は季節変動，さらには年変動が大きく，その変動と貯水槽の大きさによって利用効率が左右される．もし貯水能力を越える豪雨を地下に浸透させ，雨水の外部への流出を抑制すれば，水害対策にも効果があり，都市において減少傾向の地下水増強にも役立つ．東京都墨田区のように区単位で雨水利用を普及している例も増しつつある．ドイツ，韓国など雨水利用は世界的には徐々に拡大している．

演習課題

1) 各種水利用（農業，生活，工業）の特徴を比較せよ．
2) 水利権の種類とその運用について述べよ．
3) 水田における水の効用について考察せよ．
4) 水資源開発のさまざまな方法について解説せよ．

5) 多目的ダムによる貯水池の容量配分について述べよ．
6) わが国の地盤沈下の現況を述べ，それぞれの地域の沈下の特性（原因，被害状況，対策など）を比較せよ．

---- キーワード ----

水利権，減水深，暫定豊水水利権，水資源賦存量，不安定取水，貯水池堆砂，有効貯水容量，不特定用水，TVA，相当雨量，流況調整河川，地下ダム，流水型ダム（穴あきダム），カナート，地盤沈下，下水処理水，雨水利用，海水淡水化．

---- 討議例題 ----

1) 利水者相互の関係を包括する水利秩序と水利権との関係について，実例に基づき討議せよ．
2) 多目的ダムにおける治水と利水の関係を考察し，水位操作の問題点について論ぜよ．
3) それぞれの地元における水の需給関係を調べ，現状および将来の問題点について討議せよ．
4) 地元の近辺の地盤沈下について調べ，その防止法を論ぜよ．
5) 地球，特に途上国の水不足が重大な問題となっている．地球の水需給と水危機については多くの文献が出版されている．それらのいくつかを読み，日本の水問題の国際的に見た特性を調べよ．
6) 気候変動により，日本の降雪量が減少しつつある．それが雪国の水利用にどのような影響を与えるか．

参考・引用文献

大熊　孝，1988：洪水と治水の河川史，2007，同増補，平凡社ライブラリー．
緒形博之編，1979：水と日本農業，東京大学出版会．
環境省水・大気環境局，2005：全国の地盤沈下地域の概況．
建設省河川局，1979，1984：水利権実務一問一答，同第2集，大成出版社．
厚生労働省健康局水道課（毎年）：水道統計．
国土交通省水資源部（毎年）：日本の水資源（水資源白書）．
ダム技術センター編，1988：多目的ダムの建設（第1巻〜第5巻）．
経済産業省経済産業政策局（毎年）：工業統計表（用地・用水編）．
ビスワス，A.K.著，高橋　裕・早川正子訳，1979：水の文化史，文一総合出版．
室田　明編，1985：河川工学，技報堂出版．
山本荘毅・高橋　裕：図説水文学，共立出版．

6 河川環境

　風土に密着しようとする風景論は，むしろ思想上も，また工学技術，行政技術の点からも，地域主義に行くつくべき性格を持っている．地域の文化的円熟と平安こそ，その本来の目標であろう．

（中村良夫，風景学入門，p. 232）

　中村良夫の指導によって広島市太田川水系の元安川に 1979 年に出現した親水テラスに代表される護岸は，河川のデザインの先駆的偉業である（中村良夫氏提供）．

6.1 河川環境とは

1997年河川法改正によって，その第1条に，河川事業の目的として，従来の洪水，高潮による災害防止，河川の適正利用に加えて，新たに河川環境の整備と保全が加えられた．

第二次世界大戦後，国土の復興と高度成長期を経て，河川流域の開発はきわめて盛んに行われ，それと同時に洪水対策と水資源開発も活発に実施された．具体的には洪水流量をより多く流すための河道の拡大強化，ダムや堰を建設する大規模河川事業の推進であった．戦後の大水害連発，大都市や工業立地での深刻な水不足を解消するため，上述の河川事業が全国的に行われたため，日本の多くの河川は世界でもまれなほど人工化され，河川環境は著しく悪化した．1980年代から河川環境復元の世論は高まり，1990年代から後述するいわゆる多自然川づくりなどが始まり，97年の河川法改正より，法的にも整備された．

河川環境を復元するには，河川生態系を正しくとらえ，河川景観の意義を認識する必要がある．河川生態系をとらえるにあたってはつぎの諸点に留意する．

(a) 河川環境の構成要素

河川は自然界の重要な構成要素である．その流量，土砂移動，水質，ハビタット（まとまりのある生物生息空間）はつねに変動するのが本質である．人間の当面の要望によって，河川の変動性を無視してその変化を止めたり，無理にコントロールするのは避ける．上流からはつねに絶えざるエネルギーが流下し，上流部で生産された藻類から落ち葉に至るまで，多様な有機物がエネルギーの流れとなって下る．エネルギーとしての流れを理解することこそ，河川生態系を認識する第一歩である．

(b) 流量

流域に降った雨雪が流出する径路として流路が形成された．不規則にもたらされる雨雪は，流域と流路を流下する過程で平均化されるが，その流量はつねに変化してやまない．この不規則な流量変動を平均化すれば，河川水利用には都合がよい．そのためにダムや堰を設けて流量を一時貯留して，ほぼ一定流量を取水して河川水の利用度を高めている．生物環境への考慮を含めて，河川の正常な機能

を維持するためにも,河川流量の平均化が望ましいとされてきた.

しかし,河川の流量は大洪水の際には急激に増大し,無降雨が続けば渇水に襲われる.河川流量の変動,それに伴う河床の微地形も絶えず変化する.この変動とそれをもたらす攪乱もまた河川の尊重すべき特性である.水生生物はその攪乱を織り込んで生息生育している.水生生物は洪水に際しても隠れ場所に逃れ,いわば変動と共生している.したがって,極端な変動は例外としても,中小洪水や河床微地形の変動は,河川生態系にとって望ましい.つまり,自然の一部としての河川と接するには,河川は変動するのが特性であることを十分理解することである.技術の進歩に任せて人間の目先の都合だけで対処してはならない.

(c) 土砂

河床の微地形は,流水と流砂の相互作用によって形成され,河川流量の絶え間ない変化を受ける.微地形の典型例は瀬と淵(流れがよどんで相対的に深くなった所)であり,それは後述のハビタットを理解するためにも,重要な視点である.一般に上中流部,急流の砂礫河川では河口に至るまで瀬と淵を観察でき,特にその変動に注目することは,その川の土砂流動特性を把握する鍵である.水面下に没している瀬と淵は,舟頭さんや漁業関係者が教えてくれる.各地河川を股に掛ける釣り人,カヌーイストにもそれをよく心得ている人が少なくない.

土砂流出量が多ければ微地形の変動は大きい.流れてくる土砂は地質により異なり,その移動状況は地形によって異なる.洪水がしばらく発生せず,砂防事業が水源地で活発に実施されると,上流から運ばれる土砂量は減少し,細かい材料は逐次下流へ流れ去り,河床は主として大きな礫のみとなり,河床が恰も鎧に覆われているかのようになり,それはアーマコートと呼ばれている.それは河川生態系にとって決して望ましい形態とはいえない.

(d) 水質

水生生物は水質にきわめて敏感である.生物指標によって水質が判定できるのも,生物と水質の密接な関係を物語っている.DO,BOD,栄養塩類,塩分,濁度,水温,pH が生物と関係が深いのは当然であるが,有害物質が工場などから放流されると魚類などの大量死を招くことは周知のとおりである.したがって河川への有害物質流出に関する過去の事例について調べておく必要がある.

(e) ハビタット（habitat）

ハビタットはいまや生態学におけるキーワードとなっているが，元来の意味は，ある大きさのある生物を取り巻く居住環境，転じて動植物の生息地，生育地である．その大きさは対象生物により異なる．代表的ハビタットである瀬と淵は，洪水やそれに伴う土砂移動によって変化する．上流から扇状地に至るハビタットにとって，幾筋にも流れる比較的細い澪筋，河原，河畔林，ワンド（湾処，川の入り江，たとえば水制の間などの止水域が魚類などの生息域となる），湧水が重要拠点である．中流部の堤防地帯では瀬，淵に加えて旧河道，後背湿地，河畔林，氾濫原，河口域では干潟，ヨシ原などがハビタットである．

河川生態系保全に当たっては，河川自身が持っている復元力を理解し，それを利用し，人間が技術力を過信して，その復元力を妨害してはならない．河川が攪乱によって，微地形が破壊されハビタットに変調を来した場合，河川自身の自然力によって土砂移動をコントロールし原形に戻ろうとする力が働く．その動態を理解することこそ，河川生態系保全に当たっての基本姿勢である．

6.2 河川事業の河川環境への影響

治水，利水のために多くの河川事業が行われてきた．それによって本来の目的は達しても，それに伴って必然的に，いわば望ましくない副作用が発生し元来の河川環境に悪影響を与える．副作用の全くない河川事業はほとんどあり得ない．河川は自然創造の一環として誕生したのであり，人間が技術によって河川を形成したのではない．河川はまず自然の法則によって支配され，河川事業という人間の行為は，河川にとっては予期せざる異質の外力と受け止め，河川の自然法則によってそれに対応する．

わが国では治水事業の極め手として，江戸時代から昭和時代にかけて多数の放水路事業を行い，下流部の水田や都市を守ることに成功した．しかし，河川に対し一種の大手術を施したことによって，さまざまな副作用が生じたのは止むを得なかった．たとえば1931年に完成した信濃川放水路の大河津分水の成果は大きく，以来新潟平野の大洪水被害は激減した．しかし，洪水時に流送される土砂はほとんど放水路に流出し，旧信濃川河口の新潟海岸の浸食，放水路河口の寺泊では新たな砂浜が生まれ，新海水浴場が出現した一方，寺泊港は当初，土砂堆積に

悩むこととなった．旧信濃川河道は流況の著しい変化により，放水路と別れる旧川入口の洗堰直下は河床低下，その下流河道は広過ぎるため，澪筋は幾筋にも分かれ，当時なお重要であった舟運を阻害し，河床は全面的に上昇し，広大な水田は排水不良に苦しめられた（7.2.6 放水路，捷水路）．

蛇行を直線化する捷水路は，洪水の疎通をよくし，元蛇行部の土地開発を促したが，一般に捷水路の上流側では河床低下，下流側では河床が上昇することが多い．河床が上昇すれば排水不良，低下すれば取水困難となる．

取水堰は江戸時代以来農業用水を水田へ導くために，全国に多数築かれ，明治以後は水道用または工業用水取水のためにも築かれ，河口近くでは海水遡上を阻止するためにも築かれた．これら堰建設によって魚の遡上が妨げられるほか，河川生態系への悪影響が発生する．その対策として堰には各種の魚道を設けている．

河川環境への影響の大きいのはダムである．ダム湖においては，堆砂，富栄養化などによる水質悪化，魚類，水生生物に与える生態系への悪影響はダム下流にも影響を与えた．ダム下流においては特に河床低下，洪水後，ときにはかなり長期化する濁水，土砂供給減少は，河床からの骨材採掘なども加わって，河口から海洋への土砂供給量は減少し河口周辺の海岸決壊を招く．

わが国のダム建設は20世紀初頭から始まったが，特に第二次大戦後，洪水対策，水資源開発の重要性に鑑みて，つぎつぎと大ダムが建設された．ダムの大規模化と逆比例して環境に与える影響も大きくなり，特に1980年代以降その対策が緊急の課題となっている．

6.3 森林と渓流環境

砂防（sabo）が国際語になるほど，わが国では古くから，特に1898年の砂防法制定の明治以降，水源地と河川上流部において砂防事業が盛んに行われており，専門家の間では国際的によく知られている．わが国の上流部にはいわゆる荒廃河川と呼ばれる大量の土砂流出に悩む地域が多い．上流域は歴史上重大な山地崩壊が，火山爆発，地震，豪雨などによって発生し，その後遺症に対し長年にわたって対策工事を行わなければならない．わが国では一般に上流域にも集落や農耕地があり，林業が営まれているので，それらの土地と住民を守ることは国家的義務である．

従来全国河川上流域で行われてきた渓流砂防，山腹砂防，治山事業は所期の目

的は達しても，生態系を破壊することが少なくなかった．そのため，渓流生態系の保全と防災対策を調和させる新たな砂防事業が求められている．

生態系保全のために留意すべき原則として，太田猛彦らは以下の諸点を提案している．従来の砂防事業が土砂のコントロールを目指したために，渓流地形の改変に止まらず，積極的に土砂動態を変化させ，それが生物相に変化を与えてきた．したがって，環境との調和を計画するには，生物と物質の相互作用系への理解に基づいて，土砂動態の変化による影響を，生物学的かつ砂防事業による効果を長期的視野からとらえる必要がある．

(a) 生物群集の保全

従来の環境保全事業においては，保全対象の動植物を限定する傾向があったが，生態系を構成している各生物種は単独で生息しているのではない．したがって，生物群集そのものを保全の対象とすべきである．そのためには，きわめて多数の生物種について環境条件を考慮する必要がある．とはいえ，個々の現場で生物群集の全構成員について生息条件を調査するのはきわめて困難である．砂防工事の影響を生物群集の組成から評価して，生態保全上適した工種工法を検討するのが現実的である．

(b) 生息場所構造の保全

土砂移動や流路変動の現象によって，河床周辺の空間構造が形成され維持されている．この状況を生息場所構造と呼ぶ．生物群集を保全するためには，この構造の維持が目標である．換言すれば，砂防事業においては，土砂移動の固定化を目指すのではなく，大規模土砂災害の防止は当然としても，可能な限り土砂移動を前提として，平常時においては断続的に土砂移動を促すのが，生物の生息場所構造の保全のための目標である．

(c) 流域的視野に立つ

河川のすべての計画において流域的視野に立つべきであるが，渓流生態砂防においても局所的対応ではなく，基本的には源流から河口までの生物相の推移や環境構造の変化を理解し，工事の広範囲にわたる影響を考えて対応すべきである．

渓流に生息する生物の生活圏は，アユやサクラマスのように海まで移動するもの，陸や空を通じて他の河川流域まで移動する鳥や昆虫まで，多様な空間スケー

ルにわたっている．したがって，河川の個々の区域に見られる生物群集の組成は，全流域，場合によっては他の流域を含めた積算の一断面である．

上流域からの土砂供給量の変化は，下流域，場合によっては河口周辺の沿岸域の生息場所構造に影響を与える．上流域での土砂の供給量と移動量を，沿岸域まで含めた全流域の環境保全の立場から，考慮するのが原則である．換言すれば，洪水，砂防事業，砂利採取，河床変動，海岸保全を，ひとつの流砂系ととらえ，水源地から河口周辺の海岸までの土砂移動を総合的にとらえるべきである．

(d) 流域の安全確保と生態系保全

渓流生態系保全を認識することによって，新たな砂防技術の発展を期待したい．具体的には，まれに生ずる大規模土砂移動によって，流路そのものが一変し，下流および河口周辺から流域にも著しい影響を与え大災害の原因となる恐れがある．この場合には，上流域住民の高齢化が進捗している現状に鑑み，避難，孤立者の救援を含め，日頃から集落立地を含めた地域計画を樹立することが課題である．その発生確率は低いとはいえ，いったん大規模崩壊が発生すれば全流域に破局的被害が及ぶからである．

中小規模の土砂災害は，渓岸の洗掘または堆積が生じ，周辺への影響も局所的である．この種の現象に対しては，土砂移動を制止しようとするのではなく，その変化を前提として，その前後の生態系変化を観察して試行錯誤的に対応するのが現実的である．

6.4 河川再生

河川生態系破壊を再生し，かつ今後の生態系保全のためには，1990年代以降，環境保全のための多自然川づくりが新たな河川事業として展開されている．

(a) 治水事業との調和

戦後，高度成長時代を経て，治水事業の一環としての堤防強化にコンクリートが多用された．この時期，コンクリートの施工技術とその効率化が進んだこともその普及を促進した．しかし，1980年代以降，環境への認識が一般社会に高まるにつれ，コンクリート護岸が生態系破壊の槍玉にあげられた．護岸からコンクリートを取払えの声が各地の環境保護者や一般の人々からもあがった．コンクリ

ートのかわりに自然材料である石，土，木材や植生を護岸に使用すれば，その施工方法に工夫を凝らすことにより生態系保全には役立つが，強度では劣る．

(b) 伝統工法の評価

　河川環境と治水の技術および事業をいかに調和させるかが，河川環境の保全に当たって重要な視点であり，前述のコンクリート護岸の課題はその典型例である．コンクリートが水制や護岸として採用されたのは1930年代からであり，全国的に普及したのは1950年代以降である．コンクリート普及以前には，いわゆる自然材料が護岸水制などに用いられており，それは現在では古くからの治水策の一部である水害防備林，霞堤などとともに伝統河川工法と呼ばれている．

　以前には現在のように強力な材料や機械力を持たなかったために，伝統工法は自然としての個々の河川，特に土砂移動の特性の理解を前提とし，河川改修工事によって河相にどのような影響を与えるかを観察し，いわば試行錯誤を重ねることによって河川現場の技術を錬磨したといえる．コンクリートの護岸や堰は簡単には破壊できないし，いったん破壊すれば部分修正は容易でなく，試行錯誤的対応は一般に現実的でない．

　伝統工法は，強度の点でははるかに劣るとはいえ，水生動植物の生育，河川景観，川と人々との親しみやすさにおいて，一般にコンクリートや鋼矢板工法より優れている．自然材料の利用は維持管理が容易ではないが，綿密な維持管理のためにつねに河川を観察する機会を与えてくれる．それを煩わしく考える"こころ"からは，河川に親しみつつ技術を向上させる動機は失われる．効率化，機能最優先の管理システムでは伝統工法の採用には限界がある．

　後述の生態系を考慮した河川工法も，伝統工法を駆使する姿勢は共通している．

(c) 歴史的経緯の重視

　伝統工法においては，現在の河相が，どのような経緯を辿ってきたか，特に従来の河川事業，洪水経験との歴史的関連に注目する必要がある．生物調査に際しては，生物情報と生育生息環境情報との関係を調べて，河川環境の現況を把握すべきである．環境情報としては，瀬，淵，ワンド，砂洲，藻場などの水域の形状，分布，それらと流れとの関係である．

(d) 河川の自然復元力を把握し，それと生物環境との共生

河川環境観察に当たっては，流況，微地形，植生などは変動するのが本質であることを理解し，一定の環境へ向けてコントロールしようとせず，特に出水による変化の動態把握につとめたい．上流部の土砂生産地に近い河道部分は適切な工法によって，川自身の力で，本来あるべき川幅や河床地形に復元する．川幅を広げたり，石の配置などによって，河川の復元作用を助長することは可能であり，むしろその自然力に任せることが，河川との共生の極意である．

(e) 生物とその生息・生育環境の把握

河川は生物の多様な生息・生育環境として確保されなくてはならない．動植物の生態系保全のためには，当然のことながら，対象河川の生物，植物の種ごとの生息環境，他の生物との関係などに関する知識は欠かせない．それら生物にとって望ましい環境を知ることが，生物から見た川への理解を高め，河川生態系保全への目標を定めることになる．

6.5 魚道

河川を横断する構造物，ダム，堰，床固めなどが急増するとともに，川に棲む魚の通り道が妨げられる．経済優先の時代には必ずしも重視されなかった河川構造物における魚のための通り道，すなわち魚道（fishway）が近年漸く普及し，その技術も発展してきた．

河川には，その河川の環境に適した多様な魚類が生息している．魚類には，河川・湖沼などの淡水域だけで生活する純淡水魚だけでなく，河川と海を行き来する回遊性の魚類（サクラマス，サツキマス，ウナギ，アユ，小卵型カジカ等）がいる．純淡水魚は，その生活史に合わせて生息域を移動させるし，洪水などで下流に流されることもあり，河川横断構造物があると元の生息域に戻ることができない．また，サクラマスなどの回遊魚は，山間渓流で産卵して海域へ下り，3～4年海で生活して大きく成長し，海から生まれた河川そして渓流へと長い旅を経て回帰し，産卵し，これを繰り返すことによって種を保っている．

したがって，純淡水魚も回遊魚も移動の障害となる河川横断構造物によって，本来の生息域，産卵場に戻れなければ，当然のことながらその個体数を減らし，

図 6.1 豊岡の水田への魚道（兵庫県但馬県民局地域振興部 豊岡土地改良事務所 提供）
豊岡市におけるコウノトリ共生事業の一環として，水田と水路をつなぐコウノトリの餌のドジョウ，フナなどの魚道．

いずれは絶滅の危機にさらされる．

　魚道は，河川を移動して生活する魚にとっては，その「命を継ぐ道」といってよい．しかしながら河川横断構造物に魚道を設置すれば，それで問題が解決するというわけではない．つまり，どのような魚が生息していて，その生態（生活史など）とその河川の本来あるべき姿"河相"を十分知った上で計画・設計しなければ，魚道としての機能を発揮できない．

　魚道にはさまざまな種類があるが，それらを分類すれば表 6.1 のようになる．以下に河川横断構造物に設置された魚道の一例として大丸用水堰魚道の特徴を概説する．

a）　**大丸用水堰**（多摩川　河口より 32.4 km）

・魚道設置年 1997 年（右岸），2005 年（左岸）

図 6.2 大丸用水堰右岸（多摩川）（山本浩二氏提供）

表 6.1 主な魚道の種類

魚道タイプ	形　式
プールタイプ	アイスハーバー型階段式 バーチカルスロット式 潜孔式 デニール式 舟通し型デニール式 スティープパス式 阻石付き斜路式（斜曲面式）
ストリーム（水路）タイプ	バイパス水路式 せせらぎ水路式
オペレーションタイプ	エレベーター式 閘門式
その他	ウナギ魚道

6.5　魚道　189

・魚道型式
　　　左岸：ハーフコーン式魚道（延長 54.5 m，幅員 6.5 m，勾配 1/11）
　　　右岸：アイスハーバー式階段式魚道（延長 65.6 m，幅員 2.5 m，勾配 1/10.5）
　　　　　：ハーフコーン式階段式魚道（延長 65.6 m，幅員 5.4 m，勾配 1/10.5）
　　　　　：緩勾配水路式魚道（延長 83.3 m，幅員 3.0 m，勾配 1/20）
・水理条件
　　　上下流水位差：平常時 2.5 m
・対象魚種
　　　ヤマメ（サクラマス），アユ，マルタウグイ，ギンブナ，ボラ，ヌマチチブ，ウナギ

〈魚道設置上の工夫〉

　　　二ヶ領宿河原堰は，多摩川河口から近く，対象となる魚種が多く，魚の体長や遊泳能力が異なるし，さらにそれぞれの生活史において移動目的も異なる．そのため，これらの魚の移動が可能となるように，型式の異なる魚道を設置し，細部構造にも配慮．

・渇水時でも魚が遡上できるように魚道下流部の河床を低くプール状にする．
・魚道の入口を見つけやすくするために，副堰堤に魚が遡上できないようにしている（降下魚の落下衝撃緩和も兼用）．
・多様な魚種に対応するために，アイスハーバー型階段式魚道と緩勾配水路式魚道を併設し，いずれも 1/20 の緩勾配．
・底生魚の遡上に配慮して，魚道内に自然石を配し，隔壁に潜孔を設置．
・降下する仔・稚魚が落下の衝撃で死んだりしないように，堰下流側にウォータークッションを設置（降下魚対策）．

　　b）　二風谷ダム（沙流川水系　沙流川　河口より 21.4 km）

・魚道設置年 1997 年
・魚道型式
　　　右岸：水位追従型階段式魚道
　　　　　可動部（延長 59.4 m，幅員 2.0 m，有効移動落差 6.9 m）
　　　　　固定部（延長 123.4 m，幅員 2.0 m，勾配 1/10）
・水理条件
　　　上下流水位差：平常時 16.0 m

・対象魚種

　　サケ，カラフトマス，サクラマス，シシャモ

〈魚道設置上の工夫〉

　　　沙流川は，サケ，カラフトマス，サクラマス，シシャモが遡上し，これらの魚の産卵・生息場所の多くが二風谷ダムより上流にあるため，主にサクラマスの資源保護を目的としてダム堤体右岸側に魚道を設置．
・ダム上流側の水位変動に対応するため，水位追従型の一部可動式の魚道構造．
・魚道隔壁は，形状の変更に対応できるように交換可能な構造，魚の習性や色覚に配慮して薄緑色で塗装．

6.6　生態系を考慮した河川工法

　スイス，ドイツなどヨーロッパ各国において，1960年代以降普及している"Naturnaher Wasserbau"（直訳すれば近自然河川工法）は，自然としての河川を深く認識した工法として高く評価される．1965年，エルンスト・ビットマンらは"生物学的河川工法（Biologische Wasserbau）"を提唱し，ライン川などに適用にしてきた．ビットマンは，「工業化や科学技術の進歩によって水景域の様相が一変し，水景域の重要な意義を軽視し，工業や都市は汚水によって河川を汚染し，不適切な河岸利用や護岸工事が水辺を荒廃させ，貴重な水景域の価値を失わせた」との考えで新工法を普及させた．

　近自然河川工法は，この生物学的河川工法も含め，自然材料を多用して自然との共存を目指す工法と考えられる．その主唱者であるスイスのチューリッヒ州河川部のクリスチャン・ゲルディによれば，「近自然河川工法とは，洪水の危険性やそれに伴う建物の安全性などを軽視せずに，河川の自然を保護・育成できる河川改修工法」である．

　この工法では石積みと柳が多用され，柳の定着には挿し木に加えて，ココナツや合成樹脂のマットを用い，粗朶も多用されている．粗朶は山野に生える小さい雑木を伐り取った枝を意味している．明治初期にオランダのお雇い外国人によって日本に輸入され，1950年代までは日本においても護岸にしばしば利用されてきた工法であり，日本では桂などの枝を束ねて製作する．粗朶に限らず，柳などの植物や石材を用いた河川工法は，日本においても古くから1950年代までその技術を錬磨してきており，いわば伝統的河川工法として温存され，最近その価値

(a) 上流側（1972〜73 年改修）

(b) 下流側（1983 年以降に施工された近自然河川工法）
図 6.3　スイスのネフバッハ川（ライン支川テス川の支川）の改修と現状（大熊孝氏提供）

が見直され信濃川下流や阿賀野川などで使用されている．

　わが国で1990年以降施工されている多自然河川工法も，自然生態系を考慮した手法であり，ほぼ同じ考え方に根ざしている．これら河川工法の採用に際しては，治水の安全度を落とさず，維持管理の困難をいかに克服するかが課題である．また自然材料供給地の自然環境を乱さない配慮が必要であり，原則として材料は現地近傍に求めたい．重要なことは，生態系への配慮は上下流一貫した計画に基づくべきであり，局地的施工を以て満足すべきではない．また，ビオトープ（biotop）の河川における整備も必要である．ビオトープとはドイツ語で生物生息空間であり"本来その地域に棲むさまざまな野生の生物が生きることができる空間"を意味する．開発によって影響を受ける動植物の生息地の保全・復元を図り新しい生物生息空間の創造を，ビオトープ整備事業として河川およびダム工事関連で実施されている（6.4　河川再生，参照）．

6.7　河川景観

　河川湖沼や沿海部の水辺は，自然に触れることのできる貴重な空間である．河川に対する一般のニーズが，従来の治水や利水のみならず，河川環境，特に水辺景観向上への期待が1980年代から急速に高まってきた．

　第二次大戦後，1950年代までは各河川とも大洪水が頻発し，治水事業が最優先課題であり，河道には洪水流量を能率よく流過させることが要求された．換言すれば，河道は大型雨樋に仕立てられたといえる．続く高度成長時代には，河川は急増した水需要に対処するための水資源開発の場として注目された．いずれも，元来自然の一部である河川をあまりに即物的に扱ったといえる．巨大化した堤防は周辺住民と河川を隔てる壁のように立ちはだかった．その変わり果てた河川に接し人々はようやく自然としての河川の復活を願うようになったのである．

　しかし，ときには洪水が猛威を振い，ときには渇水となり人々を水の恵みから遠ざける河川を，純自然のままには放置できない．そこに河川技術が駆使され，河川と人間との共存共栄が目指される．共存共栄とは，河川の自然性を尊重しつつ，河川に人工を加え，それぞれの時代のニーズに適応した河川事業を実施する考え方である．このような技術が加えられた河川は，いわば"造られた自然"ともいえようが，それが本来の河相を基本的に失わず，河相の成長線上にあるならば，それは河川と技術との共存である．

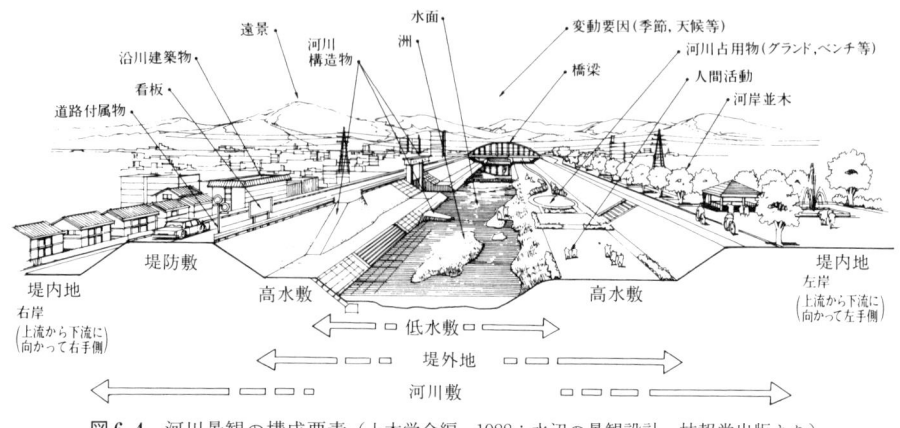

図 6.4 河川景観の構成要素（土木学会編，1988：水辺の景観設計，技報堂出版より）

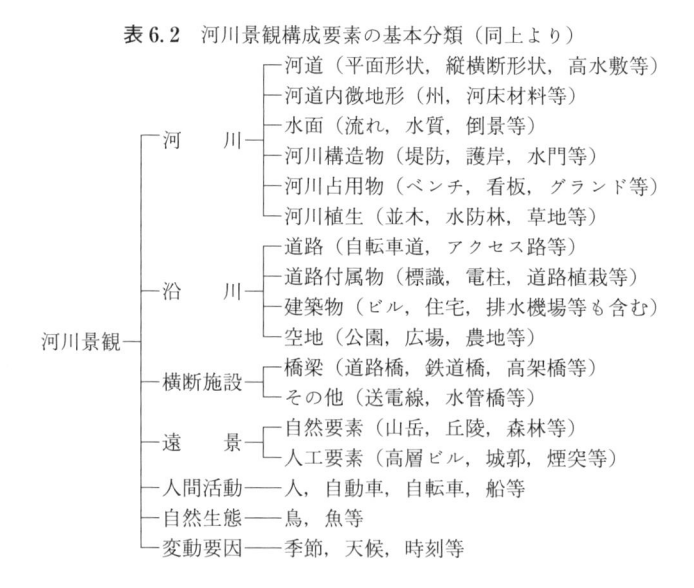

表 6.2 河川景観構成要素の基本分類（同上より）

```
             ┌ 河　　川 ┬ 河道（平面形状，縦横断形状，高水敷等）
             │          ├ 河道内微地形（州，河床材料等）
             │          ├ 水面（流れ，水質，倒景等）
             │          ├ 河川構造物（堤防，護岸，水門等）
             │          ├ 河川占用物（ベンチ，看板，グランド等）
             │          └ 河川植生（並木，水防林，草地等）
             │
             ├ 沿　　川 ┬ 道路（自転車道，アクセス路等）
             │          ├ 道路付属物（標識，電柱，道路植栽等）
             │          ├ 建築物（ビル，住宅，排水機場等も含む）
河川景観 ────┤          └ 空地（公園，広場，農地等）
             │
             ├ 横断施設 ┬ 橋梁（道路橋，鉄道橋，高架橋等）
             │          └ その他（送電線，水管橋等）
             │
             ├ 遠　　景 ┬ 自然要素（山岳，丘陵，森林等）
             │          └ 人工要素（高層ビル，城郭，煙突等）
             │
             ├ 人間活動 ── 人，自動車，自転車，船等
             ├ 自然生態 ── 鳥，魚等
             └ 変動要因 ── 季節，天候，時刻等
```

　河川景観を構成する要素を，土木学会の水辺の景観研究分科会（天野光一・岡田一天）は表 6.2 および図 6.4 のように分類した．この分類ごとに対象を眺め，かつ河川全体としての調和を求めていくべきである．河川景観は，その河相，すなわち河川の個性に適合したものでなければならない．

　河川には，社会史，技術史が内蔵されているので，その河川の歴史性を尊重す

るものでありたい.

　河川環境において重要なのは河川景観である．河川の景観デザインにおいて重要なことは，その対象領域を，河川区域に限定せず，沿川の集落，道路，川沿いの建築との一体化を考えてデザインすることである．農山村を流れる河川の場合は，周辺の自然である水田，森林，河畔林，堤防，堰などが景観デザインの重要要素となり，その河川の箇所に適合した"多自然川づくり"は景観面でも効果的である．

　都市の水辺デザインにおいては，護岸や河道だけに注目するのではなく，河川をいかに街と一体化させるかが，景観デザインの核である．すなわち，沿川の"まちづくり"と河川デザインとの融合が不可欠である．たとえば，河川と隣接公園との一体化，市街から河川へのアプローチ，河川からの市街および周辺地形の展望などである．そのためには，河川のエンジニアのみでなく，都市計画家，，地元の専門家（石工，大工，森林組合，漁業組合の人々）との協力が必要であり，高度の協調，志，勇気，根性を要し，その努力と苦心の成果が，より良い景観を生み出し，その都市を活気づけ，その品位を高める．

　水辺景観研究会では河川景観設計に際して，つぎに挙げる5項目を河川景観設計の基礎としている．(a)流れを生かす，(b)自然系を保全する，(c)水質を保全する，(d)時の変化を取り込む，(e)活動を取り込む．以下，個々にその考え方を解説する．

(a) 流れを生かす

　河川の本質は水の流れである．したがって，その河川の流れを生かすことこそ，河川特有の景観を引き立たせることになる．

　上流では流速も運動エネルギーも大きく，流れの表情も変化に富む．渓谷はしばしば景勝の地となって観光の対象にもなる．ここでは自然の流れを維持するだけでもすぐれた河川景観となる．ただし，多くのダムの出現が事情を一変させている．ダムおよびダム湖はそれ自体人工美ではあるが，洪水調節ダムで制限水位に下げた場合の水際線の土が景観上の難点である．この部分に水陸両棲の植物を育成させるテストがいくつかのダム湖で行われている．ダム直下流に水を涸らすことなく流すことも重要な課題である．

　中流では，河道は瀬と淵とを形成しながら，緩やかに蛇行し，魅力ある河川景観を呈する．瀬と淵を生かすことが景観設計の狙いである．

　下流では，水量は豊かでゆったりした流れがその特徴である．川沿いの風景は

図 6.5 イギリス・バースの堰（鍔山英次氏提供）
流れを人工的に演出し，周囲の都市的環境と一体になった，まとまりのある小空間を構成．

図 6.6 大分県日田市三隈川（筑後川上流）の堰と魚道（山梨県大北村真一氏提供）
落下する水の音と水しぶきによるダイナミックな表情．

倒景として川面に映える．夜間照明も威力を発揮する．

　流れを生かすためには，堰，床止め，水制などの河川構造物が生み出す流れ，水の表情に注目したい．図 6.5 は堰によって描き出された見事な河川景観である．第 7 章に紹介する富士川や常願寺川の"水制のある風景"もまた，巧まずに演出された個性豊かな河川景観である（図 7.15，7.16）．

(b)　**自然系を保全する**

　自然としての河川景観の基本的要素は木，草，魚，鳥，昆虫などの動植物の時間的，空間的変化であり，水，土，石などの自然物である．これらに取り囲まれた環境の景観を保全することが，河川らしい景観を醸成することになる．

　山口市一の坂川では石積み堤防とヨモギを育てる河床などを配した生態護岸を施工し，ホタル護岸工法によってホタルの復活にも成功した．堤防護岸や河床は，可能な限り生態系を保全しつつ，治水と利水目的を達成できるものを目指すべきである（図 6.7，図 6.8）．

　河川構造物としては，現在河川にある玉石などの自然石は生物の棲み場としても望ましい．かつてはこれら自然素材が河川事業においてもっぱら使われ，それが自然系保全を通して生態系のバランスにも合い，自然を生かした河川景観ともなっていた．強度，施工にすぐれたコンクリートの出現は，大量に普及し経済的にも有利となり，自然素材を駆逐してしまった．

　前述の一の坂川護岸は，石積みの背後にコンクリート施工が隠されており，それによって強度を高めている．施工場所の条件に合わせて，自然素材とコンクリ

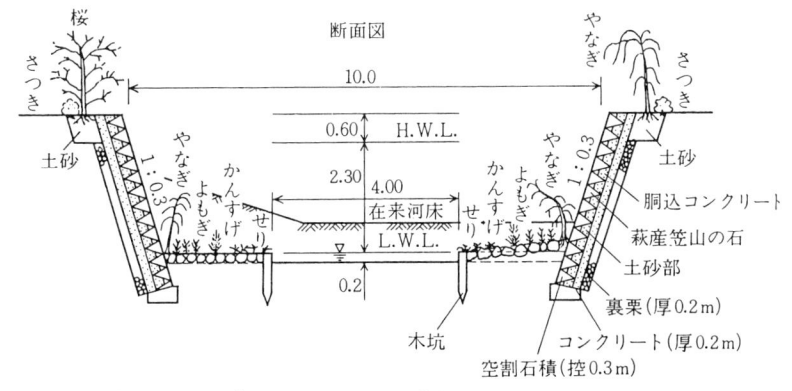

図 6.7　山口市一の坂川のホタル護岸断面図（山口県河川課より）

図 6.8 一の坂川（椹野川の支流）のホタル護岸

図 6.9 新潟市信濃川万代橋の夜景（樋口忠彦氏提供，水辺の景観設計より）
新潟市のシンボルの象徴性を高めるために，市民募金によりライトアップ．

図 6.10 河川景観設計の先駆例, 広島市太田川水系元安川根固め親水テラス（原爆ドーム前, 中村良夫氏提供）

従来，景観デザインが護岸設計にのみ偏っていたのを，中村良夫がリーダーとなり沿川のまちづくりと川を結び付けた最初の例.

ートの併用などによって，自然素材を見直すことを考慮すべきである．

伝統的治水事業でしばしば用いられた水害防備林や，これに伴う石積み，旧堤などを遺跡や文化財として遺すことは，"歴史を秘めた河川景観"の価値を高める．

(c) 水質を保全する

水質は河川景観の基本的要素であり，これはデザインの問題である以前に，下水道整備，水質規制を含む流域水質管理の問題である．

河川の汚れとして直接に視覚に映ずるのは水の濁りと色である．濁りは主として浮遊性物質であり，雨後の濁りの原因となる粘土質と水中微生物のバクテリアやプランクトンである．目には見えない汚れが溶解性物質であり，有機物，窒素やリンを含む栄養塩類，重金属イオンなどである．

河川につねに豊かな流量が流れていることが，水質の点からも河川景観からも望ましい．比較的大きな河川については，流量調査も行き届き，この種の必要流

(a) 水のあるたたずまいの公園

(b) 足湯の風景

図 6.11　柴山潟の水を引く（加賀市，篠原修氏提供）

加賀市の公園の片山津温泉から引いたお湯に，市民が集い足湯を楽しんでいる．池の水は埋め立てで3分の1になった柴山潟の水を引いて水質をよくし，この池の環境を向上させた．将来，かつて繁茂していたコーボネ（水生植物）を復元しようとしている．

量についても目標が定着しつつある．上流域における常時流量の目標として，自然状態における渇水流量の $1\,\mathrm{mm}/$日$\,\fallingdotseq 1\,\mathrm{m}^3/\mathrm{s}\cdot 100\,\mathrm{km}^2$ が望ましい確保流量とされている．しかし，都市内の小河川や，地域景観としても見直されている農業用水路の流量の在り方は，今後の課題といえる．特に下水道の普及によって流量が減少している小河川に対しては，下水処理水を放流して景観環境の維持につとめている例が増加している．東京都の野火止用水，玉川上水，大阪城の濠の水などである（5.3.7項参照）．

(d) 時の変化を取り込む

四季の変化に応じて河川は多様な表情に富む．日本の四季の変化の味わいはきわめて特有であり，それに相応した河川景観を演出することは，日本の河川技術者の醍醐味であるはずだ．日本と同じく温帯に位する大陸諸国の四季は，一般に秋は短く，日本の降水のような四季こもごもの微妙な変化は味わえない．俳句の季語に水や河川に関係した語が多いのは，その微妙さが日本人の心をとらえているからであり，季節感を楽しむ鋭敏な心情の現れである．河川景観の設計に際しても，四季こもごもの風景を際立たせるものでありたい．

1日の変化，朝明け，昼，夕暮れ，夜の河川風景の変化，月見の名所はおおむね水辺であり，都市の照明による水辺風景が脚光を浴びている（図6.9）．

要するに，河川景観に季節や1日の変化を織り込み，それを眺めながら，くつろげる場所があり，それらが行事と一体になれば，時の変化を取り込む河川景観設計となる．

(e) 活動を取り込む

河川でのさまざまな活動を，景観設計の中に取り込むことは，河川を人々との触れ合いの場として活性化し，河川との共存への道を拓く機会を与える点でその意義は大きい．特に都市の水辺には活気と賑わいが必要である．河川での活動は，レクリエーション（魚釣り，ボート，バードウォッチング，スポーツ，散歩，サイクリング，花火，写生など），教育活動（小・中学校の自然観察の場など），社会活動（草刈り，ゴミ拾い，自然保護運動など），生産・生活に関する活動（舟運，漁撈，放牧，屋台，料亭など），民俗信仰（木曽三川の治水神社をはじめ，種々の民俗，物語，信仰など）と多面的であり，その活動機会に多くの人々が河川に集まるので，より有意義に楽しめる場としての河川景観の設計が望ましい．

─ 演習課題 ─
1) 最寄の河川の何箇所かを訪ね，河川環境，特に河川景観を観察し，同行の友人とその評価を論ぜよ
2) 堰の魚道を仔細に眺め，その種類と魚の塑上を関係者から聴き取り，その魚道の効果について考察せよ．
3) 内外の河川写真を眺め，その景観を批評，評価せよ．河川景観の差がなぜ生ずるかを考えよ．

─ キーワード ─
河川生態系，ハビタット，ワンド，干潟，渓流環境，河川伝統工法，河川再生，多自然工法，近自然河川工法，魚道

─ 討議例題 ─
1) ダムが河川環境に与える影響について考察せよ．その悪影響を緩和する方法について検討せよ．
2) 捷水路，放水路は本来の目的を達しても，河相に望ましくない影響を与えることがある．それについて実例について考察せよ．
3) 一般の人々が近づき易い河川とはどういう条件が必要か．最寄の川辺に立って考察せよ．

参考・引用文献

大熊 孝, 1989：近自然河川工法と自然環境復元に関する考察, 土木学会関東支部新潟会.
太田猛彦 高橋剛一郎編, 1999：渓流生態砂防学, 東京大学出版会.
島谷幸弘, 2000：河川環境の保全と復元, 鹿島出版会.
篠原 修編, 写真＝三沢博昭＋河合隆當, 1997：日本の水景, 鹿島出版会.
篠原 修編, 2003：土木デザイン論, 東京大学出版会.
篠原 修編, 2005：都市の水辺をデザインする, 彰国社.
土木学会編, 1988：水辺の景観設計, 技報堂出版.
中村俊六, 1995：魚道のはなし, リバーフロント整備センター, 山海堂.
和田吉弘, 1995：魚道見聞録, ダム水源地環境整備センター, 山海堂.

7 河川構造物

　　　　　　　　春風や堤長うして家遠し　　蕪村

　蕪村は幼少の頃，うららかな春の日に，友だちと，生家のあった淀川の毛馬の堤でよく遊んでいた．堤の上には人々が往来し，川には"喰らわんか船"が上下していた．当時，伏見—大坂間の淀川を通った客船に，飲食物を押売りに来た船である．"春風馬堤曲"の冒頭のこの句に，堤防に托した蕪村の望郷の抒情をうかがうことができる．堤防は洪水を守るためにのみ存在しているのではない．

常願寺川の水源地を守る．大正末期以来，大量の土砂を流出するこの川の上流部に営々と築かれている砂防ダム群（国土交通省立山砂防事務所提供）．

7.1 河川構造物とは

　流域をも含めて，河川に対し，治水・利水・河川に関わる環境保全の機能を発揮させるために建設される諸施設とその構造物を総称して河川構造物という．河川構造物は主として河道に建設され，それと一体になって本来の目的を達成する．
　すなわち，河川構造物は，洪水や土砂流出の制御・調節，利水のための流れの制御・誘導，または河川環境の維持・改善などのために建設される．
　これら河川構造物が所期の目的に沿って機能するためには，その計画・設計はもちろんのこと，適切な維持管理が重要である．
　これら河川構造物の大部分は，河川法に則って河川管理者が管理しており，その観点からはそれらを河川管理施設という．河川法における"河川"は一級および二級河川であり，河川管理施設も含まれる．"河川管理施設"とは，同法第3条において，「ダム，堰，水門，堤防，護岸，床止めその他河川の流水によって生ずる公利を増進し，または公害を除去し，もしくは軽減する効用を有する施設」とされている．河川管理施設などの構造の基準については，同法第13条において，主要なものの構造の技術的基準は政令によるとされ，その政令が1977年に定められた河川管理施設等構造令（以下，構造令）である．
　したがって，わが国に設置される河川管理施設は，原則としてこれに則って設計され管理される．さらに，この構造令制定に参画した人々によってその解説書が公にされており，具体的指針が提示されている．この構造令および解説は，わが国河川の自然的特性および社会的要請に対応し，従来の多くの経験および現在の技術的水準に照らして定められた．
　一般に多くの技術基準のように，この構造令の目的は，多様な立場や環境にいる技術者に対し一定の指針を与え，最低限の整合性を示すことによって，不測の事態を回避し，それぞれの技術の一般的水準を向上させることにある．
　しかし，この構造令，特に解説に形式的にしたがうのではなく，それぞれの河川の個々の構造物ごとの特性を理解して適用するように心がけるべきである．技術基準そのものも永久に不変なものではなく，技術の進歩や社会の要請に伴い，さらに改良される可能性があることを考慮し，個々の現場でその管理施設についての観察を深めることが肝要である．すなわち，構造令を機械的に守りさえすればよいのではなく，その示す方向を心得つつも，構造物に関わる現実の河川の現

象をより深く極め，よりよい技術のあり方をつねに模索する態度が望ましい．

以下，便宜上，河川管理施設を，治水目的の施設，利水目的の施設，多目的施設に分類し，それぞれの施設ごとに，その目的，機能などについて基本的事項を略述する．

7.2 治水施設

7.2.1 堤防

あらゆる治水施設のうち，堤防は最も重要である．堤防は河川工事の中でも最も古い歴史を持つのみならず，現代においてもなお，きわめて重要な役割を担っている．世界でも最も長い治水史のある中国の黄河においても，約4千年前の名治水家といわれる禹が，治水の基本3要素として堤防，浚渫，分流を掲げ，黄河治水のための堤防建設に心血を注いだ．わが国では記録に残る最古の河川工事は，淀川下流部の茨田堤であり，仁徳天皇の時代（5世紀前半）であるとされている．

(a) 目的

堤防には各種あり，具体的機能はそれぞれ異なるが，その目的はすべて洪水による被害を軽減するためであり，洪水流が河道外にあふれ出るのを防止，あるいは制御して洪水流を河道へと計画的に誘導する．

堤防はさらに流域住民のいわば共有財産に相当し，単に水害を防ぐだけではなく，住民と河道の接点に位置し，平常時には川への接近地点としての憩いの場であり，河川に親しむ拠点でもある．

堤防の決壊は災害発生の直接原因となるため，その耐久性，安全性が強く要求される．さらに堤防は一般にその延長が長い構造物であり，維持管理を怠ってはならず，工事費を経済的にすることも現実的にはきわめて重要である．これら諸条件を満たす堤防材料は，土砂や砂礫であり，特に築堤現場付近の河川区域の材料が，経験的に現場の土ともなじみやすく適している場合が多い．

市街地では敷地や土砂の確保が困難であることが多く，河口部とその周辺では，高潮，波浪の越波に備える必要があるので，コンクリート壁，鋼矢板，コンクリートやアスファルトで被覆されたパラペットを備えた特殊堤防が設けられる．

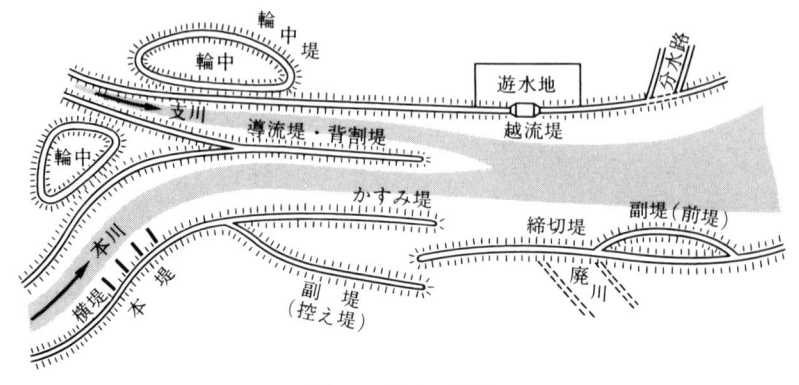

図 7.1 堤防の種類

(b) 機能

堤防はその機能に応じて表 7.1 のように各種ある．その一部を図 7.1 に示す．堤防の内外を，堤内地と堤外地という呼び方があり，河道側を堤外地，堤防によって守られる住居や耕地の側を堤内地という．この区別は現代では若干奇異に感じられるかもしれないが，この名称は輪中堤の図を見れば理解できよう．かつては輪中堤，もしくは集落のある区間にのみ強固な堤防を築くことが多く，人々は堤防によって洪水という外敵から守られているという生活感覚が強く，自らの土地を堤防の内側と認識したためと思われる．現実には，図 7.1 のように各種堤防が狭い区域に集中することはない．

(c) 堤防法線

堤防を計画するに際しては，まず堤防法線，その断面形状，その保護策を定める．堤防法線とは，堤防の表のり肩を連ねる線，または天端の中心を連ねる線形をいう．低水路ののり肩を連ねる線は低水路法線という．

堤防法線と左右堤防法線間の距離，すなわち河幅によって，河道の形態が定まる．これを川成りということがある．

堤防法線は，一般に急流河川では直線形に，緩流河川の低水路法線はその川の蛇行特性に応じて湾曲した形にするほうが河道安定上望ましい．

急流河川の洪水時の流速は大きく砂礫運搬も激しいので，堤防法線の湾曲部の水衝部の堤防は損傷しやすい．急流河川では洪水時の流勢に対抗するには，霞堤を採用したり護岸水制に特別の工夫を凝らして流路の安定化につとめている．

表7.1 堤防の種類と機能

名称	機能	参考
本堤	洪水氾濫の防止，河道に沿う最重要な堤防，これにより河道の骨格が定まる．	本堤を一番堤，副堤を二番堤，つぎの副堤を三番堤ともいう．明治時代までは本堤が現在ほど強大でなく，一番堤，二番堤などで段階的に氾濫を防いでいた例が多かった．
副堤（控堤）	洪水氾濫の拡大防止，本堤の背後にあって本堤が破れた場合，もしくはほかの方面からの氾濫流などをこれで防ぎ，氾濫の拡大を防ぐ．	
横堤	本堤にほぼ直角方向に河道内に設けられた堤防，河道内遊水の効果，低水路の固定，高水敷の土地利用を高める．	下流方向にやや斜めに出た横堤を羽衣堤ということもある．関東の荒川中流部には広大な河川敷に長い横堤が多数ある．
山付堤	堤防を山地などの高地につないで背後地を守る．	
背割堤	合流点を下流へ移動することによって流況の異なる両川の合流を円滑にするため，両川の干渉部をこの堤防によって分ける．	釜無川・笛吹川の合流点，木曽・長良・揖斐三川の分離，桂川・宇治川・木津川の三川合流地点などは背割堤による．瀬割堤とも書く．
導流堤	分流・合流，河口などにおいて，流れと土砂を望ましい方向に導くため，背割堤は導流堤の役割を兼ねている場合が多い．	古くは導水堤とも呼んだ．
逆流堤	支川区間において，本川の背水による逆流氾濫の防止．	
越流堤	洪水調節池，遊水地へ洪水を積極的に導入する部分の堤防．本堤の一部を低くし，本川の洪水位が越流堤の天端高まで達すると，ここからあふれさせて遊水地へ導水する．	越流しても破損しないように，堤防材料を強固にし緩勾配にするなど特に強度を保つように施工する．
締切堤	不要となった河道などの締切．	
仮締切堤	破堤個所を復旧するため，一時的に流れを誘導する．	
霞堤	急流河川において比較的多用される不連続堤．背後地の内水排水，上流部の破堤などによる氾濫流を河道に戻す排水．洪水流の導流．洪水の一部を一時的に貯留．	古来，急流の多い日本河川ではしばしば用いられてきた．土地利用の高度化に伴い，霞堤の閉鎖を地元が要求するようになってきたが，霞堤は一種の安全弁でもあり，確たる代替なしに軽々に閉じてはならない．
輪中堤	特定区域を洪水から守るために，その地域を囲む堤防．	自己の区域のみを守るので自己本位の"輪中根性"と批判されることもあるが，多くの場合，そうせざるをえない事情があり，むしろ同情すべき面に注目したい．
スーパー堤	堤内地を堤防の高さまで地上げして，天端幅を数十m程度にきわめて広く確保し，安全性を大きくするとともに，天端の上を都市再開発し，新しいリバーフロントをつくる．	1980年代以降，都市河川において登場した新型式の堤防．高規格堤防ともいう．
丘陵堤	天端幅を広くのり勾配を緩やかにし堤防を丘陵状にして，安全性を高めた堤防．	石狩川水系などにある．

図 7.2 荒川の横堤（吉見町，河口から 62 km）

(d) 構造

　堤防の構造を定めるにあたっての重要事項は，基礎地盤の強度や浸透性などの特性，堤体材料の土質などの特性，施工方法，洪水流や雨水の浸透軽減法，表面保護対策などである．その断面と高さは，計画高水流量の規模や河積との関係などによって定められる．

　図 7.3 に堤防断面の名称，図 7.4 にわが国の大河川堤防の断面が拡大してきた実例を示す．一般にわが国の大河川下流部での堤防の規模は，高さ 10～15 m，敷幅は 100 m 程度に達し，世界の大河川の堤防に匹敵する．

　堤防断面の決定に際しては，計画高水位の水圧に耐えること，裏のり面からの漏水のないことが基本的条件である．

　図 7.3 に示すように，堤防の頂部を天端，または馬踏みという．天端は洪水時における水防活動，常時の堤防の監視を含む維持管理上，また築堤施工時の運搬道路，完成後は場合によっては車道にも供用できるので，適当な幅が必要である．

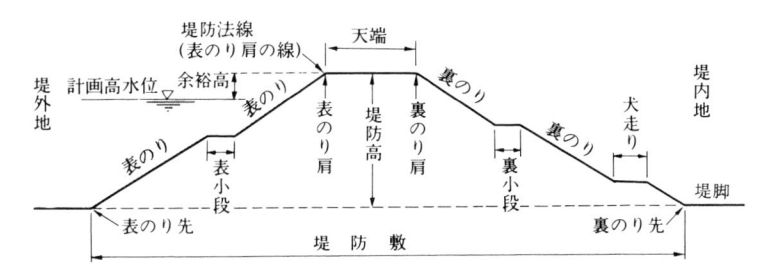

図7.3 堤防断面各部の名称（須賀尭三，1985：河川工学，朝倉書店より）

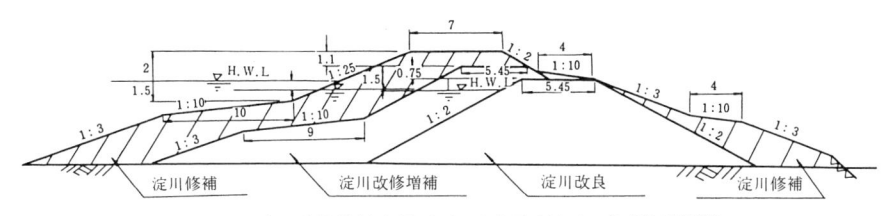

図7.4 淀川堤防横断変遷図（国土交通省淀川工事事務所提供）

　従来は天端幅はもっぱら治水上の観点から考慮されていたが，都市部においては，貴重な水空間を活用するためにも適当な長さの天端幅の確保が必要である．スーパー堤防は，この考えをさらに推進して都市再開発の場などとしての天端の活用を図っている．技術基準では，治水上の観点から計画高水流量との関係で天端幅について表7.2の原則を提示している．大河川では8m程度，急流大河川では10m程度が望ましい．また，天端は雨水が停滞浸透しないよう，かまぼこ形にするなどの考慮が必要である．表7.2の値は，巡回の管理用道路が幅員3m以上と定められている．

　計画高水位から堤防天端までの高さを，堤防の余裕高という．同じく技術基準では，余裕高について表7.3にその基準を与えている．これも最小限の値と考えるべきであり，流送土砂の多い急流河川では，この値より大きくとることが望ましい．余裕高を定めるに際しては，表7.3を参照しながら，対象河川の洪水頻度，河床変動，水衝部や湾曲部の水位上昇，橋脚や堰などによる水位上昇，対象河川，対象区間の水理・水文的条件，地盤沈下などの諸条件を考慮する．

　堤防のり面の安定は堤体材料と施工法によって支配される．表のり勾配は，のり面の崩落，流水と波浪による浸食に対して，裏のり勾配は堤体内への浸透水の浸潤線が裏のり面にまで達しないように設計する．わが国の堤防では表裏のり面とも1：2〜1：3ののり勾配の場合が多く，大河川下流部では1：4〜1：5程度の

表7.2 天端幅の基準

計画高水流量 (m^3/s)	天端幅 (m)
<500	3
500〜2,000	4
2,000〜5,000	5
5,000〜10,000	6
>10,000	7

表7.3 余裕高の基準

計画高水流量 (m^3/s)	余裕高 (m)
<200	0.6
200〜500	0.8
500〜2,000	1.0
2,000〜5,000	1.2
5,000〜10,000	1.5
>10,000	2.0

緩勾配にして安全度を高めている．緩勾配にすることは，親水空間の憩いの場としても望ましい．

図7.3に示す堤防の小段（berm）は，大堤防の場合にはのり面の安定，施工の便，裏小段の場合は水防活動や堤防の管理上も便利である．わが国では表小段は堤防の高さ6m以上の場合には天端から3mないし5mごとに，裏小段は堤高4m以上の場合，天端から2mないし3mごとに小段を設ける．小段の幅は，車両を通す場合は3m以上とり，雨水の滞留防止のためわずかな勾配をつける．堤防と裏地盤との接合を円滑にするために，堤脚に沿った低部に設けられた小段は通称犬走り（berm, cat walk）という．

(e) 破堤

堤防が決壊した途端，災害は一挙に増大する．決壊しない堤防を築くことは，河川技術者の目標であるが，人類が河川工事をはじめて以来，無数の堤防決壊，すなわち破堤記録が重ねられてきた．河川技術者は堤防の安全度向上のために不断の努力を重ねてきており，破堤の確率は確実に減少している．しかし，面積当りの堤防密度が世界一大であると推定される日本全土の長大な堤防区間のすべてにわたって未来永劫に破堤を食い止めることはきわめて困難である．

堤防の高さも強度も，絶対的に安全というわけではなく，確率的に判断して計画されている．4.4.4項で述べたように重要河川は200年に1回の大洪水に耐えることを目標としている．しかも同じく4.3.2項で述べたように，洪水現象は流域の土地利用という人為的要因によって変化し，その最大洪水流量は増加する傾向にあるので，前述の確率値も変化する．一方，堤防は維持管理が完全でなければ，長年の間にはその安全度が落ちる．

したがって，破堤をなくすように，つねに努力すべきではあるが，いったん破

(a) 越流　　　　　(b) 浸透　　　　　(c) 崩落および洗掘

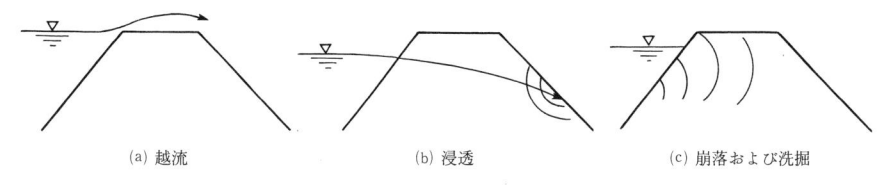

図 7.5　破堤の原因

堤した場合に，被害を最小限に止めるための綿密な対策を常日頃用意しておくことがきわめて重要である．越流しても堤防が破壊されなければ，被害は比較的小さい．また破堤までにある時間の余裕があれば，避難時間を増すことができる．したがって，越流してもすぐには破壊しない堤防を築くことは重要である．そのためには 7.2.7 項の水害防備林を利用するのも有効である．

より堅固な堤防を築造し，良好な維持管理のためには，破堤の実例は最も有力な参考資料である．

堤防決壊の原因は，便宜上つぎの 3 種類に大別される．すなわち，(a)越流，(b)浸透，(c)崩落および洗掘である（図 7.5）．

(a)　越流

洪水位が天端より高くなり，堤防を越えれば，氾濫流は一挙に堤内地に流れ込む．越流は，一般に計画高水流量以上の大洪水流量の場合に発生するが，堤防が沈下している場合などには，計画高水流量以下の流量で越流することもある．一般に小河川ほど堤防の余裕高は小さいし，越流の危険性は高い．

1950 年前後には，多くの大河川に未曾有の大洪水が発生し，越流による破堤で大水害となった例が多い．1947 年 9 月カスリン台風による利根川，北上川支流磐井川，1953 年 6 月梅雨前線豪雨による筑後川，白川など，1975 年 8 月台風 6 号による石狩川などはいずれも越流によるが，石狩川の場合は泥炭地における堤防沈下もその原因であった．

破堤個所は支川との合流点付近で本川が支川に逆流したり，合流点で両川のピーク流量が重なって発生することが多い．1947 年の北上川，1986 年 8 月の阿武隈川の破堤などはその例である．橋や堰の直上流側で堰上げが直接原因で破堤する例も少なくない．1953 年の白川の熊本市の場合などもその典型例である．

(b)　浸透

堤体材料が砂質土の場合は，関東ロームなどは浸透水が早く堤脚まで到達しやすい．緩流河川の洪水で高水位が長時間続く場合は，特に真土を十分に締め固め

図 7.6　1976 年台風 17 号による長良川破堤（朝日新聞より）
前方に東海道新幹線が見える．右方向が河道．

て注意深く施工すれば，浸透による破堤を免れることもできよう．

1976年台風17号による長良川破堤（図7.6）は，洪水位は計画高水位程度で越流しなかったが，警戒水位（氾濫注意水位）を越えていた時間が実に約90時間もの長時間にわたったため，浸透による漏水から破堤に至った例である．濃尾平野を流れる木曽川水系の河道周辺は，大洪水に際して堤防付近の堤内側にガマと称する土の盛り上がりが生じやすく，これは洪水流の一部が堤体を浸透して堤内地堤脚付近を押し上げるからである．一般に浸透による漏水は，早期に発見して迅速な水防作業を行えば破堤を免れることもできる．この地域は水防により多くの成果を挙げている．堤防の除草を疎かにすると，漏水の早期発見が難しくなる．

(c) 崩落および洗掘

洪水流が堤防を削り取るように徐々に破壊し，破堤に至る例である．

急流河川では，洪水流が大量の流木や砂礫を伴って流れ，堤防に衝撃を与え練（ねり）積（づみ）の石などを脱落させ，そののり面を崩落させる．適切な護岸と根固めによって相当程度これを防ぐことができるし，のり面を保護する水防作業が効果的である．たとえばのり面に木をおく"木流し"をはじめ，蓆（むしろ）の撒布や，土俵積などである．

1974年9月台風16号による多摩川の破堤はこの例である．その際の最大洪水流量はほぼ計画高水流量に近く，越流しなかったが，農業用水のための取水堰地点での堰と堤防との接合に不整合があり，平地河川としては堰の落差が比較的大きく，堰下流側の付根から高水敷の洗掘がはじまり，高水敷が徐々に削り取られ，やがて本堤をも崩落させてしまった．

以上，破堤の直接原因とその実例，および対策などについて述べたが，破堤現象の背景をより深く理解するには，対象河川と，その流域の土地利用・水利用の特性を知ることが重要である．

たとえば，利根川の下流側の左支川の小貝川は，全国の一級河川のうちでは，おそらくこの約半世紀間，破堤回数が最も多い（図7.8(b)）．

この川は江戸時代以来，用水利用を最優先した，いわゆる用水河川として開発されてきた．すなわち，流域農民は平時はこの川を水田用水として最も便利になるように利用してきた．江戸時代の関東の三大堰といわれる福岡堰，岡堰，豊田堰がいずれも17世紀に建設され，これら用水堰によって水位を高め，河床が上がるのをむしろ歓迎して，水田への取水の便を図ってきた．またいったん水田へ入れた水はなるべく長く全水田に滞留するように用排水系統を整えてきた．この

(a) 破堤4時間前　　　　　　　　　　　(b) 破堤後
図 7.7　1974 年 9 月台風 16 号による多摩川の破堤

種の河川は，豪雨に対しては氾濫しやすく排水不良になりがちである．農民はその事情を十分に承知していたので，湛水しても被害を最小限に止めるよう，住まい方や農業経営を工夫してきた．最近は農民もサラリーマン化し，その意識も変化し，利根川との合流点付近では都市化が急速に進み，用水河川としての小貝川の性格，その治水のあり方も変化している．その小貝川下流部が利根川洪水の背水を受け，その抜本的対策が立てられないことも，この川に破堤が多いもう 1 つの要因である．

人為的破堤

堤防を人為的に破壊することがある．その目的は，人為的破堤によって，より大きな破堤による大規模水害を防ぐ，特に重要な地域を重点的に守る，より重要度の低い地域を犠牲にする，湛水域の排水を促進する，軍事作戦により敵を水攻めにするなどである．現在のわが国では，たとえ経済的価値が低い地域といえども，特定地域を犠牲にする人為的破堤は許されないし行われていない．しかし，古今東西の治水史には相当数の人為的破堤が発生している．洪水に際して 1 ヵ所でも破堤すれば，対岸や下流側の破堤危険度が下がるからである．藩政時代には，幕府直轄の尾張藩側を重点的に守るために，対岸の堤高は少なくとも 3 尺は低くされたのは名高

(a) 1981年8月24日台風15号による小貝川決壊状況

　破堤地点は利根川合流点より約5 km，茨城県川原代町高須橋上流250 m地点の左岸，農業用水路の取水口であり，かつての河道付け替えにおける旧川の締切部であるから，氾濫流はまず旧川に沿って流出した．

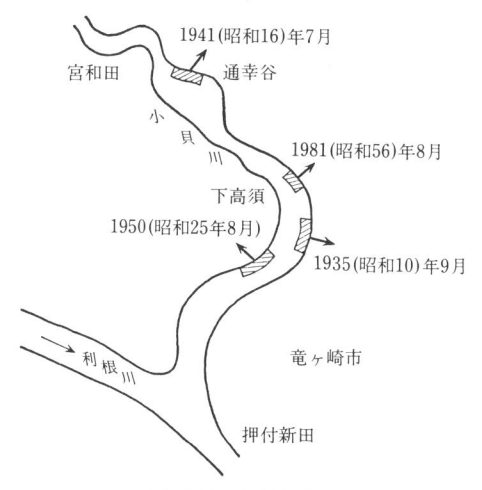

1941(昭和16)年7月
宮和田　通幸谷
小貝川
1981(昭和56)年8月
下高須
1950(昭和25年8月)
1935(昭和10)年9月
利根川
竜ヶ崎市
押付新田

(b) 過去の決壊個所

図の4ヶ所以外に1986年8月，石下町本豊田地先右岸で決壊している（第4章口絵）．

図7.8　小貝川の決壊

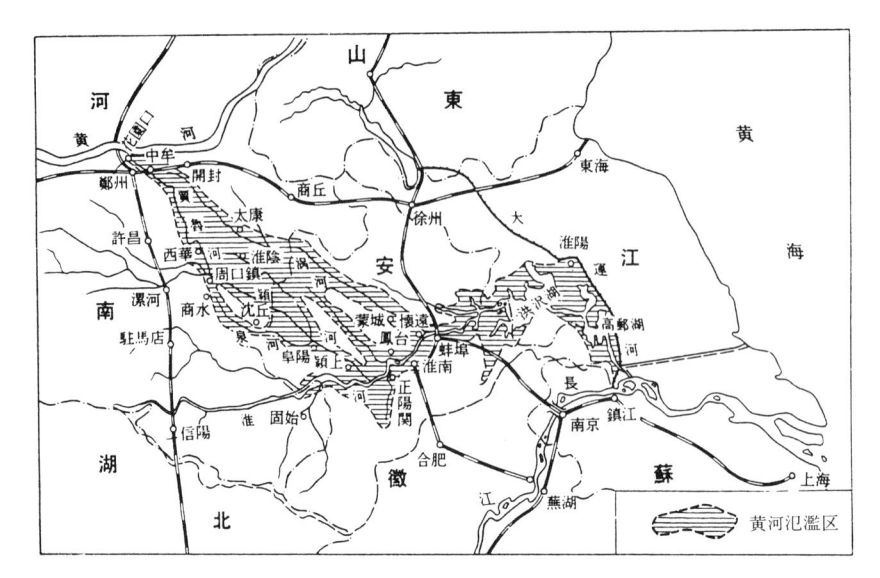

図 7.9 1938 年 6 月の黄河氾濫図（中国黄河水利委員会編写組著・鄭然権ほか訳，1984；黄河万里行，p.333，恒文社より）

いが，他の藩でも，城や街の中枢部を重点的に守るのはむしろ当然のこととされていた．当時はすべての土地を平等に守ることが，技術的にもほとんど不可能だったからでもある．洪水中に対岸の堤防を切りにいく決死隊もあったといわれる．

中国の黄河堤防が軍事作戦のため破壊されたいくつかの例が記録に残っている．たとえば 1642 年に開封を守っていた高明衡が包囲軍を破るため，柳園口で破堤し，そのため開封の住民 37 万人中 34 万人が水死したといわれる．1938 年 6 月，蒋介石軍は日本軍の西進を妨げるため，鄭州の北の黄河南岸花園口で破堤したが，このため中国民衆 89 万の命が奪われ，1,250 万人が罹災したと記録されている．浸水面積は 540 万 ha，四国と九州を合わせた面積にほぼ匹敵する（図 7.9）．

7.2.2 護岸水制

堤防は護岸水制と一体になって洪水から土地を守り治水目的を達成する．護岸水制は，流水を制御し，川成りを保持し，あるいは河岸，堤防を保護するために設けられる．

一般に，護岸は堤防のり面に沿って設けられ，堤防の決壊を防ぎ，水制は河岸からある角度で流水中に突き出して設置される構造物で，1 組または数組から成り，その間に土砂を貯留して間接に河岸の決壊や崩落を防ぎ，流路を固定させた

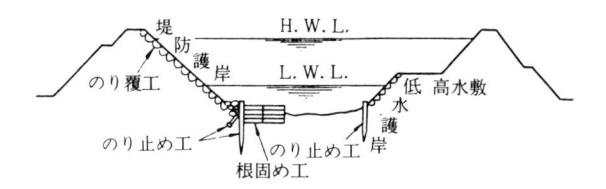

図 7.10 護岸各部の名称（室田明編著，1986：河川工学，技報堂出版より）

り，流向を望ましい方向に転じさせて，堤防を保護する．

一般に護岸と水制は区別しているが，その限界が明確でない部分もあり，同一構造物でも使用方法によってはどちらにでもなりうるものもある．いずれも堤防を保護するという目的は同じであり，両者は互いに協力し合い調和のとれた構造でなければならない．

護岸は図 7.10 のように，のり覆工，のり止め工，根固め工から成る．

のり覆工（covering works）は，のり面を流水からの浸食から守るためであり，芝付，籠，石積み，アスファルト，ブロックなどの工法がある．

のり止め工（foundation）は，のり先の固定と洗掘による堤防土砂の流失を防ぐために施工される．

根固め工（foot-protection works）は，のり止め工の前面に接し，護岸基礎の洗掘を防止するために施工される．

護岸は古くから行われてきた典型的河川工事であり，古くは柳や竹などの植生を利用していたが，コンクリートやアスファルトがその施工の進歩により広く用いられるようになっている．そのほうが強度が高く，施工や維持管理が容易だからである．市街地においては鋼矢板護岸を施工することも多い．この護岸によれば，のり覆工と根固め基礎の機能を兼ね，河川敷が狭い場合には効率がよい．この場合，上部はパラペットの特殊堤として鉄筋コンクリートなどと連結して一体構造とする．

(a) 水制の種類

河岸法線や水流との関係位置で分類すれば，法線と平行に設けられるものを縦工または平行工といい，河岸法線と直角に近く設けるものを横工という（図 7.1 の横堤も横工と呼ばれることがある）．

横工の場合は，頭部が水流を激しく受けるので，その強化を図る必要があり，その方法の一種として縦工と組み合わせた T 字形水制とすることも多い．

図 7.11 山梨県滝沢川の護岸（河川環境管理財団, 1989：河川環境より）

　縦工は土砂を沈殿させる効果は小さいが，流水を導いて水路を固定させる効果があり，横工と組み合わせて土砂沈殿の促進を期待できる．
　緩流河川では護岸水制の目的は，常水路を固定して舟運や取水に支障を与えないことが重要であるので，横工を主体とするが，急流河川では河岸・堤防の決壊防止が主要目的であるので縦工によるほうが維持が容易である．
　水流が水制の中を透過できる構造の水制を透過水制，透過する透間のない水制を不透過水制，両者を組み合わせたものとの3種に分けることができる．

透過水制（permeable spur dyke）にもさまざまな形のものが古くから考案されており，水制部材の形状抵抗により，流勢を弱め堤脚の洗掘を防ぐのに用いられる．水制の周辺には洪水時には渦を生じ，洗掘作用が起こる．出水後には土砂が堆積しても，出水中には洗掘され，それにより堤脚の洗掘は防げる．透過性のゆえに，流水抵抗は比較的小さく，水制そのものの破損，流失も比較的小さい．

不透過水制（impermeable spur dyke）は，出水時の水はねを目的としている．ただし，出水時に水制の上下流に比較的大きい水位差が生ずるので，その先端付近に縦軸の渦を起こして深掘れを生じやすい．この場合は，周辺を沈床，異形ブロック，捨石などで守る．不透過水制は流水に対する抵抗が大きく，水制自体に強度が要求される．

水制に水はねの効果を持たせながら，周辺の洗掘を最小限にするために，両種の水制を組み合わせることも多い．すなわち，不透過水制の上下流側に透過水制を配置したり，不透過水制の頭部に透過水制を接続する．

水制を形態別に分類すると，出し類，牛類，枠類とあり，さらに，護岸の延長としての根固め水制類がある．

「出し類」は河岸から流水に向かって突き出した構造物で，流心が河岸に寄って衝撃を与えるのを防ぐため，流水をはねて反転させ，あるいは流水を誘導させるために設ける．牛類，枠類も使用方法によっては出しと同じ効果を期待できる．

出し類は使用材料によって分類すると，"土出し"，"石出し"，"籠出し"，"杭出し"，"粗朶沈床"，"木工沈床"などとなる．"杭出し"に相当するものは古事記にも記述されており，最も古い河川構造物の一種であろう．

不透過水制の出しは先端が洗掘されやすいので，牛類，沈床または蛇籠などをその先端におくことが多い．

「牛類」は，三角錐，方錐などの形に部材を組み立て，蛇籠または大玉石などで沈圧する．激流の急流河川では基礎を深く頑丈にしなければならない．その形は各地域ごとにそれぞれの河川の洪水に適応するように創案され，さまざまな名称が与えられている．原始的なものに，猪子，牛枠，出雲結から戦国時代以降用いられた聖牛，川倉，菱牛，笈牛，尺木牛，棚牛，鳥脚などがある．材料は元来木造で部材をつなぎ合わせるには竹，藤蔓などを用いていたが，1930年代から徐々に鉄筋コンクリートを部材に用い，鉄線を結束に用いるようになった．

「枠類」の初期の形式は沈枠，片枠であり，やがて鳥居枠，弁慶枠，胴木牛，三角枠が考案された．明治初期のオランダのお雇い外国人によって日本に紹介さ

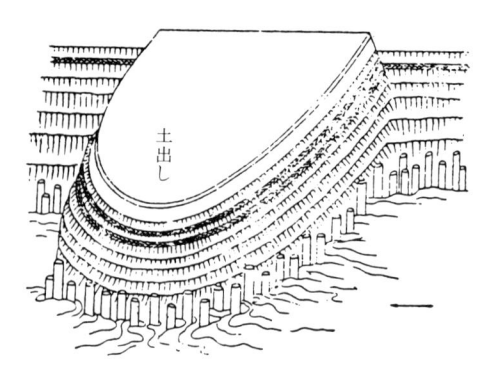

図7.12 土出し水制（真田秀吉，1932：日本水制工論，p.41，岩波書店より）

れた粗朶沈床は枠類の一種である．材料はかつては丸太材を藤蔓，藁蔓などで結束していたが，第二次大戦後は釘，ボルト，鉄線などと，鉄筋コンクリートを用いている．

「根固め水制」は，護岸の根固め工の前面，もしくは根固め工と一体となって設置され，護岸基礎およびその前面の河床洗掘を防ぎ，出水を護岸から離すように誘導する．

護岸と水制は一体となって堤防を保護し，洪水流を堤防から遠ざけようとする．換言すれば，堤防と護岸水制が一体となって，洪水流に立ち向かうのである．したがって，堤防，護岸，水制を別々に計画するのではなく，最も適合した組合せ，配置を考えて計画し，その維持管理にあたっても，全体として洪水への抵抗力が強くなるように配慮する．護岸水制計画は，その河相への深い理解と，工法に関するその地点での履歴をよく調べ，その成果を教訓とし，過去における護岸水制の設置や効果の経緯，とくにそれらが大洪水に際しどのような効果を発揮したかなどを慎重に考慮して定める．この場合，重要な視点は砂州・砂礫州が発達している河川においては，その運動との関係で水制の配置，形態について検討する．

(b) **護岸水制技術錬磨の意義**

護岸水制の技術は，河川技術者にとってその能力を最もよく発揮できる舞台の1つである．換言すれば，この技術駆使において，現場技術者の資質が問われるのであり，同時に技術者として，やり甲斐のある現場技術である．

護岸水制は小規模なものは古代から施工されており，戦国時代以降著しい発展を遂げた．当時は群雄割拠のため，領土保全，食糧確保のため，治水事業は必須

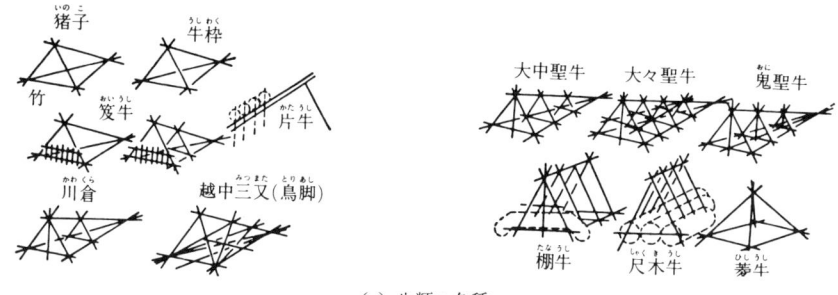

(a) 牛類の各種

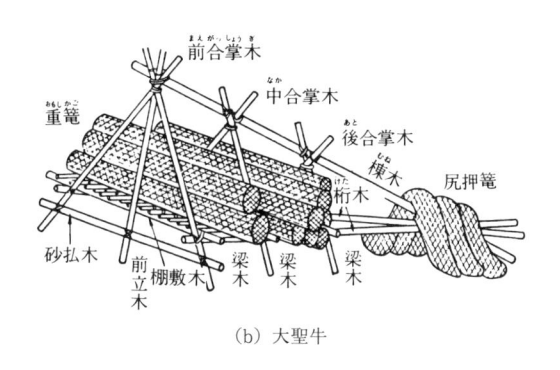

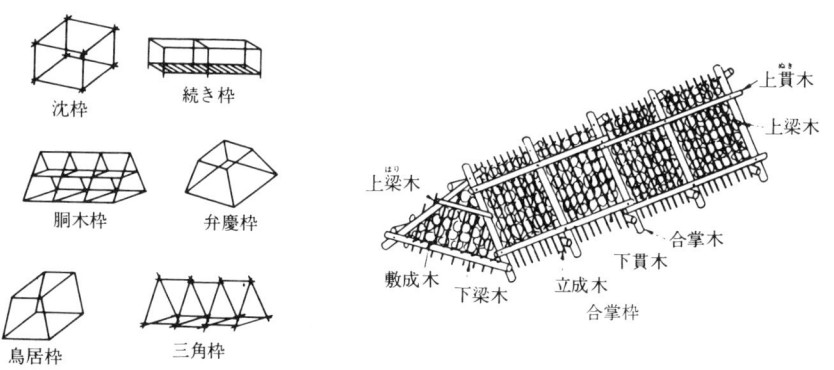

(b) 大聖牛

図 7.13　牛類と枠類（室田明, 1986：前出, p.296 より）

であり，各領ごとに河川技術の錬磨を競い合うように急激な進歩を遂げた．その代表例が甲斐の武田信玄による釜無川，笛吹川の治水であり水制であった．

　江戸時代の全国統一によって，各地ごとの特異な工法が徐々に普及し，特に享保年間に河川工事に対する幕費補助制度が設けられ，仕様書や設計基準に相当するものも定められ，一挙に技術の体系が整った．この場合，技術の主体となった

図 7.14 ケレップ水制

明治初期，木曽川，長良川などにオランダ人技術者が指導した水制の一種．井口昌平（1979）によれば，オランダ語のクリップ（水制の意）が訛ってケレップになったであろうという．

のは堤防と護岸水制であった．明治以降，西欧技術の導入以後も，護岸水制は河川技術の要として，各河川ごとに，伝統技術の継承に加えてその後の河川事業の普及，材料の発達に支えられて発展してきた．

　護岸水制を適切に設計施工するには，河相，すなわちその川の特性を変化の過程に注目して把握することなくして不可能である．この技術を磨くには，必然的に常日頃，河川現場を直視しなければならない．

　治水史上の名治水家は，例外なく護岸水制に関して個性豊かな技術観と確信を持っていた．石狩川治水の道を拓いた岡﨑文吉，名著『日本水制工論』（1932）を著した眞田秀吉，急流河川工法の神様といわれた鷲尾蟄龍，『河相論』（1944）の著者安藝皎一（図7.15），常願寺川に独特の工法を創案した橋本規明（図7.16）はその典型であり，それぞれの著作などに，明瞭にその創意と熱情をうかがい知ることができる．

(a) JR 東海道在来線橋梁下流左岸水制群（1938 年）
（建設省甲府工事事務所，1983：急流を治める——富士川写真集より）

(b) 富士川を望む著者と水制群
（1969 年菊池俊吉氏撮影，自然，1969 年 5 月号口絵，中央公論社より）
図 7.15 富士川の水制

図7.16 常願寺川のピストル水制（国土交通省富山河川事務所提供）

近年，護岸材料が強化され，その強度への信頼性が高まり，水制の施工例が減っているのは残念である．わが国治水技術の貴重な遺産の一種である水制技術を継承発展させることは，単に堤防を守るだけでなく，個々の河川で錬磨されてきた経験を発展させ，治水の伝統を生かすことである．

初心者にとっては，護岸水制は，その河相をうかがい知り，その川の洪水を彷彿させる訓練ともなる貴重な材料である．というのは，巨大な水制群があれば，その川の洪水の凄まじさを物語っている．水制が集中し，護岸が特別に堅固であれば，その辺りの堤防に洪水流の水当りが激しいことを意味している．行きずりの訪問者は洪水や渇水に際会する機会は少ないが，ある程度その状況を目に浮かべることはでき，洪水や渇水時にこそ，その河川の本性を知ることができる．

7.2.3 床止め

床止め（ground sill）とは，構造令解説によれば「河床の洗掘を防いで河道の勾配などを安定させ，河川の縦断または横断形状を維持するために，河川を横断して設けられる施設」と定義されている．これを，砂防工学分野では"床固め"というが，河川法第3条第2項では，河川管理施設の例示として"床止め"とし

図 7.17 琵琶湖に流入する野洲川の落差工

ているので，本書でも"床止め"を採用する．

　床止めを目的によって分類すれば，河床安定のためのものと砂防工事の一環としてのものとがある．前者は①落差工（河床勾配を緩和させるもの），②帯工（河床の洗掘または低下を防止するもの），③落差工と帯工を兼ねたもの（乱流防止，または流向を誘導するもの），に分けられる．落差工は落差が明瞭に認められる"床止め"であり，帯工は落差がないか，きわめて小さい"床止め"をいう．

　後者は，縦浸食を防止し渓床を安定させ，渓床堆積の再移動，渓岸の崩壊を防ぐ．

　床止めの構造上の留意事項としては，計画高水位（高潮区間では計画高潮位）以下の流水には安全であること，付近の河岸および河川管理施設の構造に著しい支障を及ぼさないこととされている．

　落差工はコンクリート構造によって安全を保つのが通例であるが，帯工は河床変動に順応できる弾力性のある構造が望ましい．というのは，洪水によって流失しては困るが，洪水ごとにその前後の河床変動状況などを把握して，周辺の河相やほかの河川管理施設に悪影響を及ぼさないよう，その高さや位置を変えることも考慮すべきだからである．したがって，帯工は永久的構造物とするより，異形

7.2　治水施設　225

コンクリート・ブロック，木工沈床など弾力的なものが望ましい．異形コンクリート・ブロック単体相互間のかみ合わせによって，一体性を保ちつつ全体的にはたわみが出て，不等沈下になじむ構造となる．つまり，床止めを守るのが目的ではなく，床止めによって河床と河道勾配を安定させることが目的だからである．

床止めの平面形状は，洪水の流心方向に直角（堤防法線に直角とは限らない）の直線形が原則とされているが，その付近の砂礫州の形状や安定度，川成りなどをよく観察し，安定を保てる最良の形状を選ぶべきである．

床止めの天端高は，河道計画に整合するように定められるが，計画河床高と一致させるのが原則である．落差工の落差は2m以内が標準とされており，これ以上となる場合には，下流側の洗掘防止，周辺護岸の安定などに注意すべきである．

下流側の洗掘防止に設けられる水叩き（rear apron）の長さは周辺護床工総延長の約1/4，落差工の場合は落差の2〜3倍としている例が多い．

床止め工において周辺河岸，管理施設への悪影響を排除するため，床止めに接続する河床または高水敷の洗掘を未然に防ぐため，護床工または高水敷保護工を

常願寺川上滝(かみたき)の床止め
図7.18 床止め

必要に応じて設ける．河岸または堤防の洗掘の恐れのある護岸を設ける場合は，上流側は床止め上流端から10m，または護床工の上流端から5mのうちいずれかの上流側地点から，下流側は水叩きの下流端から15m，または護床工の下流端から5mのうちいずれかの下流側地点までの区間に設ける．

7.2.4 排水機場

豪雨時に内水をポンプによって，河川または水路に排水するために，河岸または堤防付近に設けられる施設を排水機場といい，ポンプ場とその付属施設である樋門などを含めた総称である．排水機場は治水施設であるが，河川または水路から，河岸または堤防を横断して堤内側に取水する施設を揚水機場といい，両者の機能目的は異なるが，施設構造としては類似点が多く，両者を揚排水機場と総称することもある．

排水機場を河川管理施設として設ける場合には特につぎの点に留意すべきである．

(1) 排水機場は，内水の湛水によって運転に支障を来たさぬように，ポンプ場を水密構造にするか，床面を内水最高水位より高くする．

図 7.19 東京都江東三角地帯を守る清澄排水機場（東京都建設局河川部提供）

(2) ポンプ台数は，不時の事故などを考慮して2台以上備える．
(3) ポンプ原動機は内燃機関を原則とする．ただし，小規模ポンプとか，予備電源を設ける場合などは電動機としてもよい．

排水機場へと流水を集める排水路は，低湿地ほどきわめて緩勾配であるため，地形によっては湛水が排水路へ，さらに排水路から機場へと円滑に流れず，十分な排水機能を果たさないこともある．排水機場の機能さえ万全であればよいわけではなく，排水経路などの計画も綿密でなければならない．

7.2.5 砂防

砂防（erosion and sediment control works, sabo works）とは，山地から流出する土砂，砂礫を抑制調節し，河道における流出土砂を調節することによって，水源地域を保全し河道の安定を図り，この流出土砂による災害を防ぐ技術である．

土石流，山崩れ，地すべり，急傾斜地危険地帯の保全，ダム堆砂量の軽減対策などもまた，砂防事業である．

砂防事業を大別すれば，山腹砂防と渓流砂防とから成る．

(a) 山腹砂防工事

山腹からの土砂礫の生産，流出を抑制するための工事であり，山腹階段工（山腹を階段状にし，各段に苗木を植える），山腹被覆工（緩傾斜面に藁や粗朶を敷き，杭と押木で固定し，雑草の種子を播く），排水工（排水のための開渠または暗渠を設け，表流水による浸食，地下水による地すべりなどを防ぐ），植栽工（苗木や草木を植えて山腹を安定させる）などを組み合わせる．

淀川水系瀬田川流域の田上山の山腹工は荒廃から蘇らせた成功例として名高い．その標準施工断面図（図7.21）および荒廃時と現況を図7.20(b)に示す．この地域全体は花崗岩の深層風化が進み，豪雨のたびに地表土が崩壊流出し土砂災害を繰り返していた．1878年（明治11）以来，内務省直轄工事として，瀬田川，木津川流域の砂防事業が行われ，市川義方が1874年考案した積苗工（つみなえ）を基礎とし，また稲田忠三の指導によりヒメヤシャブシ，黒松，藤苗の直営栽培がはじめられていたが，1893年（明治26）量産が可能となったヒメヤシャブシを黒松と混植する方法を発見し，以後この方法を基礎としてこの100年余改良を加えてきた．1967年からはヒメヤシャブシの間伐作業と，森林化成肥料をヘリコプターで追肥する作業を行っている．

図 7.20　山腹砂防（a）大猙山（日光砂防）
上図はテールアルメ工，下図は全貌．

7.2　治水施設

図 7.20 山腹砂防（b）田上山（瀬田川砂防）
上図（1908年）には山の大部分がハゲ山であったが，現在は緑におおわれている．
下図（1980年頃）は山腹工を施工中．

(b) 渓流砂防工事

　山腹で生産された砂礫が渓流を流下するのを抑制し，渓岸・渓床の浸食による土砂生産を軽減させるための工事であり，砂防ダム，流路工，床固め（床止め）などの方法を組み合わせる．

　砂防ダムは，具体的目的としては山脚固定，縦浸食防止，土砂調節，土石流対策などであり，通常はこれらのうち複数の目的を兼ねている．大規模な砂防ダムは流量調節の機能を持つこともあるが，下流の河床低下や局所洗掘を誘発しやすいことにも留意しなければならない．

　砂防ダムは，小規模なものは石積，蛇籠から大規模なコンクリート製に移行したが，最近は，鋼製砂防ダム工（鋼製スクリーンダム，鋼製自在枠，鋼製スリットダムなど）も出現している．ただし，コンクリート製重力式砂防ダムが主流である．ダムの袖は洪水を越流させないことを目標とし，水通し部は年超過確率1/100 または既往最大のいずれか大なるほうを計画降雨量とし，それに基づく流量を流しうる断面とすることとしている．水抜きは施工中の流水の切替え，堆砂後の浸透水の水抜き，洪水流量や流砂量の調節を目的としている．

　砂防ダムの土砂調節機能については，数量的に明確にしえない面もあるが，図7.24 に示すように説明されている．すなわち，洪水流によって運ばれる流送土砂の一部を一時的に堆積貯留し，洪水の減水時およびその後の中小洪水でそれを徐々に排出しつつ流砂量を調節し，安定勾配に達する．この洪水時勾配線と安定堆砂勾配線の間の部分が，砂防ダムによる土砂調節量である．この安定堆砂勾配は元の河床勾配の 1/2 程度になると見積もられている．

　7.2.3 項で述べた床止め工は，特に高さが低い渓流工であり，もっぱら渓床浸食防止および流心の固定を目的としているものと解釈できる．

　流路工は，乱流を防いで流路を整正し，縦横浸食を防止する目的で施工され，護岸，床固め，水制などが含まれる．連続的に数多く施工されることが多いので，施工区間を通して縦断的な整合性がとれるように計画される．

　大規模な渓流砂防として名高いのは常願寺川上流域の立山砂防である．大正末にこの地に入ってこの計画を推進したのが赤木正雄であり，ここの大鳶崩れといわれる大崩壊地に立ち向かって，本川支川に多数の砂防ダムを核とする砂防事業を進め，常願寺川砂防の基礎を築いた．赤木は 1923 年オーストリアに留学しその砂防工事をつぶさに勉学し，それを範として，日本の砂防事業にオーストリア

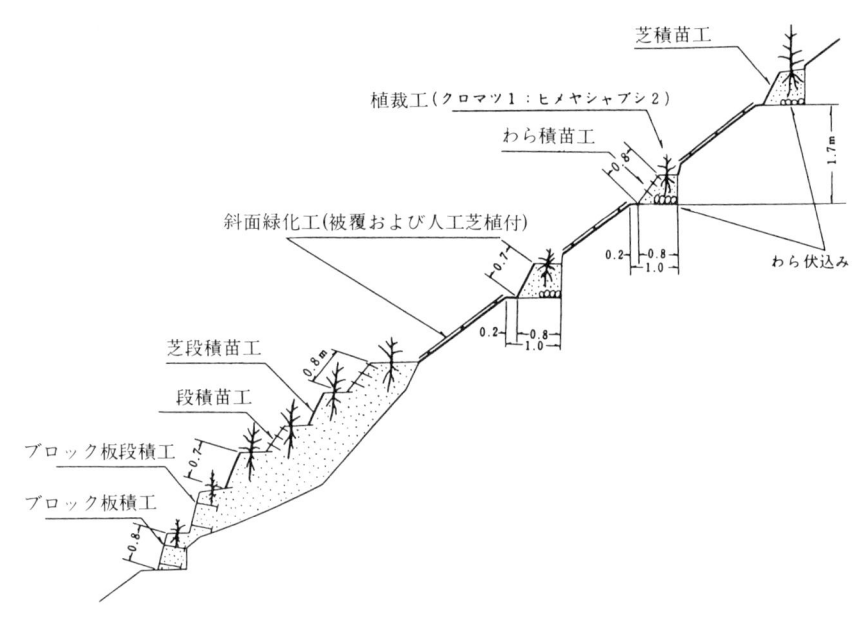

図 7.21　山腹工の施工断面
砂防工法は，その工事のほとんどが人力であるが，その施工技術は，永年の経験と訓練を必要とする地味な技術であるため近年それらの技術者が高齢化し，この技術が途絶えるおそれがあるため，砂防技術の継承が，今後の課題となっている．図は田上山で施工された山腹砂防工法の例である．

的手法を適用して，日本の近代砂防事業を確立した．

日本の山地地形は急峻で，火山性地質が多いこともあって脆弱なところが多く，かつ豪雨や融雪によって浸食，地すべり，崩壊を生じやすく，また地震による崩壊も加わる．しかも，これら崩壊地の山地にも多数の集落が点在しており，人命の犠牲を伴う土砂災害が毎年のように発生している．

大地震や豪雨などによる山地崩壊の中にはきわめて大規模なものもあり，特に1707年（宝永4）の安倍川上流部の大谷崩れ（図7.28），1858年（安政5）の飛越大地震による常願寺川上流の鳶崩れ，1923年関東大地震による丹沢山地の崩壊などの例がある．豪雨による土石流，崩壊による災害例は枚挙にいとまなく，比較的最近の例に限っても，1961年の天竜川伊那谷，66年の山梨県足和田村，72年の天草上島，76年の小豆島，82年の長崎，83年の島根県，2008年岩手・宮城内陸地震での磐井川における堰止め，いずれも多数の死者を発生させた悲劇である．

わが国では，古くから砂防事業を行っており，806年（大同元）の勅命にすで

図 7.22 手取川市之瀬砂防ダム
甚之助谷,柳谷,市之瀬へと牛首川は緩やかな流れとなるが,降雨時には一瞬にして濁流と化す.砂防ダムの水のカーテンも茶色に変わり,押し流される岩は毎日のように位置を変える.

に葛野川(かつや)(現在の桂川)の大洪水に鑑み,河辺の森林の伐採を禁止して治山の重要性が強調されている.山腹砂防に加えて,大正末期よりは前述の赤木正雄らの努力により渓流砂防が全国的に施工され,日本の砂防事業はその技術と普及度において国際的にも名高くなり,sabo works は専門家の間では国際語とさえなっている.全国の砂防指定地は1988年現在,約5万ヵ所,80万ha強にも達している.しかしなお,日本には荒廃山地が多く,重荒廃地域($0.3 km^2$ 以上の大規模な崩壊地,$2.0 km^2$ 以上の大規模ハゲ山,$1 km^2$ 以上の大規模滑落崖地)が,月山,谷川岳,男体・赤城・足尾など14地域約 $4,000 km^2$ も存在する.これに準ずる一般荒廃地域は26地域,約 $54,000 km^2$ もあり,合わせて約 $58,000 km^2$ は全国土の15%にも達する広大な面積である.

(a) 鋼製自在枠（長野県上高地上千丈沢）

(b) 砂防ダム（静岡県安倍川上流部）
図 7.23　鋼製砂防ダム（国土交通省静岡河川事務所提供）

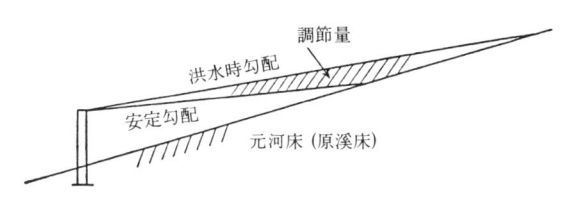

図7.24 砂防ダムの土砂調節量

　わが国の砂防事業は，重要かつ盛大であるが，その評価にあたってはつぎの諸点に留意する必要があろう．砂防事業の本来の目的である荒廃河川による災害防止の観点から，その事業の成果を評価しなければならない．災害防止のために莫大な流送土砂量を抑制調節するのが，砂防事業の当面の目標である．

　砂防ダム，流路工などの施設は手段であって最終目的では決してない．いかに強度十分な砂防ダムができるが，人工の美を誇示できるような延々たる流路工群が完成しても，本来の目的を達成しなくては無意味である．

　したがって，砂防事業の評価は個々の施設周辺のみで考慮せず，上流河道全体での土砂の流送や貯留の状況によって判断すべきである．砂防ダムが大量の土砂を貯留すれば一時的には土砂を止めた効果はあるが，同時に下流の河床を洗掘してその土砂は下流に運ばれる．最終目標としては上流のみならず全河川延長から見た土砂収支に照らして砂防事業を評価すべきである．

　砂防事業は上流域河道に土砂を滞留させればよいというのではない．土砂供給が減少した中下流域において，そのために重大な障害が発生しないよう，砂防計画と河川改修計画との協調が必要である．大陸大河川の場合であれば，河川の局地的現象として対応できても，日本の河川のように河川延長が短く，土砂流送量が大きい河川の場合には，上下流一貫した土砂流送対策を考慮する必要がある．砂防計画もまた関連の貯水池の堆砂，中下流の河床状態，河口からの土砂流出と海岸保全などとの関係で水系一貫の土砂収支を検討すべきである．天竜川においては多くの大ダムが建設され，貯水池堆砂が進んだことと，下流部での河床からの大量の骨材採取により，河口から海への土砂流出が減り，河口周辺に海岸欠壊が進んだ．天竜川の場合は特に顕著な例であるが，類似の傾向は中部山岳地帯から流れ出る多くの河川において見られる．

7.2.6　放水路，捷水路

　第4章図4.3で紹介した"信濃川の大河津分水"は，典型的放水路である．放

図7.25 御勅使川（釜無川の支流）の流路工

水路は仁徳帝11年の難波掘江の開削以来，今日まで最も有力な治水事業として開発されてきた．放水路の定義は従来必ずしも明確とはいえないが，"現存する河川の洪水の相当部分を，新川を開削して湖海，またはほかの河道へと導いて，素早く放流することによって洪水を処理する水路である．"放水路を初めて総合的に調査した岩屋隆夫によれば，しばしば河川の分離，河道の付替，分水路，捷水路を放水路と間違えて理解されることが多く，放水路開発の意義を混乱させてきたと指摘している．岩屋によれば，わが国で放水路と判別し得るものは290あり，そのうち洪水の放流先が湖海の放水路である場合が3割強，放流先が他河川の水路が7割弱という．放水路はしばしば分水，または河川名に"新"を冠して呼ばれることも多く，それが放水路を混乱させている1つの原因であろう．

　有史以来，営々と建設されてきた放水路を30年ごとに区分すると，第二次世界大戦後の1960〜89年の間が最も多く，次いで1990年以後，1930〜59年である．この時期に，農商務省が開始した用排水幹線改良事業が地方府県や水利団体が進める放水路計画に効果的に寄与することになったのである．

　内務省による大規模な放水路事業は大河津分水，荒川放水路，釧路川，新北上

図 7.26 常願寺川の砂防工

川などのように明治末期着工，昭和初期完成が多いが，地元との調整などに年月を要し戦後に至って漸く竣工した例も多い．

　捷水路は図 4.4 に石狩川の例を示したように，曲がりくねっていた自然河道を短絡する人工水路をいう．ショートカットとも呼ばれるが，英語では cutoff である．アメリカ合衆国のミシシッピ川も下流部で数多くの捷水路を堀削したことで名高い．これによって洪水の疏通をよくし，洪水を素早く下流へと流すことができるし，残った旧河道を農地などに利用できる利点もある．

　放水路も捷水路も洪水処理対策として有効であが，特に大規模な水路を造ると，それに伴って旧河道や周辺にいろいろな影響が出ることも避けられない．たとえ

図 7.27 本宮砂防ダム（常願寺川）（国土交通省立山砂防事務所提供）
わが国最大の計画貯砂量 500 万 m^3 を誇る砂防ダム．上流から流出してくる土砂を調節し，下流の富山市，大山町，立山町，舟橋村等の地域を土砂害から守っている．1935 年 4 月着工，1937 年 3 月竣工．

ば，信濃川の大河津分水の竣工後，旧川の土砂流送機構が変わり，河口（新潟市）周辺に海岸欠壊が生じたことなどは 6.2 節の河川事業の河川環境への影響に述べたとおりである．捷水路の場合は，その付近の従来の河道の勾配が急変するため，一般に捷水路上流側の河床は下がり，下流側の河床は上昇する傾向が生ずる．

図 7.28　大谷崩れの砂防工（安倍川）（国土交通省静岡河川事務所提供）

したがって，放水路や捷水路を計画する際には，事前にそれによる影響を予測し，対策を早くから考えておくことが望ましい．また工事完成後も，河床の変動などをよく観測して，その影響の現れ方を追跡する必要がある．

7.2.7　水害防備林

(a)　定義

水害防備林（水防林）とは，水害から田畑，住居を守るために，河川堤防などの治水施設が未整備の古来から，河岸付近に植栽した樹木である．

(b)　効果

水防林については，岡﨑文吉，小出博，上田弘一郎らの調査研究があり，それらに記述されている効果は，おおむね以下のとおりである．

(1) 洪水を濾過し，水害を拡大する砂礫を受け止め，水と泥だけが水防林を通過する．
(2) 水防林は洪水の勢を弱め，洪水位を下げる．
(3) 水防林によって，天井川の形成を和らげる．天井川の原因となる上流からの泥の一部が水防林を通過するので，河床上昇を緩和する．
(4) 水防林は河道における乱流を防ぐ．上中流部で河幅が広いと，澪筋は分かれ乱流しやすくなる．水防林は流路幅を制限して乱流を制約することが多い．
(5) 堤防への洪水流の直撃を和らげるので，堤防の補強に役立つ．

(c) 歴史

水防林は古墳時代からその存在が認められているが，全国各地の記録に出てくるのは，1500年頃からであり，霞堤とともに治水の最も有力な手段であり伝統河川工法と呼ばれるゆえんである．

明治時代に入っても，農地保護のため，洪水の越流危険箇所や堤防決壊防止などの目的で住民によって造成された．1882年（明治15）の森林法草案にも，水源涵養林，土砂扞止林とともに，水防林の重要性が認められ，公益に重要な森林として保安林に編入されている．1897年（明治30）の森林法においては，水害防備林の名称で，12種類の保安林の1つに編入されている．

明治中期以降の内務省による治水事業によって，大河川に堤防が整備されるのと反比例して，水防林は次第に減少し続けた．第二次大戦後，相次ぐ水害に鑑みて，水防林が治水計画などにおいて再認識された．しかし，やがて堤防を主体とする河川改修事業の進歩とともに，大河川下流部から水防林はほとんど姿を消し，支川や中小河川には存続したが，全国的には減少の一途を辿った．

しかし，1980年代以降，河川生態系，河川景観への関心の高まりとともに，水防林への再認識機運が盛り上がった．1997年の河川法改正に際しては，水防林（法律の文面では樹林帯）を堤防，ダムなどとともに河川管理施設と位置づけた．従来，河川管理施設は人工物に限られていたが，樹林帯といういわば半自然物が施設と位置づけられた意義は大きい．このことは治水は構造物によってのみ全うできるのではなく，自然との共生を基本とすべきであることを示しているといえよう．

(d) 実態

水防林を形成している樹木，竹の種類についての調査（建設省土木研究所資料，1987年）によれば，竹が最も多く，次いで赤松，杉の針葉樹が多く，広葉樹では柳，欅(けやき)が比較的多く見られる．

樹種の選定にあたっては，当然ながら浸水，湿地に強く，根が深く土中に入り，土石を締め固められること，大木にはならないのが望ましい．北日本では柳，はんの木，くぬぎが多く，西南日本では柳，欅，榎など，その地域の気候，土壌，風土に適したものが選ばれている．

竹林が水防林として多用されるのは，地下茎が土中に拡がり，水流に抵抗する力が強いからである．竹林には限らないが，維持管理を怠れば，水防林としての効用も減ずる．老竹が多くなれば，地下茎の生長は衰え土壌浸食に堪えにくく，流水への抵抗力も減ずるからである．

7.3 利水施設

7.3.1 堰

堰とは，河川の流水を制御するために，河川を横断して設けられるダム以外の施設であって，堤防の機能を有しないものをいう．

水門および樋門と堰との区別は，堤防機能の有無による．水門および樋門は，洪水時または高潮時にゲートを全開もしくは一部開放することによって堤防機能を発揮する．河口付近で河川を横断して設け高潮の遡上(そじょう)を防止する目的の施設は，外見上河口堰と区別しにくいが，堰ではなくて水門（防潮水門）である．この水門は洪水時にはゲートを全開して洪水流を流下させるが，高潮に際しては防潮堤の機能を果たす．ただし，現実の通称では，この関係が若干混同されている例もあり，ここで述べた定義では堰であるのに水門と呼ばれていたり，その逆の例もあるので注意を要する．

ダムは同じく河川の流水を制御するために河川を横断して設けられるが，流水を貯留して積極的に流量調節する点が堰と異なる．ただし，最近は堰でもある程度流量調節を行って積極的に利水や流水の正常機能を維持するようになっているので，両者の区別が明確にしにくくなっている．一方，発電用水の本ダム下流側に設置される逆調整池も，ダムか堰か判然としにくい．そこで構造令ではその取扱いが異なることもあり，下記の基準によって両者を区別している．

(1) 基礎地盤から固定部の天端までの高さが15 m以上のものはダム，これは

図 7.29 安治川水門（大阪湾の高潮対策としての防潮水門，1970 年完成，大阪府）

河川法 44 条に則っており，国際大ダム会議でも同じく 15 m 以上をダムと定義している．
(2) 流水の貯留による流量調節を目的としないものは堰．
(3) 堤防に接続するものは堰．

(a) 堰の分類

堰を用途別に分類すれば，分流堰（分水堰），潮止堰（しおどめぜき），取水堰，その他となる．分流堰は，河川の分流点付近に設け，水位を調節または制限して洪水または低水を計画的に分流させる．潮止堰は感潮区間に設け，塩分の遡上を防ぎ，流水の正常機能を維持する．取水堰は最も多い例で，河川水位を調節して，かんがい用水，水道用水，工業用水，発電用水などを取水する．そのほか，河口堰のように潮止を含め総合目的の堰（次節参照）などがある．

堰を構造上から分類すれば，固定堰と可動堰とある．ゲートが備えられていて，その開閉によって水位調節ができるものを可動堰，水位調節のできないものを固定堰という．

可動堰はつぎのいくつかの部分から成っている．可動部はゲート部分のうち，洪水流下をも受け持つ部分で洪水吐きともいう．土砂吐きは，ゲート部分のうち，用水の取入口付近に設け，澪筋（みお）を維持し，取水時に用水路内への土砂流入を防ぐ

とともに，取入口付近の堆積土砂を排除するための部分．舟通しは，ゲート部分のうち，通常は土砂吐きに接して舟を通すために設けられた部分で閘門を含む．流量調節部はゲート部分のうち，堰上流の取水のための湛水位を確保したり，下流への放流量の微調整を行うために特に設けられた部分．ただしこれらの調節は可動部の副ゲートや土砂吐きゲートによって行われることが多い．魚道は通常可動部または土砂吐きに接して，魚類の遡上および降下のために設けられる．

可動堰のうちゲートのある部分を可動部，そのほかを固定部と呼ぶこともある．なお，1つの堰で可動堰と固定堰とから成るものも少なくない．

堰の構造は，床止めの場合と同じく，計画高水位以下の水位の流水に対して安全であり，付近の河岸および河川管理施設の構造に著しい支障を及ぼさないものでなければならない．さらに堰に接続する河床および高水敷の洗掘の防止について適切に配慮されていなければならない．

7.2.1節"堤防"の破堤例に示した1974年多摩川破堤は，農業用水取水堰である宿河原堰と高水敷との接続が適切でなかった例である．

わが国ではゲートなどのなかった昔から，多数の簡単な構造の固定堰を水田への取水用に建設してきた．河床勾配が緩やかな場合には，堰の高さが必ずしも高くなくとも，堰上げ効果が大きく取水に有利であった．古い固定堰の場合は，河岸と直角ではなく斜め堰である場合が多い．高知県には特に斜め堰が多く，残存しているものは，ほとんど安定した交互砂礫州の前縁線沿いに玉石などを積み上げて柵としたものが多い．野中兼山の設計であるといわれている．重要なことは，堰の構造よりもむしろ河相を把握した上での位置の選定であった．現代のように強大な構造物を建設できなかった時代には，河川の土砂の動きをより深く観察し，どこにどういう堰を築けば，利水にも有利で治水にも強いかを心得ていたといえる．構造の進歩が川を見る目を衰えさせることを憂える．川を見る目を錬磨しつつ，高度な構造物を築くのが，河川技術者の目標である．

しかし，堰の強度が弱ければ大洪水に遭えば破壊される．それに対しては，かつてはより柔軟な対応で凌いでいる．千葉県養老川下流の西広堰(さいひろ)はその一例である．この農業用水の取水堰は，巧妙な板羽目堰(いたはめ)であり，洪水時には取り外せる構造となっている．木製の板堰であるが，角落し堰のように堰板が横に並んでいるのではなく，縦に堰板がはめられている．この構造を俗に羽目堰とか板羽目堰と呼んでいる．この堰には堤体との接点に基礎石が置かれ，それを張りで支えている．洪水が近づくと，その張りを取り外せば，堰本体が2つに分かれ分解する．

7.3 利水施設　243

図 7.30　可動堰（多摩川宿河原堰）1974 年洪水以前の状況（国土交通省京浜河川事務所提供）
左側の部分が可動堰．

分解した堰板は，両岸にロープで一方を固定しているので流失することはなく，両岸にそれぞれ張りついて護岸補強の役を果たす（図 7.31）．

(b)　頭首工

農業工学では，農業用水を河川，湖沼から用水路に引き入れるための施設を総称して頭首工（head works）と呼んでいる．通常，取水堰，取水口，付帯施設（沈砂池，魚道，舟通しなど），管理施設（操作室，管理室など）より構成されるが，堰のない場合も少なくない．この用語は英語の head works，独語の stauwerk の翻訳であり，1902 年，上野英三郎・有働良夫共著『土地改良論』で紹介されたのが最初といわれている．上野はわが国の近代農業土木学の創始者，忠犬ハチ公の主人でもある．

7.3.2　揚水機場

水門，樋門，樋管には，取水にも排水にも利用するものが多い．取水専用の場

図7.31 西広堰（豊川忠幸氏提供）

合の敷高は，取水計画上過大にならず，かつ渇水時においても計画取水量が確保できる断面とする．河床低下などによって取水困難とならぬよう留意する，位置選定の段階で河床変動の生じやすい場所を避けるのが先決である．

7.3.3 その他

利水施設としては，水運のための諸施設があり，とくに堰またはダムなどに併設される閘門などの計画・設計は，大陸諸国の河川工学においては，重要な部分を占めるが，本書においては省略する．

橋は利水施設ではないが，その大部分が河川を横切って架設されるので，構造令の適用を受ける．構造令における橋は道路，鉄道，水道，ガス管など河川を横過するものはもとより，河川敷のみならず河川区域内の水路を横過するもの，および工作物の管理橋も含まれる．道路工学では，高架道路や高架鉄道が小河川を横過する場合，その横過部分が，その前後の部分と同じ構造であれば，その部分を橋とは呼ばないが，構造令では，これも高架橋に含まれる．たとえば，その高さなどは洪水位と深い関係があるからである．

構造令では，橋台や橋脚の構造，径間長，桁下高などについて規定がある．架

図 7.32 犬山頭首工（木曽川の愛知用水取入口）（水資源機構提供）

橋によって，計画高水位以下の水位の洪水の流下を妨げてはならず，洪水流量の大きい川ほど，径間長は大きく，特に都市内河川のように橋梁数が多い場合には径間長をなるべく大きくして，橋脚の数を減らすようにしたい．いずれも洪水の流過を橋によって可能な限り阻害しないようにするためである．

7.4 多目的施設

7.4.1 ダム

(a) 定義

河川を横断して築造される構造物で，貯水，取水，土砂の流下防止などを目的とする．その貯水，取水は，洪水調節，水力発電用水，上水道用水，工業用水，農業用水などが目的である．このうち土砂流下防止を目的とするのが砂防ダム (7.2.5(b)参照) である．

河川法第 44 条には，ダムについて「河川の流水を貯留し，又は取水するため，河川管理者の許可を受けて設置するもので，基礎地盤から堤頂までの高さが 15

m 以上のものをいう」と書かれている.

　　ダムの定義は必ずしも厳密でなく，俗にはかなり広義に用いられている．鉱滓溜池や数 m の高さの溜池用の堤防もダムと呼ばれることがある．極端な場合には，「車がダムに落ちた」「ダムで溺れた」のように，ダムによって生じた貯水池までダムと呼んだりするが，これは明らかに誤用であり，ダムと貯水池は明瞭に区別すべきである．また，ダムは水を堰き止めるので堰堤ともいわれる．

　本項では，貯水目的で河川を横断する構造物としてのダムについて述べる．ダムは前述の治水，利水など単独目的で建設される場合と，洪水調節とほかのいずれかの利水目的とを兼ね備える多目的で建設される場合とがあり，本項では主として後者の多目的ダムについて扱う．ただし，構造や材料上の分類，設計，施工などについては，単目的ダムでも多目的ダムでもほとんど同じである．

　(b)　材料および設計理論による分類

　ダムの堤体に使用される代表的材料はコンクリートと土石である．材料の点からダムを分類すると，前者を使用するのがコンクリートダム，後者がフィルダムである．

　ダムは満杯の貯水池の水圧などに十分耐えるように設計しなければならない．その水圧にどう対抗するかによって，それぞれつぎのように分類される．

　コンクリートダムはその設計原理によって，重力式，中空重力式，扶壁式（バットレス型），アーチ式などに分けられ，まれに重力式アーチダムのような中間的なダムもある．フィルダムは，堤体の大部分を構成する材料の粒径により，ロックフィルダム，グラベルフィルダム，アースフィルダムなどに分けられるが，境界が必ずしも明確でないものもある．また，遮水機能に注目すれば，均一型，ゾーン型，表面遮水壁型に分けられる．均一型はアースフィルダム，ゾーン型はロックフィルダムに対応する．

　(i)　コンクリートダム

　重力ダムはダム本体の自重によって貯水池の水圧を支え，その断面の基本形は三角形であり，現在最も多い例である．わが国で最初のコンクリート重力ダムは，1900 年に建設された神戸市の水道用の布引ダムであり，その高さは 33 m であった．

　重力ダムは昔からも建設されていたが，コンクリートを使う前には，もっぱら

図 7.33　重力ダム（佐久間ダム）（J-パワー提供）

土を締めたアースフィルダムであった．コンクリートは土よりも重く，同じ水圧に対し約5分の1の容積で済む．わが国ではじめて高さ100 mを越えた天竜川の佐久間ダム（1956年完成）（図7.33）や，多摩川の小河内ダム（1957年完成）などこの型の例は枚挙にいとまない．

　中空重力ダムは，上流面に止水壁を持ち，内部は空洞になっている．ダムの高さが70 m以上，かつ河幅が広い場合にはコンクリート量が少なくて済む利点はあるが，型枠製作が複雑で大規模機械化施工が困難などの短所がある．大井川の井川ダム（高さ104 m，1957年），畑薙第一ダム（高さ125 m，1962年）などがある．この型の世界最高はブラジルとパラグアイの国境のイタイプ・ダム（高さ196 m，1983年）である．このダムは主ダムの両側にアースダムとロックフィルダムが築かれている．

　バットレスダムは，上流側のコンクリート壁の背後に，梁やコンクリートのバットレス（支え壁）を設けて水圧を支える．

　アーチダムは，上流に向けてアーチ状になっており，ダムに加わる水圧を水平なアーチ作用によって，その相当部分を谷の両岸の岩盤に伝える．したがって重力ダムよりも薄く造ることができ，コンクリート量も30～50％減少できる．た

図 7.34　アーチダム（矢木沢ダム）（水資源機構提供）

だし，両岸の岩盤が堅固であることが絶対必要である．映画「黒部の太陽」で取り上げられた黒部川の黒部ダム（高さ 186 m，1964 年），梓川の奈川渡ダム（高さ 155 m，1969 年），利根川の矢木沢ダム（高さ 131 m，1967 年）（図 7.34）などがその例である．この型での世界最高はグルジアのイングリダム（高さ 272 m，1980 年）である．

(ii)　フィルダム

　岩石，砂礫，土などを材料として盛り立てて造るダムを総称してフィルダムという．このダムはダム基礎の面積が広く，この広い面積に水圧やダムの荷重が分散されるので，地質条件が比較的不利なダムサイトでも造ることができる．ダム堤体は大きいが，土木機械の進歩によって，大量の土石材料を効率よく運搬，盛り立てができるようになってから，この型のダムが数多く建設されるようになった．

　香川県の満濃池をはじめ，古くから経験的に造られてきたのはアースフィルダムであり，その数は最も多く，15 m 以上のダムが全国では約 1,300 個もあり，

ダム総数の6割以上にも達する．本項ではダムの定義に含めなかった15m以下のアースフィルダムは20万個以上あると推定されている．

均一型とは，堤体全体で遮水し，全堤体が均一な材料で造られているダムをいう．ゾーン型は，土よりも強度の大きい岩石を使用し，堤体をさまざまにゾーン分けして築造する．材料の選び方やゾーン分けは，ダムサイトの地形，地質に応じ，近傍に得られる材料の条件などによる．大規模なフィルダムはほとんどこの型である．わが国の最初の大規模ロックフィルダムの庄川の御母衣ダム（高さ131 m，1960年）をはじめ，手取川ダム（高さ153 m，1979年），信濃川水系高瀬川の高瀬ダム（高さ176 m，1978年）（図7.35，7.36）などが代表例である．世界最高はタジキスタンのニューレックダム（高さ300 m，1980年）である．

表面遮水壁型は，堤体の上流面に，人工材料のアスファルトコンクリート，鉄筋コンクリートなどの薄い遮水壁を設けるダムで，ダムサイト付近に遮水壁に適する自然材料がない場合に採用される．この遮水壁は薄いので，その基礎岩盤が良好である必要がある．コンクリート遮水壁型としては北上川水系胆沢川の石淵ダム（高さ53 m，1952年），皆瀬ダム（高さ65 m，1963年）など，アスファルト遮水壁型としては深山ダム（高さ76 m，1974年），多々良木ダム（高さ65 m，1974年），大津岐ダム（高さ52 m，1968年）などがその例である．世界最高はブラジルのフォズドアレイダム（高さ153 m，1980年）である．

フィルダムは，コンクリートダムと比べれば，断層や破砕帯などの悪条件に対しても築造可能である．このような場合には，弱い部分を改良することができ，基礎に砂礫や土が堆積していても，その性状に対応した設計がある程度可能だからである．

フィルダムの大きな欠点は，洪水のダム越流が許されないことである．越流すればダム材料が流され決壊しやすいからである．かつて，洪水を安全に流す洪水吐を設けていなかったために決壊した例が多い．したがって，洪水吐はとくにフィルダムにおいては本体に匹敵するほど重要であり，洪水吐の設計流量は，コンクリートダムの場合より20%増しにすることが義務づけられている．

(iii) ダム技術の進展

図7.37によって，この百年間にダム技術が著しく進歩し，ダム高がつぎつぎと高くなってきたことがわかる．前述の布引ダムによって，コンクリートダムの歴史を拓いたわが国は，1924年にはじめて大河川を締め切った志津川ダム（高さ35.2 m）を宇治川に建設し，続いて同年完成した木曽川の大井ダムは，はじ

図7.35 ロックフィルダム（高瀬ダム）（東京電力提供）

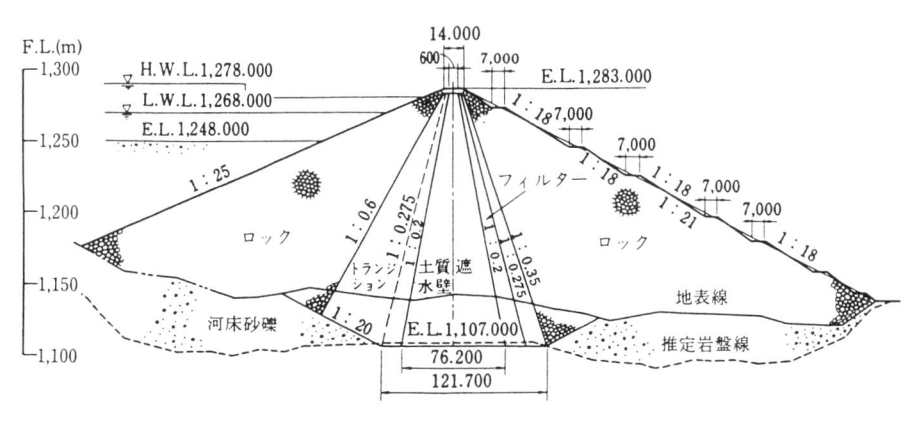

図7.36 高瀬ダム標準断面図（建設省河川局監修，1977：多目的ダムの建設，第3巻，p.204より）

7.4 多目的施設

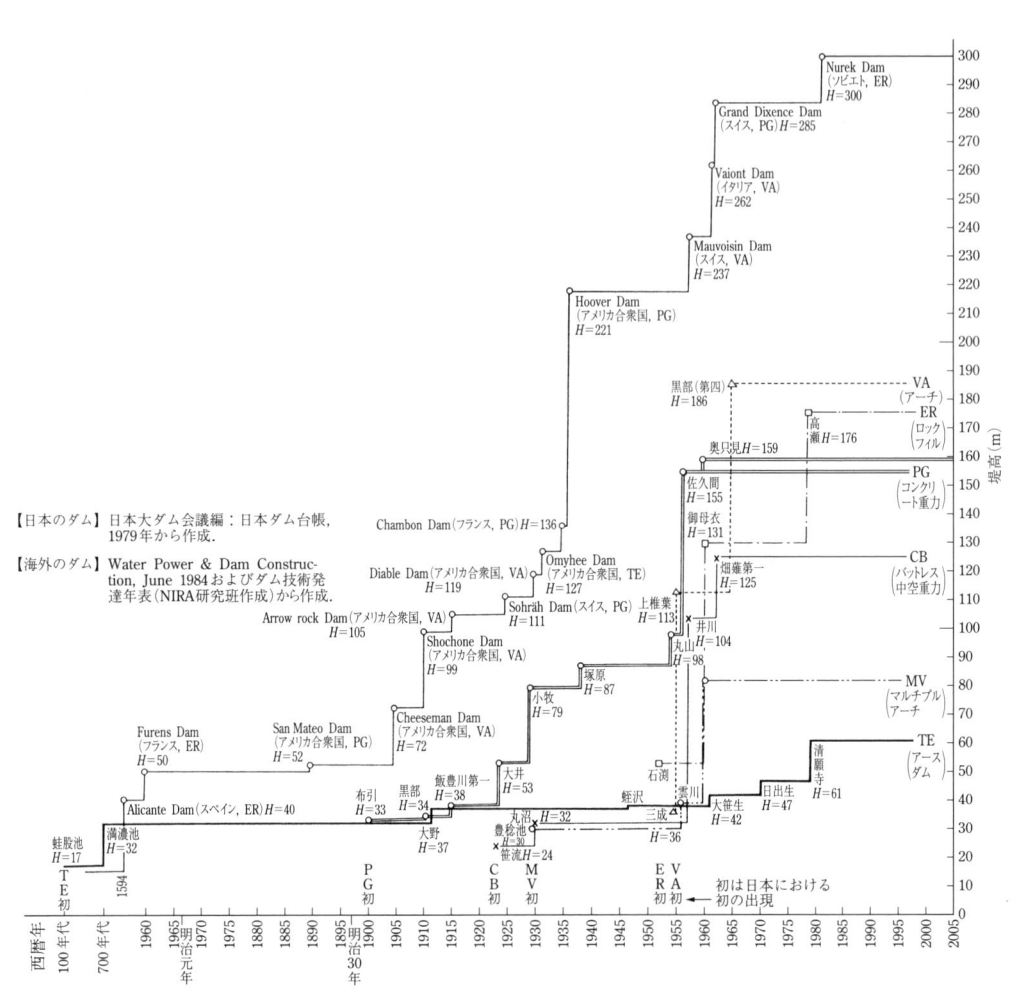

図7.37 ダムの高さの歴史的変遷(高橋裕:明治から今日に至る日本土木の軌跡,
5. ダム,土木学会誌,70巻1号,1985年,p.16に加筆)

めて50 mを越える53.4 mの高さであり,堤頂長276 m,45,000 kWの水力発電所を持つ画期的偉業であった.1929年に高さ79 mの庄川の小牧ダムが完成したのを契機に,主として発電用の高いダムが建設された.特に朝鮮半島北部,旧満州に建設したいくたのダムは,その規模において世界有数であった.1943年完成の鴨緑江水系の水豊ダム(高さ106 m,堤頂長900 m,貯水容量120億 m^3),1945年終戦期にほぼ完成していた松花江の豊満ダム(高さ91 m,貯水容量125

図 7.38 ダム工事中の土木機械（奈良俣ダム）（水資源機構提供）

億 m^3）が，その例である．

　明治以前のダムのほとんどは農業用であり，大正時代以降発電用ダムが建設され，第二次大戦後は洪水調節を主目的とする多目的ダムが多数造られ，発電用ダムとともに，大ダム時代が到来した．図 7.37 に世界と日本のダム種類別にダムが巨大化してきた経緯を高さで示した．世界的に見ても，20 世紀，特にその後半になって，ダム技術は飛躍的に進歩して，一挙に巨大ダム時代が訪れたことがわかる．

(c) 設計

　ダムの設計には，まず必要な貯水容量，候補地の地形，地質，河川流況，降水量，水没地区の居住，土地利用状況などを調査し，ダム建設地点を定め，貯水容量と地形からダムの高さを定める．つぎにその地点の地形，貯水池周辺を含めての地質，洪水規模，地震，近傍の築造材料入手の状況やその輸送条件などに基づいて，安全性と経済性の観点から，ダムの構造型式を決め，水圧，地震力などの外力に安全な断面を設計する．

(d) 施工

ダムの施工は，まず建設地点の上流側で河川を堰き止め，工事中は地山に仮排水路を掘って河川を付け替え，建設地点周辺は水を干した状態にする．河幅の一部を締め切り，残りの部分に流す方法もあるが，わが国の場合は，一般に河幅の狭い場所にしかダムを建設できず，洪水流量が大きいため，前者の方法がとられる．

締切後は，ダム地点の河床の堆積砂礫層や風化している岩層などを掘削して除去し基礎岩盤を露出させる．その岩盤に亀裂など不良部分があれば，漏水そのほかの心配があるので，ダム上流側の基礎岩盤にコンクリート止水壁を設けたり，グラウチング（セメントミルクの圧入）などの処置を行う．岩盤が軟弱である場合には，基礎岩盤全面にグラウトして地盤を固める．基礎岩盤の上へのダム本体の積み上げ法は，コンクリートダムとフィルダムでは異なる．前者では圧力水を噴射して岩盤表面を洗浄し，モルタルを厚さ2cm程度敷いて，その上にコンクリートをブロックごとに型枠を組んで打設する．コンクリートは固まるときに熱を出し，冷えるときにひび割れを生ずるので，ダム内部に埋めたパイプに冷水を流してコンクリートを冷やすなどの対策が必要である．フィルダムの場合も遮水壁の部分は洗浄した基礎岩盤の上に土を敷き，十分締め固めながら盛り立てていく．フィルダムは完成後の沈下量を予測し，その分だけあらかじめ高く積み上げる．

(e) 事故

ダムが決壊すれば，下流部に大洪水を発生させることになり，重大事故となる．数千年前，エジプト第三，第四王朝時代に建設された石積みダムが，洪水吐きを持たなかったため，洪水の越流によって崩壊した史実がある．1895年にはフランスのブーゼイ（Bouzey）ダムが，揚圧力を考慮していなかったために決壊し，150人の死者を出している．これらの苦い経験を経て，特に今世紀に入ってダム設計理論が進歩したが，一方においてダムの巨大化などにより，なお事故が一掃されているわけではない．

多くのダム事故例を調べると，ダム完成後はじめて満水になってから1年ないし3年の間に事故が発生する例が多い．ダムには多くの計器が埋設され，水位変化に伴うダムのたわみ，漏水，地震時の挙動などが逐一計測されている．一般に，

最初の満水から3年くらいまでの間に，ダムが地盤に徐々になじみながら安全性を増していく．たとえば，水位が高くなるとダムは下流側にたわみ，水位が低くなると元に戻る．水位の高さは同じでも夏は上流に向かって，冬は下流に向かってたわむ．水温の変化によって水の密度が変わるからである．しかし，一般に，たわみ幅は年とともに小さくなり，一定の値に収束する．地盤のよいところで半年から1年，地盤が良好でなくとも約3年でたわみ幅は定常的になる．

漏水量測定によってダムの安定度が診断できる．夏はダムが上流にたわむので漏水量は増し，冬は下流にたわむので減る．漏水量の経年的変化に注意し，多少その量が多くとも，毎年同じような変動であれば，ダムは安定しているといえる．

ほとんどのコンクリートダムには，監査廊（inspection gallery，ダム堤体内部に設置される通路，目的は諸設備の点検，各種計器の測定など）が設けられているので，漏水の発見，その量の測定は比較的容易である．フィルダムでの漏水量測定はつねに可能とは限らないが，下流のり尻に堰を設け漏水量を集水したり，ダム内にパイプを設けて集水するなどの方法がとられている．

ダムが決壊などの事故を起こす原因は，主として大洪水発生時，大地震発生時など，設計条件を越えるなんらかの大きな外力が働いた場合であるが，その原因はダムの種類によっても若干異なる．事故件数はフィルダムが多く，コンクリートダムの場合ははるかに少ない．その理由は，フィルダムの数がきわめて多く，その大多数は第二次大戦前に経験的手法によって造られ，近代技術によって建設されたのは1950年代以降だからである．以下顕著な事故例を紹介する．

フランス南部のマルパッセダムは，1959年12月，最初の満水後約16時間で決壊した．ダム左岸固定部が基礎地盤とともに下流に移動し，左岸はダムとともに約4万 m^3 の岩石が流し去られた．このアーチダム（高さ66.5 m，堤頂長222 m，貯水容量5,000万 m^3）は，1955年完成した水道およびかんがい用であった．この事故以後，ダム着岩部周辺の基礎について，より慎重に検討されるようになった．

イタリア北部のバイオントダムは1963年1月に，貯水池の水約3,000万 m^3 がダムを飛び越え下流に流出し，下流の594戸を全壊，2,125人の犠牲者を出す悲劇となった．このアーチダム（高さ262 m，堤頂長190 m，貯水容量1億6,900万 m^3）は1961年に完成し，湛水中の1962年12月，豪雨によって水位が約50 m上昇し，地山が1日20 mmも動いたので，安全のため1日80〜100 cmずつ水位を下げはじめたときに再び豪雨があり，満水位まで12.5 mに達した段階

図 7.39 ティートンダム（コロンビア川水系）の決壊（Report to U. S. Department of The Interior and State of Idaho on Failure of Teton Dam より）

でダム上流左岸に大規模地すべりが発生し，約3億 m^3 の大量土砂が貯水池に落ち込み，大量の水がダムを越流したが，ダム本体は一部が崩れただけであった．以後，ダム貯水池周辺の地山について，地すべりなどの危険性に関する地質調査が重視されるようになった．

　アメリカ合衆国西部のティートン（Teton）ダムは，1976年6月，1975年完成後はじめて満水になる直前に，ダム本体が崩壊流出した．このアースフィルダム（高さ93 m，堤頂長930 m，貯水容量3億5,600万 m^3）は洪水調節，かんがい，発電などの多目的ダムであり，決壊の原因は，盛土内部の浸食により右岸着岩部付近に漏水が生じ，これが引き金となって，いわゆるパイピング現象が発生したためである．

幸いにして，わが国では大ダムの重大事故は発生していないが，万一決壊などが起これば，下流方面に人口や資産の集積が多いので，大災害となる恐れがある．今後ともダムの設計，施工はもとより綿密な計測などにより慎重な維持管理がきわめて大切である．

7.4.2 河口堰

河口部において河川を横断して造られる構造物で治水，利水の多目的に利用される．通常高さ10 m以下である．ただし，治水および利水の目的を達する過程は，ダムなどとは異なる．その理由は河口部においては海水が浸入してくるので，それへの対策と関係するからである．

治水の有力な手段として河口部で河道掘削が行われると，海水の浸入が増大して堰建設以前よりも上流側まで遡り，堰周辺地域の地下水の塩分が増加しやすくなる．すなわち，河口堰は塩水の遡上を防ぎ，河道掘削による治水効果の実を挙げるために設けられる．また，堰の立地などによっては高潮，津波，波浪の浸入や遡上を防ぐ効果を期待できる．洪水時には堰のゲートを全開して，洪水を安全に流下させる構造となっている．

一方，河口堰は堰上流側の取水に塩水が入るのを防ぐとともに，堰による貯留効果により，新規の水資源開発も期待できる．また，河口堰は最下流における取水であるため，未利用のまま海へと流出する流量を，その下流側において必要な維持流量以外の部分を利用することができる．すなわち，一般に河川へ排水される部分は，正確に把握されておらず，水利権の対象とされにくいが，河口堰地点では，それより下流では利水のための取水はないので，排水を含めて実際に流下する量を利水の対象となしうるからである．

一般に河口堰には，舟運のための閘門，および魚類の通過を助ける魚道が設けられる．

河口堰建設に際しては，以下の諸点について事前に十分な対策を施しておかなければならない．

(1) 堰上流の常時水位が，貯留によって建設前よりも高くなる場合には，堤防の安全度が低下しないように，十分な補強対策を実施しておかなければならない．一般に河川堤防は，洪水期間の高水位には耐えるように造られているが，常時高水位となれば漏水などの機会が増す．したがって，堤防からの浸透水の増大を防ぐために特別な堤防強化対策が必要となる．

図 7.40 利根川河口堰 (水資源機構提供)

(2) 堰上流の常時水位が高くなれば，周辺の地下水位も高くなり，排水不良，湿田化などの現象が発生することもあるので，その対策が必要である．
(3) 堰建設後は，その上下流水域における生態系の変化が予想される．すなわち，上流へは塩水が遡上しなくなるので，塩水または汽水域にしか棲めない生物は生息できなくなる．魚道も魚類に応じ適切な設計に基づき，維持管理にも格段に配慮しないと，十分な効果を発揮しえない恐れがある．
(4) 堰上流側は堰上げにより平常時の流速は減少し，浮遊物質の沈殿堆積が起こりやすいので，ゲートを開放する出水時に，それらを積極的に押し流すなどの対策も検討しておく．
(5) そのほか，堰直下流部の局所洗掘，河口砂州や汀線の変化，魚道と閘門からの塩水の侵入，堰下流域の塩分濃度の上昇などが考えられるが，それらの状況はそれぞれの堰の規模や周辺状況により異なる．

1971年完成の利根川河口堰は大規模な典型例である．1958年に利根川は異常渇水に見舞われ，下流部右岸の大利根用水，両総用水には遡上した塩分が入り，

水田農業に重大な影響を与えたことなどが，この河口堰計画の動機ともなっている．したがって，利根川河口堰完成により，渇水時の塩分遡上を妨げる効果は大きいが，ヤマトシジミ関係の一部水産業者の要望により，若干の塩分は堰上流に入れるため，微妙な水門操作を行っている．筑後川に 1985 年完成した筑後大堰計画においても，堰下流への放流量に関して漁業関係者の同意を得るのは容易でなかった．長良川に 1994 年完成した長良川河口堰は，環境悪化の恐れと，水需要予測が過大であるなどの批判が強く，反対運動が盛り上がった．これを契機に建設省は，情報公開に踏み切るなど，一般向けの広報の重要性を認識する契機となった．

わが国は古来，水産業がさかんであり，特に河川下流部は海と川の多種類の魚貝類が，水産業および生態学的に重要な存在であり，河川事業において，それらへの影響をなるべく少なくすることがしばしば重要かつ困難な課題を提供する．

―― 演習課題 ――
1) 堤防の種類とその役割について説明せよ．
2) 破堤の原因とその実例について考察せよ．
3) 護岸と水制の関係，およびそれぞれの種類とその特性について述べよ．
4) 最寄りの河川を訪ね，護岸と水制を観察せよ．
5) 洪水の前後に同じ場所を訪ね，水制周辺の河床の変化，特に砂州の形態の変化を観察せよ．変化があればその原因について考察せよ．
6) 砂防工法の種類を分類し，その特性を述べよ．
7) 堰を用途別，および構造上から分類し，それぞれの特性を解説せよ．
8) ダムを材料および構造，さらに用途別に分類し，それぞれの特性を比較せよ．特にロックフィルダムとコンクリートダムの長所短所を比較せよ．
9) 世界および日本のダム技術発展の歴史を概観せよ．
10) ダムの事故例につき，その原因を考察し，その安全性について述べよ．
11) ダムを見学し，その目的，構造，工事中の状況，建設後の影響をヒアリングし調査せよ．
12) 河口堰の実例を挙げ，その役割について述べよ．

―― キーワード ――
河川管理施設等構造令，堰，水門，堤防，護岸，水制，床止め，破堤，聖牛，沈床，水叩き，排水機場，樋門，樋管，砂防，放水路，捷水路，水害防備林（樹林帯），重力ダム，アーチダム，ロックフィルダム，河口堰

---討議例題---
1) 最寄りの堤防を訪ね，その役割，過去の破堤例について調べ，その景観などのアメニティについても論ぜよ．
2) 最寄りの河川の水制を訪ね，その形，配置，効果などについて議論せよ．
3) ダム建設が上下流および周辺の自然および社会環境に与える影響について，調査し討議せよ．
4) 河口堰が河川および周辺の自然，生態系に与える影響について考察せよ．

参考・引用文献

井口昌平，1979：川を見る，東京大学出版会．
岡崎文吉，1915：治水，丸善．
建設省河川局，1977：河川管理施設等構造令，山海堂．
建設省河川局，1984：河川砂防技術基準（案）（前出）．
中国黄河水利委員会編写組著・鄭然権ほか訳，1984：黄河万里行，恒文社．
眞田秀吉，1932：日本水制工論，岩波書店．
高橋 裕編，1982：水のはなし（I）（II）（III），技報堂出版．
ダム技術センター編，1978：多目的ダムの建設．
土木学会，飯田隆一編，1980：ダムの設計，技報堂出版．
土木学会，糸林芳彦編，1980：ダムの施工，技報堂出版．
橋本規明，1956：新河川工法，森北出版．
Independent Panel to Review Cause of Teton Dam Failure (W. L. Chadwick, Chairman), 1976: *Report to U. S. Department of the Interior and State of Idaho on Failure of Teton Dam*, U. S. Government Printing Office.

8 流域管理と森林

　森を森としてのみ見たのでは十分でないのである．川を守る森も，海を支える森もあって，自然はそのひとつだけで独立して存在してはいない．
　自然が分断されつくした今日になって，私たちはようやく海は森からはじまっていることに気づいたのである．

（内山節，森にかよう道，pp. 137-138）

1901年（明治34）8月，東京府（当時）が多摩川上流域に広さ21,628 haの水源林をはじめた．水道事業体管理の水源林として日本最大，1957年完成の小河内ダム（水道専用）集水域の約6割にもおよぶ．奥多摩湖の堆砂率の低いのも水源林の成果と考えられる（東京都水道局提供）．

河道内の流れは，全流域から集まるので，その流域のさまざまな自然および社会条件を忠実に反映している．流域の開発が進めば土地利用度が高まり，新型水害の危険度が高まるので，その土地に対しては，より高い治水安全度が要求され，河川改修が促進されることになったり，あるいは激しい都市開発が新型の都市水害の要因となったことなどはその顕著な例である（4.3節および4.6節参照）．流域における水質管理が徹底しなければ，河川水質がたちまち汚れる．

したがって，河川を理解するためには，その流域の自然的，社会的，経済的，さらには文化的特性を知らなければならない．河川への技術活動もまた，流域の特性，現況，さらには将来動向をふまえることが肝要である．

8.1 流域管理

流域管理とは，本章では，「河川を全流域一体としてとらえた上で，それぞれの時代の社会的ニーズを考慮し，河川の正常な機能（たとえば，動植物の保存，環境維持，舟運，漁業，塩害防止など）を維持するための，流域の土地および水の管理のあり方を考えること」とする．

したがって，流域管理の考え方は，国により地域により，流域の規模，その自然および社会環境，その流域に加えられてきた社会経済的インパクトなどによって多様である．

わが国において，国政レベルで流域を一体として考えるようになったのは第二次大戦後である．1950年に立案された全国総合開発計画においては，河川総合開発の理念が強調された．当時アメリカ合衆国の影響が強く，今世紀前半における最大の土木事業であり，斬新な開発思想と認められたテネシー川の総合開発がその動機となった．ミシシッピ川の支流オハイオ川の支流のテネシー川において，1933年以降実施された，20以上の多目的ダムの建設を核とする全流域の総合開発の実績が高く評価されていた．TVA（Tennessee Valley Authority）はテネシー川流域開発公社と訳され，この総合開発のために，はじめて公社という半官半民の組織が設立されたことでも名高い．TVAにおいては，多目的ダムによる洪水調節，水力発電，水資源開発とともに，湖水のレクリエーション開発，水位操作により水際に生み付けられた蚊の撲滅などの衛生管理，流域の森林管理など，流域の土地管理を含め，流域住民の生活水準向上を成し遂げた総合開発であった．

河川総合開発がこの時代に展開できた技術的基盤は，ダム技術の進歩と，その

水位操作を円滑に行えるようになった水文学の成果であったといえよう．すでに第5章，第7章でも触れたように，1950年代以降，わが国のダム技術は飛躍的進歩を遂げ，多数の大ダムが全国各地に建設され，それが日本経済の発展に果たした役割は大きい．

しかし，大ダムの建設は3.6節にて述べたような新たな難問を生むとともに，流域内の利害調整などの新たな社会的課題を発生させることとなった．大ダムの出現により，河川上流部の河川景観の変化はもとより，上下流にわたり河相も変化し，河口に至るまでその影響がおよぶ例さえある．日本の河川規模が小さいことも，ダムのような大型構造物による影響が全河川にまでおよぼす原因のひとつである．

ダムによる恩恵もまた下流域の広範囲におよび，とくに水力発電に関しては，その流域に留まらず，はるかに遠距離の都市や工業地帯にまで及んでいる．しかし，ダムによる利益は洪水調節，水利用をはじめ，主として下流域に向けられるため，水没を伴うダム上流側の農山村にとっては，不利益のみ目立ち，上下流の格差を増幅させることにもなった．しかも，ダム建設ブームの高度成長期以降は，全国的都市化傾向により，ダム適地の水源地域は人口の過疎化に悩んでいたため，ダム工事中は雇用機会が増大したものの，その完成後は，水没による人口流出などにより，地域の活性が失われがちであった．このような上下流の格差が，やがて上下流対立の萌芽となり，流域内の上下流の深い関係が，主として水源地域住民側からあらためて認識されるようになった．

歴史的に見れば，わが国では，細分化された流域ごとに，上下流の経済的，社会的，さらには文化的結合は強く，同じ流域に暮らす運命共同体的感覚が強かった．上流側の人々は，下流平野方面へ出たり，山の産物を下流へ運ぶにはもっぱら舟を利用し，木材は筏で流し，その代金で下流の海産物などを購入していた．すなわち，河川を軸とする経済域が形成され，洪水などの脅威や水の恵みをともに受け，そのために対立することもあったが，同じ流域に住んでいるという意識は強かった．

しかし，明治以降の鉄道の発達，第二次大戦後の自動車の普及は，交通路としての河川の役割をほとんど消滅させた．さらに明治以降の治水事業の進展により，氾濫常習地域は著しく減少し，全国的レベルで洪水災害への脅威も激減した．これらの事情は，人々の河川への日常的接触を少なくし，ひいては流域感覚を衰えさせることとなった．

流域管理という概念は，大陸諸国では，上流域を1単位として把握し，その物理的要因に注目して管理しようとするものであった．アメリカ合衆国においてwatershed managementとして表現されている概念がそれに相当する．わが国においても，上流山地に注目する流域管理概念は古くからあり，その観点から上流山地を管理する技術的ならびに経営的手法が錬磨されてきた．

　戦後日本においては，高度成長期以降の上流農山村地域から都市域への人口流出に加えて，木材価格の低下などにより森林経営は危機に陥っている．そのため，森林の持つ生態的ならびに国土保全的役割にも支障を来しているとの意識が，河川に対する森林の役割を再認識させた．森林は国土総面積の3分の2を占める具体的には，上流水源地域における浸食調節，流出調節の機能向上のための流域管理が目標とされている．

8.2　河川流域における森林の役割

　森林が河川の流れにどんな役割を担っているかは，古くしてつねに新しい問題である．具体的には，森林が十分に管理されていれば，河川への洪水の流出を和らげる一方，平常時の低水流量を増加させ，さらに出水時の河川への土砂流出を軽減するといわれるが，これに対する批判も多く提出されている．

　この問題についていくたの議論が絶えないのは，非常に多くの要因によって支配される河川流出現象を，森林状態のみで，あるいはそれに重点をおきすぎて判断しようとするからである．しかも，一口に森林といっても，樹種，樹齢，密度，経営状態などによって流出への影響は決して一様ではないし，森林は生き物であって年々歳々その林相は変化する．このように多様にして変化する森林の，流出への影響は単純に公式化して判断することはできない．

　また，森林の自然生態系における役割は大きく，人間生活への影響もきわめて多面的であり，それらの効果の中には数量化し難い要因も多い．森林の流出への影響もまた，森林とわれわれとの多様な関係の一部であり，ほかの関係とも絡み合っており，流出への影響のみを抽出して森林の多様な役割を評価してはならない．

　森林の諸機能の評価は，森林が消失した場合を基準にして認知される場合が多い．森林の盛衰は，わが国では紆余曲折の歴史がある．明治初期までは，乱伐が繰り返されてきた．そのため，各地に荒廃山地が発生し，それが洪水の激化とそ

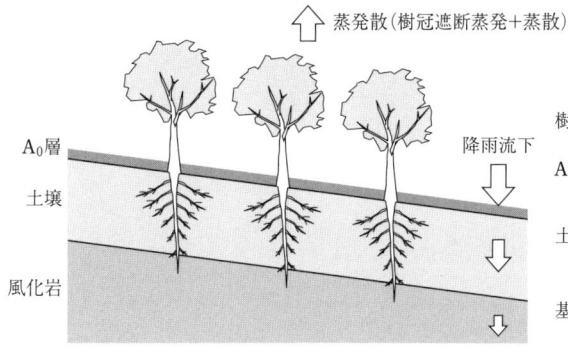

図 8.1　森林斜面の水循環

水循環で森林がになう重要な機能には，以下がある．
イ）　A_0 層：雨水の地中流化
ロ）　土壌小孔隙：流下雨水の一時貯留（遅い不飽和浸透流）
ハ）　森林本体：蒸散と樹冠遮断蒸発による大量の水消費，蒸散による孔隙の空隙化
ニ）　基岩：遅れた流出を形成する．森林は森林土壌をつくり，基岩に多くの水を供給する

れに伴う大量の土砂流出の原因ともなった．明治大正時代，焼畑耕作はなお存在する一方，急傾斜畑の問題などによる森林地の開発が進んだ．

荒廃山地と育成された森林山地の比較によって，森林の水と土地保全機能が汎く認知され，1897年（明治30年）制定の森林法により保安林制度が確立された．第二次大戦後，全国的都市化，およびリゾート開発は森林地域に大きな影響を与えた．日本は元来，降水量に恵まれモンスーン地域特有の湿潤気候のために，森林はよく育成されるが，それが破壊された場合に，その機能が漸く認知される．第二次大戦後，いわゆる拡大造林（需要急減の樹種を，杉や檜など商業価値の高い樹種に植え変える植林政策）なども含め，約1,000haもの植林が実施された．人工林は，間伐，枝打ちをはじめ，十分な維持管理が必要で，それを怠ると，森林特有の機能が失われ，森林破壊を起こす恐れがある．

森林と河川流出の関係を考察するに際して，森林斜面の水循環構造を知る必要がある．図8.1のように，森林斜面の構造は，樹木の下に A_0 層（落葉，落枝）があり，ここは高浸透能を持ち，降雨の地中流下を促す．その下部の土壌は，雨水を一部貯留して基岩へ流下，一部は蒸発，豪雨時には一部の雨水は土壌下部を斜面下方へと流下する．基岩に到達した雨水は地下水となる．森林は蒸散と樹冠遮断，蒸発により大量の水を消費，森林土壌をつくり，基岩に多くの水を供給する．

森林が破壊されると，斜面における水循環は変化し，雨水の流出径路が変化す

る．森林が消失すると地表 A_0 層は消失，浸透能は減少する．表面流出発生に伴い，表面侵食が始まり，斜面表土が流亡，土砂流出が発生する．これが何箇所にも発生すれば荒廃山地となり，この現象が拡大し斜面表土が大量に流亡すれば，いわゆるハゲ山となる．

森林消失により，地中流は表面流となり，地下水は減少する．

森林伐採 →［地表被覆残存／草地化］→ 表層崩壊が発生しやすくなる → 河川への土砂流出
　　　　 → 地表被覆破壊 → 裸地化 → 表面流発生 → 表面侵食による土壌流亡 → 河川

8.2.1　洪水のピーク流量が低減する

洪水のピーク流量は，斜面流出が地中流によるか，表面流によるかによって異なる．森林流域は地中流により，裸地（荒廃地，市街地も同様）は表面流である．

先駆者としてアメリカの TVA が 1935 年から 20 年以上にわたって行った 2 ヵ所の森林流域試験の成果がある．ホワイトホロー試験地は 694 ha，標高 329～506 m，石灰岩地質，シルトローム土壌で，平均年降水量 1184 mm である．流域の 66％ が森林，26％ が放棄農地であったが，1934 年から土壌浸食防止の治山工事が行われ，1942 年には流域の 34％ に植栽され，全域が森林となった．

その結果，夏季洪水のピーク流量は類似の豪雨に対し，5～27％ に低減した．冬季洪水については，夏季洪水ほどには著しい低減ではないが，同じく低減傾向が認められた．

8.2.2　長期流出を平均化する

降水の森林土壌による貯留効果によって，洪水ピーク流量を低減するとともに，不連続な降水現象を平均化して河道へと流出させる，長期流出の平均化効果もまた，多くの試験地で確かめられている．

この傾向を長期にわたって詳細に確かめているのは，林業試験場山形試験地の釜淵森林理水試験地における 1939 年以来の観測である．ここの森林試験地では森林やその他流域の諸条件にいっさい人為を加えず，森林の自然成長と淘汰に任せて，継続的水文観測が行われた貴重な例である．流域面積は 3.06 ha と小さく，平均年降水量は 2,450 mm，そのうち 35～40％ は雪である．

1939 年以来 45 年間における年最大日流出量（Q）と年最小日流出量（q）の

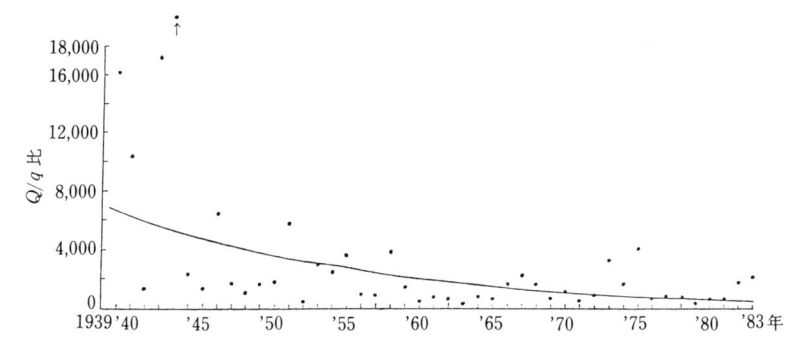

図 8.2 年最大日流出量(Q)と年最小日流出量(q)の比の長期傾向(釜淵・一号沢)
(中野秀章,1985：森林と水,水利科学,No.162 より)

比の経年変化は図 8.2 に示すとおりで,年とともにこの値が小さくなり,すなわち流出の平準化が進んだことを示している.

類似の傾向は信濃川上流梓川流域の上高地地域,タイのチェンマイ付近のコッグマ森林理水試験地の常緑広葉樹林の試験流域(4.65 ha)の調査をはじめ,いくたの文献記述においても定性的に認められている.コッグマ試験地の場合は,流域地質が花崗岩と砂質土であることが,流出の平均化に強く影響していると考えられている.

8.2.3 森林土壌の地質条件が低水流出に影響する

森林は高浸透能土壌をつくり,荒廃裸地斜面では表面流として早期に流出する部分は地中流として基盤地質の水脈に導き低水流量を豊かにする.

森林土壌の降水浸透効果は地質に左右される面が大きく,それが河川の渇水,低水流出に大きな影響を与える.したがって,森林の効果を考察する場合にも,その森林土壌の地質との関係をまず考慮すべきである.

すなわち,虫明功臣らの研究によれば,低水流出指標(年間 355 日流量)に関しては,地質によって著しい差が確認され,第四紀火山岩類流域でこの指標は最も大きく,花崗岩類,第三紀火山岩類がこれにつぎ,中生層,古生層流域で最も小さい.この値が大きい地質の流域ほど,日流量の減水曲線が緩やかである.

年最大比流量に着目すると,低水流出の場合とは逆に,第四紀火山岩類流域における値は小さく,花崗岩類,第三紀火山岩類,中生層,古生層の順に大きくなる.すなわち,浸透性の高い流域ほど,洪水比流量が小さく,地質区分が洪水流出にも重要な要因となっていることを物語っている.

8.2.1〜8.2.3項に解説した，森林が河川の流量を調節する機能を"森林の水源涵養機能"といい，その目的で指定された保安林を水源涵養保安林という．

降水浸透効果は地質に左右される面が大きく，それが河川の渇水，低水流出に大きな影響を与える．したがって，森林の効果を考察する場合にも，その地質との関係を考慮すべきである．

8.2.4 森林は水を消費する

森林は洪水流出，長期流出を平均化するとともに，相当量の水を，蒸散，降水の樹冠遮断などによって消費し，河川の年流出量を減少させる．森林を伐採・除去すれば，河川の流出量は増加する．森林を伐採しても林床（森林内の地表面の堆積有機物層）における降水遮断と地表や水面からの蒸発は増加するが，それを考慮しても一般に森林伐採が河川流出量を増加させることは，世界各地の100に近い調査結果（流域面積は数haから700ha強にわたる）から1つの例外もなく実証されている．

ただし，その増加率は地域によりかなりの差がある．たとえば，蒸発散能の非常に大きい赤道直下のケニヤのキマキア試験地の例では，伐採後，流出は80%も増加している．当然，植林や森林繁茂によって流出は減少し，降水量の絶対量が少なく，わずかの河川流量でも貴重な地域での森林による水消費は重大な問題となる．高緯度や高地で降水量の絶対値の大きい流域では，伐採による流量増は12〜35%であり，比較的小さい．

皆伐による流出量増加は，降水量のきわめて小さい地域，または蒸発散能のきわめて大きい地域を除いては，必ずしも大きくはない．上述の例は皆伐の場合であり，択伐あるいは流域の一部分の伐採，ましてや間伐（ほぼ同齢林木から成る森林で，樹冠が相互に接して林冠をつくり降水を遮断する状況になってから，木材生産を目的とする最終的伐採をはじめるまでの間に，林冠を適当に調節し，立木の密度を調整するために行う伐採），除伐などにおいては，流量増は少ない．

8.2.5 土砂流出を抑制する

土砂流出は崩壊と表面侵食により起こり，森林地では地中流が崩壊を，裸地では表面流により表面浸食が起こり土砂を流出させる．

高齢の大木から成る森林は，山腹の土層に弾力性と屈撓性に富む根系を張り，斜面の崩れへの抵抗力を増す．根が深さ方向に十分に発達していれば，硬い土層

に杭を打ったように働き，土壌の移動への抵抗力を増す．ただし，根系より深い地層，構造的に弱い基岩の崩れには，森林は直接には効果はない．この場合は基岩上の森林土壌が降水を均等に浸透させれば，基岩の弱点への集中透水を回避させる効果が期待できる．

森林の土砂流出を留める機能は多くの調査によって認められているとはいえ，それぞれの地域の水文，地形，地質条件，また林相や森林の維持管理などの森林条件によってかなり異なる．

8.2.6　森林の土は水を浄化する

水源地帯の森林の中の渓流の水はきわめて清澄である．その原因は，上流であるため，まだ汚れていないだけではなく，降水が森林土壌を通過する段階で，窒素，リン，カリ（炭酸化カリウム），カルシウム・マグネシウムなどの塩基類が，土壌に保留されたり植物に吸収されて浄化されることが，岩坪五郎らの広葉樹の二次林での調査などで確認されている．

森林地への降水は，渓流に到達するまでに，一度は土壌中を通過する．土壌の孔隙に保持された水に溶けているイオンは，孔隙内での濃度勾配による拡散，水の流動に伴う分散，および土壌のイオン吸着特性に支配される．森林土壌を経由して渓流などの河道への流出水が，洪水時を除いで清浄であるのは，土壌のイオン交換能によるところが大きい．腐植土と粘土の複合体である土壌のコロイド粒子は，土壌中のCa^+，Mg^+，K^+，アンモニア窒素などの陽イオンを吸着し，簡単には流出できないようになっている．

カビやバクテリアなどの微生物やミミズなどの土壌動物や植物も土壌水中の物質を養分として吸収し，流出水質の浄化に貢献している．

> 森林土壌の持つこのような浄化特性を利用して，し尿処理水や生活排水を直接河川へ流出させずに林地に散布して水質浄化する試験が，東京都の奥多摩湖（小河内ダムの湖）や滋賀県田上山の治山造林地で行われ，Ca^+，Mg^+，K^+などについては所期の成果を挙げたが，無機態窒素などの成分は除去されず，また物質吸着保持能力にも限界があると報告されている．
> 森林土壌の持つ水質浄化能力は，元来自然生態系のバランスの中で営まれているのであり，下水処理工場のように取り扱ってはならず，もし利用するにしても，その浄化力がつねに維持できる程度の最小限に留めるべきである．
> わが国の森林土壌の特性は，火山灰を含んでいる地域が多く，非晶質粘土や準晶質粘土のアロフェンを含み，緩衝能の高い点である．緩衝能の高い森林土壌は，河

川湖沼の水質の酸性化を防ぎ，酸性雨による被害をある程度軽減させていると推測されている．

---**演習課題**---
1) 森林の河川流出に対する影響について考察せよ．
2) 森林からの低水流出と地質の関係について述べよ．
3) 森林はどのように水を消費するか．
4) 森林の土はどのように水を浄化するか．

---**キーワード**---
流域管理，森林の水源涵養機能，森林土壌，水源涵養保安林

---**討議例題**---
1) 森林の水源涵養または保水機能についての調査研究が難問であるのはなぜか．
2) 森林とそれを抱える上流地域との関係を論ぜよ．

参考・引用文献

有光一登，1987：土の中の水の動き，森と水のサイエンス第4章，日本林業技術協会．
内山　節，1994：森にかよう道──知床から屋久島まで，新潮社．
内山　節，1989：森林社会学宣言，有斐閣選書．
蔵治光一郎，保屋野初子編，2004：緑のダム，築地書館．
　1970年代から森林の保水力の重要性を力説し，ダム機能の一部を代替しているとして，"緑のダム"という呼称が提起された．これをめぐって所説あり，それらのさまざまな見解を整理編集．
高橋　裕，1985：日本における流域管理思想の背景と課題，第1回日中河川及びダム会議論文集．
中野秀章，1971：森林伐採および伐跡地の植林変化が流出に及ぼす影響，林業試験場研究報告，240号．
中野秀章，1976：森林水文学，共立出版．
中野秀章，1985：森林と水──流出の平準化と総量と，水利科学，no.162．
虫明功臣・高橋　裕・安藤義久，1981：日本の山地河川の流況に及ぼす流域の地質の効果，土木学会論文報告集，No.309．
虫明功臣，1978：流出現象の地域性をどうみるか（高橋　裕編：河川水文学，第5章），共立出版．

9 河川文化―河川技術者と住民―

　私はTVAで得た経験から，この目的を達するには2つの理念が絶対に必要だということを確信するようになった．
　第1には，資源の開発は自然自体の一体性によって支配されなければならないこと，第2には，民衆が開発に積極的に参加しなければならないことである．
（D. E. Lilienthal, *Tennessee Valley Authority: Democracy on the March*, pp. 7-8. 邦訳はTVA――総合開発の歴史的実験〔原書第2版〕，和田小六・和田昭流訳，pp. 7-8）

1991年から篠原修チームによって始められた津和野川デザインの目標の柱は，川を町の中心につなげることであり，地元住民と観光客を考えた河川空間を出現させることであった．その成果の一端がこのイベントに見られる（篠原　修氏提供）．

9.1　河川事業と住民参加

　河川事業は，治水，利水，河川環境の3本柱のいずれを欠いても成り立たず，しかもその間の調和が重要である．これら事業の成果を挙げるには，行政の努力，河川工学者，コンサルタント，建設業者の協力，そしてその計画の対象地域の住民の理解と協力が必要である．住民の積極的発意による多様な活動が河川を活性化し，最終的に河川行政を支援することになる．

　河川行政と流域住民との役割は，時代の推移に伴う経済や社会の河川への要望，技術の進歩によって変化する．それぞれの時代ごとに，その役割分担は変わり，その地域特性によっても若干異なる．

　藩政時代から明治前半までは，われわれは大洪水を河道内へコントロールする技術を持たず，住民は洪水氾濫から自衛するための水屋などの住居や土地利用で対応していた（4.4.2項参照）．明治後半から治水技術の進歩に伴い，治水行政の役割は徐々に強力になり，治水は行政が，緊急時の水防は住民が責任を持つという役割分担が次第に定着してきた（4.5節参照）．

　第二次大戦後，とくに高度成長期以降，経済，社会，技術の発展とともに，住民の河川観，行政との関係も変化し，かつて大洪水や水害を天命と諦めていた住民も，技術によって相当程度洪水をコントロールできることを知り，水害をもはや運命として甘受しなくなってきた．一方，大水害の経験も減少するとともに，洪水氾濫を甘受する住まい方や土地利用の知恵も風化し，すぐれた水防技術の錬磨も忘れがちとなり，住民と行政の役割分担も不明確になった．水害に遭遇した人々が，それを運命と諦めなくなったことは，1960年代後半以降頻発した水害訴訟にも明瞭にうかがえる．一般住民が水害は防げるはずであると考えるようになったのは，その背景として治水技術の高度化と河川行政への信頼が高くなったことを裏書きしている．

　現代における流域内の住民の河川に対する役割は，無秩序な開発によって河川への流出土砂量や洪水流量を増大させないように，また適切な水質管理によって悪質な汚水を河川へ流出させないよう行政を監視し，協議し，協力し，河川区域とその周辺における河川環境維持に自らも努力することである．

　河川行政側としては，近年その業務が多面化し複雑になっている状況下，いままで以上にその業務の意図，計画内容，地域や環境への影響などについて，一般

住民に積極的かつわかりやすい表現で周知させる義務がある．また，住民の要望に応じ，河川に関する基本的情報は可能な限り公表すべきであり，誤解の生じがちな情報に関しては，秘匿せずに十分にその事情を解説して公表するのが，住民の信頼を得る方策でもある．

　行政と学問の関係もまた密接な協力が必要であるとともに，互いの役割と立場を尊重し合うのが原則である．河川工学者は，個々の河川技術的課題を解決するための研究を進めるとともに，長期的，大局的立場から将来生ずるであろう課題を予測し，河川哲学の構築に寄与することこそ重要な役割である．

　本格的水害訴訟は，1966年，67年と2年連続発生した新潟県加治川の破堤災害に対し，被災者農民が河川管理者を訴えた裁判にはじまる．この裁判において，はじめて本質的な治水論議が法廷の場で争われた．1972年7月の梅雨前線水害以後，被災者が河川管理者を裁判所に訴える例が多くなってきた．

　水害の規模も悲惨さも，1950年代までのほうがはるかに激烈であったが，その当時の被災者は，豪雨，洪水をおおむね日本の宿命と感じていた．しかし，70年代になると，住民の水害に対する考えが変わり，水害を河川管理者の責任とする考えが生まれてきた．一方では，日本の経済力も50年代までに比べ格段に強化されてきており，大水害も減少し，治水の水準も上がってきたため，治水行政への信頼感が増大し，いったん被災した場合，期待を裏切られたと感ずることになったといえる．このような河川管理者と被災住民の新たな緊張関係は，河川行政と一般住民との対話の必要性を喚起した．都市水害の原因に見られるように，治水が河川管理者の及ぶ範囲を越えてきた現状に鑑み，住民の理解と協力の必要度が急速に高まってきた．

　第二次大戦以後，最大の住民抵抗は，1953年6月の筑後川大洪水への抜本的治水対策の一環として，1957年建設省により，筑後川上流に計画された下筌・松原ダム計画への反対運動である．地元の有力者であった室原知幸が，下筌ダムサイト右岸側にいわゆる蜂の巣城を築いてダム計画に徹底反対した事件である．室原は東京地裁に，1960年この筑後川治水計画に反対する事業認定無効確認請求訴訟を起こした．わが国最初の本格的治水裁判であった．1963年被告建設省勝訴，ダムは1972年完成，その年室原も死去し，両者間に和解が成立した．1970年代以降，全国で発生したダム反対運動の指導者による室原詣でがその死後も絶えなかった．河川行政側に，ダムなどの計画に際して住民の理解を得ることの重要性を強く認識させた事件でもあった（図9.1）．

図 9.1 蜂の巣城（筑後川上流，下筌ダム地点）

1972年以降の数多くの水害訴訟において，大東水害と多摩川水害訴訟は特に重要である．前者は，1972年7月豪雨により，谷田川（寝屋川支流）からの越水により，大東市野崎・北条地区の被災住民が，1973年に国，大阪府，および大東市に国家賠償法第2,3条に基づく損害賠償を求めた訴訟である．1審2審とも被災者である原告が勝訴，最高裁では原判決を破棄し，大阪高裁へ差戻し，1984年その差戻審判決，および原告のさらなる再上告審は，被告である行政側の全面勝訴の逆転判決となった．水害訴訟で初めて最高裁の判断を仰いだこの判決は，以後の水害裁判に大きな影響を与えた．

多摩川水害訴訟は，1974年9月台風16号による左岸狛江市の水害により流失した19棟の住民らにより，建設大臣を被告とした訴訟であった．第1審原告住民の勝利，2審は逆転判決で被告勝利，最高裁では差戻しとなり，東京高裁で再度の審理を経て1992年原告勝利となった．被災以来18年を要した長期訴訟であった．主要な争点は，破堤地点にあった農業用水のための宿河原堰周辺から始まった破堤による災害が，予見可能であったか否かであった．可能であればその破堤を避けることができたはずであったからである．これらの訴訟により，河川管理および賠償の責任の有無が論じられ，それらの判例が水害に対する法的責任の考え方を示したといえる．

第二次大戦後60年余，河川行政もいくたの目まぐるしい変遷を辿ってきたが，行政と住民との関係は，1980年代以降さらに大きな進化を遂げた．環境問題は河川のみならず，すべての公共事業，土地と水に関わる事業に関して例外なく重要課題となった．つね日頃，身近の環境に身をおいてその変化を肌で感じている地元住民にとっては，具体的かつ個別的関心事として行政と対面する課題である．

一方，河川は，それぞれの地域の自然を構成する重要な要素であり，その地域の風土，文化を形成してきた歴史的所産である．地域の人々は，洪水，渇水の経験を重ね，河川との共生を磨きあげてきた．河川行政は治水，水資源開発などの当面の単目的達成に努力し，相応の成果を挙げてきたが，その技術的努力が日本の河川をきわめて人工的にし，河川環境悪化の一因ともなってしまった．それも1つの要因となって，河川環境復元を求める住民の要望に，行政が応じきれない局面も発生した．その典型例は1990年代，社会問題となった長良川河口堰反対運動であった．この問題が社会的関心を強く惹いたのは，当時内外で高揚した環境問題を背景に，その運動が，単に堰建設の反対に止まらず，河川環境を守ることによって，地域と文化を守ることにも通ずる世論に理解されたからであろう．

建設省の河川審議会は1995年，"今後の河川環境のあり方"を大臣に答申し，その基本方針を（1）生物の多様な生息生育環境の確保，（2）健全な水循環系の確保，（3）河川と地域の関係の再構築，とした．この答申などを受けて，1997年，河川法が改定され，その第1条に，従来の河川および海岸災害の防止，河川の適正な利用に加え，新たに"河川環境の整備と保全"が加わり，第3条に樹林帯（河畔林，湖畔林）を河川管理施設に加え，第16条2に"河川管理者は，河川整備計画を定めようとするときは，あらかじめ，関係都道府県知事または関係市町村，さらに河川に関し学識経験を有する者の意見を聴かなければならない．

河川管理者は，必要があると認めるときは，公聴会の開催など，住民の意見を反映させるために必要な措置を講じなければならない．"と定められ，河川法に初めて"住民の意見の反映"が明記された．

この河川法改正を受けて，各河川流域ごとに河川整備計画を作成する場合に，河川工学者のみならず，河川生態学者，社会科学，人文科学の専門家，住民団体の代表など，さまざまな分野の識者から成る"流域委員会"などが設けられているが，その運営は河川流域ごとの事情によってかなり異なっている．それも，各河川流域ごとに，川と住民の歴史的蓄積，流域の治水と利水の歴史にそれぞれ固有な社会的特性があるからであろう．河川計画作成の民主化の進行過程での生み出ずる悩みといえる．

河川計画に関して，一般住民特にその流域に関係の深い人々の意見をどのように取り込むかが，20世紀末から世界各地で検討されている．それぞれの国情，さらにはそれぞれの河川流域の自然および社会特性に応じて，住民の意向の河川計画への取り組みは多様である．その取り組みの状況によって，その国の民主化の進展度合い，その国の河川行政への関心度，熱意がうかがえる．同じ国でも，それぞれの河川によって，具体的手法に若干の相異があるのは，その河川流域住民の情熱，行政と住民との歴史的経緯が異なるためである．

このように，河川計画は近代化の過程で行政が専ら担当してきたが，現在は住民または専門家の意向を強く受け入れることが河川行政を進めるにあたっても必要条件となってきた．しかし，どのような条件下でも，それぞれの立場，経験などに応じてになうべき役割，果たすべき義務と責任を伴うことは，基本的には普遍的である．

その流域に住んでいる人，住み育った人々，さらに関心のある住民は，地元の川を最もよく生活的に知り，四季を通して，何年もの間，見詰めており，その川と共に生きてきたので，その川への愛着の念も高いに違いない．なればこそ，その川の将来に対し積極的に意思を表明する権利がある．

その川の計画に携わる行政は，まず河川管理者として，河川法の精神に則って，よりよい川のための計画を立案し，それを施行し，維持管理する責任と義務を持っている．その計画，設計，施工，維持の中心となるのは河川技術者である．当然，河川技術のプロとしての技術力を備えていなければならない．そのためには多様な能力が問われており，しかも最近は新たな社会的要請が加わり，その業務内容が多様になっている．しかし，その基本はそれぞれの河相を理解した上で河

川技術を錬磨するに尽きる．担当河川の日本の河川における位置づけを認識し，その特性を把握した上での技術力の発揮が期待される．個々の行政機関の長は一般にすでにいくつかの川での経験を踏まえて，客観的に対処できる資格と能力を持っているはずである．

　河川の専門家としては，しばしば大学教授，研究機関，各種団体，およびそれらのOBが担当し，その学問的知識，河川の調査，実務の経験を駆使して，対象となる河川行政への助言，提案などを分担する．いわゆる学識経験者と称される人々は，対象河川の歴史，現代的特性，行政の権限の範囲，河川技術の可能性と限界を知り，住民の多様な意見と要望を把握し，広義の河川学（河川工学，水文学，水理学，河川生態学，河川地学など），および河川に関する社会，経済の見識に基づいた客観的見解の披瀝が求められている．その見解，提言などは原則として，自らの学問的基礎に基づくべきであり，一過性とも見られるような社会的風潮に流されてはならない．

　いずれの分野，あるいは立場であっても，日本人が長い歴史を通じて培ってきた自然の美に対する鋭い感受性こそ，河川に対する基本的基盤である．歴史の変動期に，その誇るべき感受性が揺らぎ，日本の河川が荒廃したこともあった．しかし，それを回復するのは，川に親しむ多くの日本人の"自然との共生"のこころであり，特に河川技術者が河川という自然との共生を目ざして，自然への鋭い感受性を養う姿勢である．日本の河川を核とする自然は，それほど繊細にして微妙な変化に富む自然美に恵まれているのである．

9.2　河川技術と河川文化

　河川景観設計の原理については，すでに6.7節で述べたが，その意図は単に目を楽しませるとか，河川を憩いの場にすることに留まらない．たとえば，都市の場合，河川は都市の顔として，その河川および都市の状況を忠実に反映して流れている．河川が汚れ見る影もなく荒廃していれば，その都市計画がすぐれていないことを意味するし，その都市民が河川を大事にしていない証拠でもある．

　河川の佇まいは，おそらく当面の都市計画の問題であるよりはむしろ，その都市，地域の河川や水に対する思想，文化の問題である．パリとセーヌ川，ロンドンとテムズ川，ウィーンやブダペストなどとドナウ川の関係を見れば，それらは，その都市の歴史を貫く文化の蓄積であることが実感できる．

ところで，日本はかつて玉城哲が水社会（4.5節参照）と規定したように，扱いにくい日本の水を相手として，河川技術を陶冶して特有の水文化を育成してきた．水が豊富であるとはいえ，不規則で変幻の激しい水と付き合うことによって，日本人は繊細にして，変化に即応できる知恵を養ってきた．

　明治前半の19世紀末までは，日本人の水辺環境をあしらった景観の質が高かったのも，日本人の水感覚の鋭敏さを示している．江戸時代の葛飾北斎や安藤広重らが競って隅田川などの河川景観を描いたのは，そこに集う庶民の屈託のない解放感に共感したからであり，描くに値する河川景観に満ちていたからに違いない．図9.2の広重の"大はしあたけの夕立"（1857）は，光景はもとより庶民と川との付き合いが巧まずして画かれている．

　明治中期の産業革命と急速な近代化に突進し，第二次大戦後は経済の急成長に熱中するあまり，忘れられたかに見える日本人の柔軟性のある水感覚，河川との付き合いの巧みさを想起し復活するのが，日本の水と河川の文化を育成する基本的視点である．最近の河川環境や景観向上への意識の昂揚はその兆候であり，6.4節に紹介した近自然河川工法もしくは多自然川づくり，6.7節の河川景観設計も，河川事業の新時代を暗示している．河川法第3条に，樹林帯と記された河畔林および湖畔林が河川管理施設と位置づけられた意義は大きい．従来，河川管理施設は，堤防，堰，ダムなど人工構造物であった．河畔林も計画的に植林されれば，純自然とはいえないが，構造物とは異なり生命のある植物として自然に近い存在である．すなわち，河川事業は，基本的には河川という自然との共生のあり方をつねに求める事業である．堤防，護岸水制，堰，ダムなどの構造物は地域住民の安全と福祉を目指すためであり，自然との共生を目標とする技術的手段である．その手段としての構造物設置と建設が最終目標であるかの如き錯覚に陥ってはならない（7.2.7項参照）．

　河川は技術によって作るものではなく，技術を手段として，人間が河川といかに付き合うかの作法に則るものでなければならない．その作法は，流域の人々との共同作業によって，流域に培われてきた風土と歴史を重んじ，地域文化を育む精神によって錬磨される．

　付録1，日本の河川の特性，に紹介してあるとおり，日本は多数の群小河川から成っている．したがって，ひとつひとつの河川流域は大陸諸河川のそれと比べ，きわめて狭い．それらの流域に，比較的人口密度が高く多くの人々が住み，長い歴史を通して，それぞれ独特の河川流域文化を築いてきた．その文化の様相は，

図 9.2 大はしあたけの夕立（山口県立萩美術館・浦上記念館 所蔵）

その流域の社会水文学的，地形学的，社会経済的特性などにより異なるとはいえ，その流域内での上下流交流はかつて活発であったし，人々の流域住民としての意識は高かった．上流からの木材は筏流しなどによって下流へ運ばれ，下流からは水産物，農産物が上流へと提供されていた．

明治以降の鉄道発達と水運の衰退による交通革命によって，人々の流域意識は徐々に消え，鉄道沿線意識が芽生えた．第二次大戦後は，高速道路をはじめ，漸くにして道路が整備されるとともに，マイカー時代が到来し，トラック輸送が発達し，新幹線に象徴される高速鉄道の普及とともに，河川舟運は辛うじて観光の対象としてしか機能しなくなった．鉄道，道路が流域を輪切りにする結果をもたらし，流域一体感はほぼ消滅した．

第二次大戦後は，上流でのダム建設がさかんとなり，その恩恵が主として下流

民のためであり，ダム所在上流域は犠牲になるとの見地から上下流対立の契機となった．1973年の水源地域対策特別措置法（略称水特法）は，水源地域における道路，上下水道などの公共投資促進を優遇するなどの措置による上下流対立緩和を目指していた．しかし，全国的に人口の都市集中は止まらず，上流域は過疎に悩むという情勢下，水源地域蘇生の抜本的対策は困難であった．ダム建設が集中する利根川，木曽川，豊川，淀川，吉野川，筑後川，沖縄などでは水源地域対策基金が1970年以後，つぎつぎ設立され，水没関係住民の生活再建対策，水源地域の振興対策などに充てられている．

河川上流域の森林の維持管理が，労務者の激減などにより深刻になっている．わが国土の約3分の2が森林であり，治水対策としても，森林保全は国家的重要課題である．その保全のために，高知，沖縄県などでは，下流側都市の協力による森林基金制度などが設けられている．いずれも河川上下流利害調整はもとより，治水，利水，水環境のあり方が流域単位で重大になってきたことを意味している．

全流域を視野に入れた河川経営は，上述のように，治水，利水，森林問題を要としてその重大性が徐々に認識されているが，それを社会経済的観点から，その河川流域史，流域文化という観点からとらえることを重視したい．伝統河川工法は，その河川の洪水特性，地元の材料特性を踏まえて，職人の世襲とともに地域文化が，それを歴史的に育成してきたからこそ，それは"伝統"の名にふさわしい．各地の流域に古くから伝わる河川に関わる祭，地元行事は枚挙に暇ない．それらを世代を越えて伝承することによって流域住民の河川愛は育ち，ひいては河川技術の発展，河川行政の進展に資してこそ，流域文化といえよう．こうして，河川技術が流域文化と結び付くことによって，技術向上の契機となることが強く期待される．

演習課題

1) 河川流域内の上流，中流，下流のそれぞれの役割と利害の一般的関係および身近な流域について調べよ．
2) 身近の河川におけるイベントなどについて調べよ．

キーワード

流域圏，水社会，河川文化，水源地域対策

---討議例題---
1) 流域の上下流の利害対立がある場合,その原因,その対策について調べよう.
2) 河川文化,水文化とは具体的にどういうものか.その向上のための条件とは何であろうか.それらを身近の河川について調べてみよう.

参考・引用文献

リリエンソール,D.E.,和田小六ほか訳,1979:TVA〔第二版〕,岩波書店.

付録1　日本の河川の特性

　本書は，もっぱら日本の河川を対象とした工学について述べてきたが，もちろん河川としては，日本の河川も外国のそれと多くの共通性があり，水文学や水理学の基本的概念は同じ原理に立っている．

　ここでは，日本の河川を諸外国の河川と比較した場合の特性について略述する．外国の河川計画や河川技術を理解するには，まずその河川特性への理解が前提である．もっとも，世界の河川といっても，気候帯や地形がさまざまであるように，きわめて多様である．ここでは，主として，世界の河川の大部分を占める大陸河川との対比において，日本の河川の特性を述べる．

(1) 国土面積に比してきわめて多数の群小河川がひしめき合っている．

　日本列島の河川は群小河川がつぎつぎと隣合せに連なり，国土は河川によってほとん

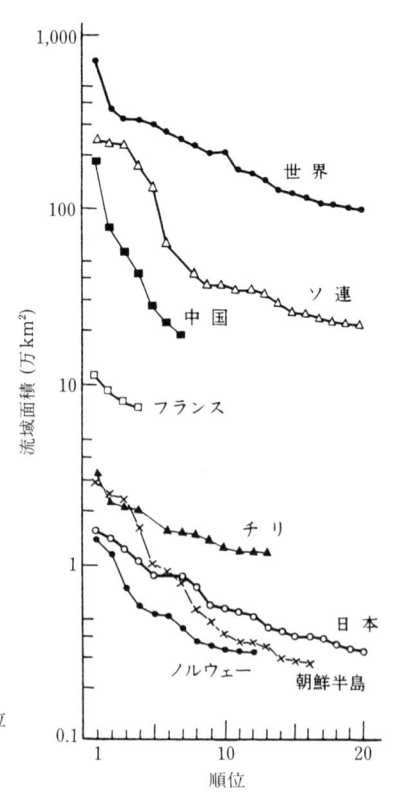

図A.1　日本と諸外国の河川流域面積とその順位
　　　（阪口・高橋・大森, 1986：日本の川, p.214, 岩波書店に中国を追加）

ど均等とさえいえるほどに細分割されている．日本最大の流域面積を持つ利根川のそれは 1.684 万 km^2 で全国土面積の 5% 弱にすぎない．

オビ川はアジア大陸における最大流域面積（295 万 km^2）を持ち，インド亜大陸とアラビア半島を除くアジア大陸総面積の 8% に相当する．アジア大陸の 5 大河川であるオビ川，エニセイ川（259 万 km^2），レナ川（238 万 km^2），アムール川（205 万 km^2），長江（178 万 km^2）の流域面積だけで，前述のアジア大陸の約 30% にも達する．

ヨーロッパ大陸ではボルガ川（142 万 km^2）が特大で，2 位のドナウ川（82 万 km^2）の 2 倍弱にも達する．アフリカ大陸では最大のコンゴ川（369 万 km^2）についでナイル川（301 万 km^2）が 2 位であり，コンゴ川だけでアフリカ全大陸の 12% を占める．さらに，3 位のニジェール川（209 万 km^2），4 位のザンベジ川（133 万 km^2），5 位のオレンジ川（102 万 km^2）以外には大河はない．

北アメリカ大陸ではミシシッピ川（325 万 km^2）がひときわ大きく，2 位のマッケンジー川（167 万 km^2）の 2 倍近くである．南アメリカ大陸ではアマゾン川（705 万 km^2）が大陸の約 40% の流域を持ち，2 位のラプラタ川（310 万 km^2）の 2 倍以上である．オーストラリア大陸では，マレー川（108 万 km^2）を除くと大河はない．

図 A.1 の流域面積順位を見ると，日本河川の流域面積の減り方は緩やかである．すなわち，国土が多くの河川によって，かなり均等に分割されていることになる．ほかに例を求めれば，わずかに南アメリカのチリの河川流域面積の減り方が日本と類似した傾向にあることがわかる．チリは，日本と同じように地震や火山の活動がさかんな変動帯であるアンデス山脈の西斜面を占める細長い国土である．

日本列島には，長さが 20 km 以上，流域面積が 150 km^2 以上，流域の海抜高度が 100 m 以上に達する河川が約 260 ある．この 260 河川の流域面積の平均は 1,100 km^2 で東京都の面積の約半分であり，多摩川，庄川がほぼこの大きさである．長さの平均は 70 km であり，黒部川，淀川がほぼこの長さである．

図 A.1 の流域面積の大きいほうからの配列は，利根川，石狩川，信濃川，北上川，木曽川であり，大陸の国々のように，飛び抜けて大きい河川はない．

(2) 河川の規模（流域面積，幹川延長）が小さい．

前述の特性とも関係があるが，個々の河川の規模は小さく，10,000 km^2 以上の流域面積の河川は，わずか上位 4 河川しかない．表 A.1 に比較するように，これらの日本の大河川の規模も大陸では名もない群小河川にすぎない．

世界最大の流域面積のアマゾン川は日本の総面積の約 19 倍である．アマゾン川の河口部は，"南アメリカの地中海" とも呼ばれ，ジェット旅客機でも横断するのに 30 分もかかる．

ちなみに，中国最大の河川である長江（178 万 km^2）の流域面積は日本の 4.7 倍もあるが，流域面積 10,000 km^2 以上の支川が 27 河川もある．

(3) 下流部は沖積平野から成り，そこに人口や産業が集中している．

日本の多くの大河川河口付近は，河川によって運ばれた堆積物によって形成された沖積平野から成り，そこに東京，名古屋，大阪などの日本の代表的大都市や，農業や工業が発達してきた．したがって，この地域を洪水の脅威から守ることは，日本の治水の大

表 A.1　日本と世界の

(a)日本の主要河川の流域面積，長さおよび比流量（m^3/秒・100 km^2）

	河川名	流域面積 (km^2)	順位	長さ (km)	比流量		河川名	流域面積 (km^2)	順位	長さ (km)	比流量
北海道	石狩川	14,330	2	268	3.88	中部	九頭竜川	2,930	20	116	7.02
	十勝川	9,010	6	156	2.74		神通川	2,720	22	120	7.03
	天塩川	5,590	10	256	4.86		矢作川	1,830	35	117	2.97
	釧路川	2,510	25	154	2.98		大井川	1,280	48	160	6.37
	常呂川	1,930	32	120	1.73		庄川	1,180	52	115	5.07
	尻別川	1,640	41	126	5.36		黒部川	680	81	80	8.57
	網走川	1,380	46	115	1.47		常願寺川	368	148	52	4.39
	沙流川	1,350	47	104	4.42	近畿	淀川	8,240	7	75	3.90
	鵡川	1,270	49	135	3.68		熊野川	2,360	26	183	7.15
東北	北上川	10,150	4	249	4.11		由良川	1,880	33	146	3.81
	阿賀野川	7,710	8	210	5.85		紀ノ川	1,660	40	136	4.01
	最上川	7,040	9	229	6.08	西南日本 中国	江ノ川	3,870	16	194	3.80
	阿武隈川	5,400	11	239	2.84		高梁川	2,670	23	111	2.90
	雄物川	4,710	13	133	6.61		斐伊川	2,070	29	153	4.20
	米代川	4,100	14	136	5.64		吉井川	2,060	30	133	3.10
	岩木川	2,540	24	102	4.39		旭川	1,800	37	142	3.70
	馬淵川	2,050	31	142	2.60		太田川	1,700	38	103	4.90
関東・中部	利根川	16,840	1	322	2.89	四国	吉野川	3,750	17	194	4.18
	信濃川	11,900	3	367	5.12		四万十川	2,270	27	196	6.50
	那珂川	3,270	18	150	3.23		仁淀川	1,560	43	124	7.30
	荒川	2,940	19	169	2.46		肱川	1,210	51	103	4.00
	相模川	1,680	39	109	2.07	九州	筑後川	2,860	21	143	4.77
	久慈川	1,490	44	124	2.51		大淀川	2,230	28	107	6.56
	多摩川	1,240	50	138	1.97		球磨川	1,880	34	115	6.38
	富士川	3,990	15	128	2.74		五ケ瀬川	1,820	36	106	6.14
	木曽川	9,100	5	227	5.89		川内川	1,600	42	137	6.63
	天竜川	5,090	12	213	5.16		大野川	1,460	45	107	4.43

流域面積の大きな河川は東日本に多い．年平均比流量は西南日本の河川のほうが大きい．

目標である．したがって，藩政時代からこの地域の治水事業は重点的に行われてきた．連続高堤防による明治中期以降の近代治水事業は大きな成果を挙げてはきたが，氾濫はほとんどなくなったため，流送土砂は河床に堆積して，洪水の規模は大きくなり，洪水位は周辺地盤より高くなっている．そのため，いったん破堤した場合の被害を大きくする可能性が増している．図 A.2 の，南関東および大阪における横断面図によって，河川と周辺地盤の高低差がわかるであろう．

　ニューヨークはハドソン川，シドニーはパラマッタ川の河口に位置している．この河口部は海水が入り込んだ溺れ谷の湾である．ロンドンはテムズ川の河口に，ブエノスアイレスはラプラタ川の河口に開けた大都市である．この両川の河口部は三角州の入江（三角江）となっている．日本の大河川河口部とは成因が全く異なっており，河川は都

主要河川の規模と比流量（前出：日本の川より）
(b)世界の主要河川の比較

	河川名	流域面積 (100 km²)	長さ (km)	比流量		河川名	流域面積 (100 km²)	長さ (km)	比流量
アジア	オビ川	29,479	5,200	0.51	ヨーロッパ	ボルガ川	14,200	3,690	0.61
	エニセイ川	25,915	4,130	0.76		ドナウ川	8,170	2,860	0.92
	レナ川	23,837	4,270	0.65		ドニエプル川	5,105	2,290	0.39
	アムール川	20,515	4,350	0.45		ドン川	4,300	1,970	0.30
	長江（揚子江）	17,750	6,300	1.60		ドビナ川	3,620	1,750	0.97
	黄河	9,800	4,670	0.20		ペチョラ川	3,200	1,810	1.23
	インダス川	9,600	2,900	0.84		ライン川	2,240	1,320	1.45
	ガンジス川（ガンガ）	9,560	2,510	1.68		セーヌ川	778	780	0.72
	メコン川	8,100	4,500	1.23		テムズ川	126	405	0.64
	ユーフラテス川	7,650	2,800	0.31	北アメリカ	ミシシッピ川	32,480	6,210	0.27
	ブラマプトラ川	6,660	2,900	3.54		マッケンジー川	16,680	4,240	0.42
	シルダリア川	6,490	2,210	0.093		セントローレンス川	12,480	3,060	0.86
	アムダリア川	4,650	2,540	0.89		サスカチュワン川	10,800	1,940	0.80
	イラワジ川	4,300	2,090	3.00		ユーコン川	9,000	3,700	0.66
アフリカ	コンゴ（ザイール）川	36,900	4,370	0.94		コロンビア川	6,550	1,850	0.88
	ナイル川	30,070	6,690	0.10		コロラド川	5,900	2,320	0.094
	ニジェール川	20,920	4,180	0.52		リオグランデ川	5,700	3,030	0.031
	ザンベジ川	13,300	2,740	0.52	南アメリカ	アマゾン川	70,500	6,300	2.90
	オレンジ川	10,200	2,090	0.28		ラプラタ川	31,040	4,700	0.61
オセアニア	マレー川	10,806	2,590	0.034		オリノコ川	9,440	2,060	1.84

流域面積が世界最大のアマゾン川は南アメリカ大陸の約40%を占める．世界最長の川はナイル川で約6,700 km．年平均比流量は日本の河川に比べて，1桁小さい．
(『理科年表』1985年版および『建設省流量年表』1982年版のデータより，比流量は大森博雄による．)

市の最低部を流れている．

　東アジアや東南アジアのモンスーン地域の黄河，長江，メコン川，イラワジ川，ガンジス川などは河口付近に広大な沖積平野を形成し，日本の大河川と似た地形条件にある．膨大な洪水流量が流れることは，いわば，アジア・モンスーン地域の河川の特性といえよう．

(4) 滝のような急流である．

　図A.3に示すように日本と大陸の代表的河川の縦断面曲線を比較すると，大陸諸河川の勾配は小さく，比較的滑らかな曲線で描かれるのに反し，日本の河川のそれは急勾配で屈曲している．曲線の途中の勾配の緩い部分は盆地で，そのすぐ下流部が急勾配の峡谷になっている河川が，東北日本に多い．西南日本でも川内川は多くの盆地と峡谷が連続している．縦断勾配の屈曲は主として盆地と峡谷が交互に形成されている部分，あるいは地形や地質が急変する部分に見られる．これは，日本列島が地球上の変動帯に位置し，地質の変化が激しく，局地的な沈降と隆起が活発であり，地形がモザイク状になっているためである．

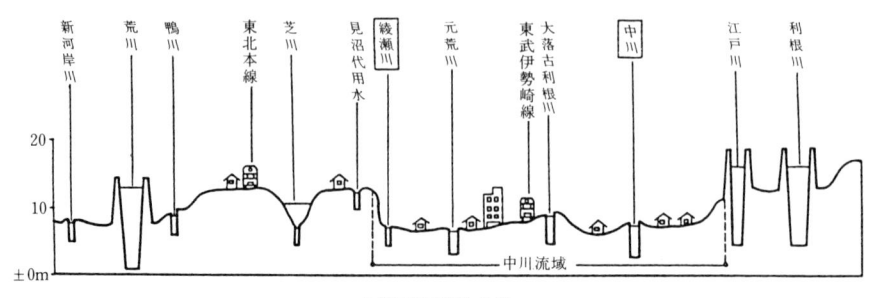

図 A.2　沖積平野に位置する日本の大都市の地盤高と河川洪水位（ロンドンとの対比）（国土交通省河川局より）

(a) 埼玉平野と中川
(b) 大阪と淀川，大和川
(c) ロンドンとテムズ川

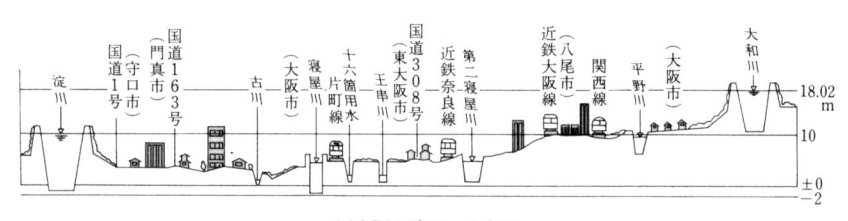

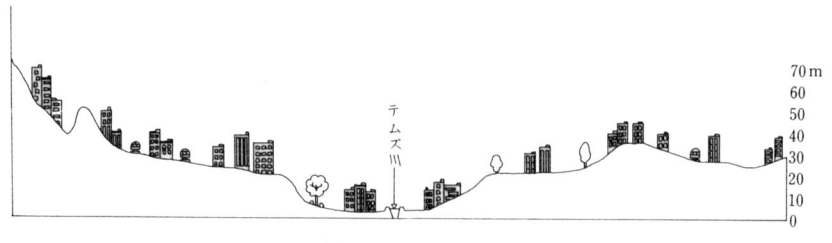

　峡谷と盆地では治水をめぐって対立が発生しやすく，勾配急変点付近は破堤しやすく，治水の難所となることが多い．

　大陸河川といえども，上流山地では当然急流となる．しかし，一般にその部分には人口や産業が集中しておらず，大規模な治水事業を行う必要がない．図 A.3 の日本の河川の中でも常願寺川や富士川のように富山湾と駿河湾に流れ込む川は特に急勾配である．これら河川は地形的にはその大部分が上流部に相当し，下流のほんの一部分に小規模なデルタが形成されている．その急流の流域に多くの人口や財産を抱えているため，綿密な治水が必要となり，これが日本独特の急流河川工法を育んだのである．

　1891年（明治24）7月，常願寺川の大洪水後に，内務省から派遣されたデレーケが，

286　付録1　日本の河川の特性

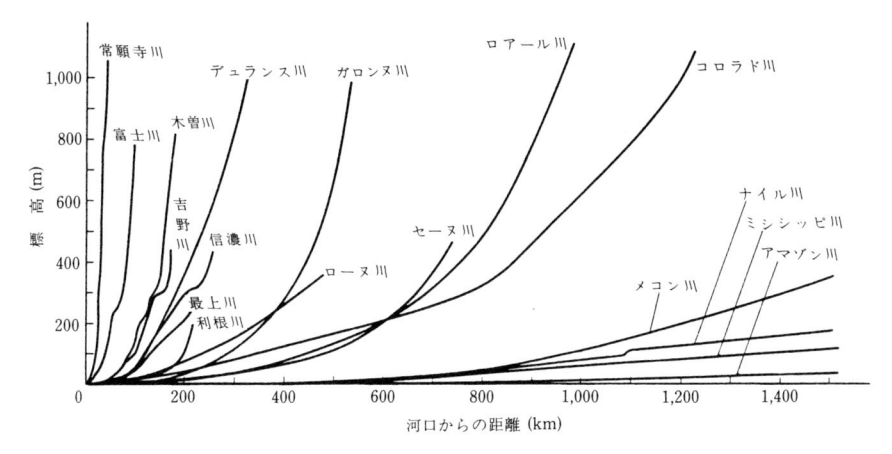

図 A.3 日本と大陸の河川の縦断面曲線（阪口・髙橋・大森，1986：日本の川，p.220，岩波書店より）

大陸の河川は勾配が小さく，滑らかな曲線で描かれるが，日本の河川は急勾配で屈曲している．もっとも，大陸の河川でも，流域全体を見れば屈曲している．曲線の途中の勾配の緩い部分は盆地で，その下流側の急勾配の部分は峡谷になっていることが多い．

「これは川ではない，滝だ．」といったとの話はあまりに有名であるが，低地国オランダから来れば，そう思うのも無理からぬところであり，図 A.3 はそれを裏書きしている．

(5) 比流量と流量の年間変動が大きい．

日本の河川は，洪水比流量も渇水比流量も大きい（表 A.2）．洪水比流量は図 A.4 に示すとおり日本の河川は大陸性河川よりも1桁多い．渇水比流量は表 A.2 に見るとおり，おおむね $1 \sim 4 \, m^3/s \cdot 100 \, km^2$ であるが，ほとんどの外国河川の場合は1以下である．年平均比流量で見ても表 A.1 のように，一般に日本を含めアジア・モンスーン地域の河川の値は大きい．すなわち，流域面積に対し流量が豊かであり，とくに洪水比流量の大きいこと，火山性地質河川の渇水比流量の大きいのが特性である．

日本では大河川でも，上流山地での豪雨による洪水が約2日で河口まで達する．東北日本の雪による影響を除けば，降雨と出水の時期は一致するし，日本人はそれを当然のこととさえ考えている．しかし，大陸の河川においては，事情はまったく異なる．たとえば，ドナウ川の上流のウルムで発生した洪水は，14日後に下流 700 km のウィーンに，18日後に 900 km 下流のブダペストに，27日後に 1,400 km 下流のベオグラードに，35日後に 2,400 km 下流のブライラに到達する．

東南アジアのメコン川，チャオプラヤ川，イラワジ川，ガンジス川などでは，上流からの洪水は，夏の雨季に1～3ヵ月かかって下流へと流れ，ゆっくりと水位は上がり，洪水が収まるのにも数ヵ月を要する．日本の河川の場合は，1洪水の寿命もきわめて短く，無降雨日が続くと，河川流量はたちまち少なくなる．

河川流量の季節変化を表す指標として，最大流量を最小流量で割った値（河況係数）で示す．この値が大きいほど，流量変化が大きく，治水や利水が厄介な河川といえる．

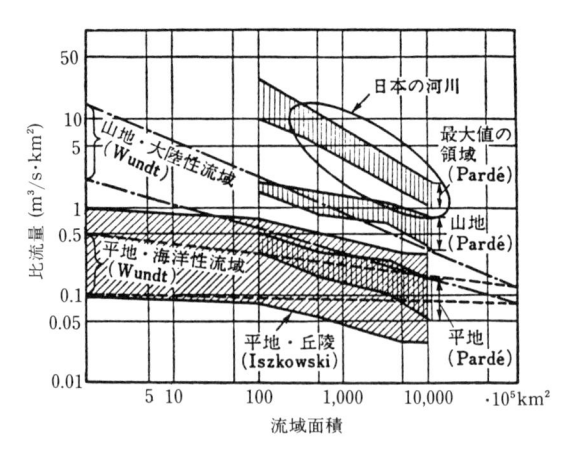

図 A.4 流域の地理的特性と最大洪水比流量（Wundt に加筆，高橋・阪口，1976：日本の川，科学，vol. 46, no. 8 より）

河況係数はある一定年数の流量資料について，あるいは既往最大と最小流量で表すこともある．表 A.3 に大森博雄による河況係数の値を示すように，日本河川の値はきわめて大きい．ただし，河川の開発が進むにつれ，河川からの取水量が増加し，観測地点によってはゼロに近くなり，河況係数は著しく大きくなる．日本の河川の場合は，ほとんどすべての河川で利水のために常時相当量が取水されているため，河況係数はもはや自然特性を表現できなくなっている．自然状態でも日本の河川の河況係数は大きかったが，河川開発とともに，その傾向はいっそう大きくなっている．

(6) 流送土砂浸食速度が大きい．

日本の河川の浸食，土砂運搬力，流送土砂量はきわめて大きい．一定期間に，河川の運搬した土砂量を流域面積とその期間（一般に年数）で割った値を浸食速度（$m^3/10^6 m^2 \cdot$年数 $= m^3/km^2 \cdot$年 $=$ mm/1,000 年）といい，その河川流域の浸食の度合がわかる．この値はまた，流域の平均高度の低下速度をも表現している．その値は表 A.4 に示すとおりであり，日本を含めアジア・モンスーン地域の値は大きい．特に黄河は例外ともいうべき巨大な値を示している．

日本の河川を，大陸河川と対比する場合，ほとんど山地河川といえるので，世界の山地河川の浸食速度と比較すると，ヨーロッパ・アルプス河川では $100 \sim 800 \, m^3/km^2 \cdot$年であり $1,000 \, m^3/km^2 \cdot$年は越えない．アメリカ大陸西部のロッキー山脈の河川でも，エール川が $819 \, m^3/km^2 \cdot$年と特別に大きいが，おおむね $200 \, m^3/km^2 \cdot$年以下である．グランドキャニオンを流れるコロラド川でさえ，$230 \, m^3/km^2 \cdot$年と観測されている．日本では中部山岳地域を流れる川が特に大きく，山間部では $1,000 \, m^3/km^2 \cdot$年以上にもなり，黒部川のように約 $7,000 \, m^3/km^2 \cdot$年という値さえ記録されている．台湾の河川もほとんど $1,000 \, m^3/km^2 \cdot$年であり，$7,000 \, m^3/km^2 \cdot$年を越える例も少なくない．世界的に見て，日本を含むアジア・モンスーン地域の河川の浸食速度は，山地河川，平地

表A.2 日本の主要河川の流域面積とその順位，比流量（高橋・阪口，1976：同左より）

	河川名		順位	比流量(m³/s·100km²)				(m³/s·km²)	
				渇水量	低水量	平水量	地点と流域面積	洪水量	地点と流域面積
	北海道	km²							
	石狩川	14,330	2	2.01	3.16	4.20	橋本町 5,781	0.65	河口
	十勝川	9,010	6	—	—	—		1.18	茂岩 8,276.9
	天塩川	5,590	10	—	—	—		0.75	河口
東	東北								
	岩木川	2,540	24	0.23	1.57	3.27	五所川原 1,740	1.02	五所川原 1,740
北	北上川	10,150	4	1.33	2.02	2.79	狐禅寺 7,060	1.11	登米 7,869
	阿武隈川	5,400	11	0.82	1.35	1.94	丸森 4,173	1.75	岩沼 5,265
日	米代川	4,100	14	—	—	—		2.19	二ツ井 3,750.4
	雄物川	4,710	13	1.88	3.37	4.59	神宮寺 3,337	2.16	椿川 4,034.9
本	最上川	7,040	9	—	—	—		0.95	高屋 6,271
	阿賀野川	7,710	8	2.00	3.00	3.90	馬下 6,997	1.57	馬下 6,997
	関東・中部								
	信濃川	11,900	3	1.77	2.94	3.91	小千谷 9,843	1.12	小千谷 9,843
	利根川	16,840	1	1.11	1.50	2.27	栗橋 8,588	1.98	栗橋 8,588
	荒川	2,940	19	0.60	1.07	1.88	寄居 927	6.11	寄居 927
	富士川	3,990	15	1.06	1.68	2.36	清水端 2,112	2.49	北松野 3,536
	天竜川	5,090	12	1.44	2.36	3.41	鹿島 4,880	2.28	鹿島 4,880
	木曽川	9,100	5	1.84	2.86	4.65	犬山 4,684	2.94	犬山 4,684
	黒部川	680	81	3.12	5.26	7.91	愛本 667	8.49	愛本 667
	近畿								
	紀ノ川	1,660	40	0.83	1.45	2.61	橋本 885	7.63	橋本 885
西	淀川	8,240	7	1.61	2.43	3.11	枚方 7,281	1.54	枚方 7,281
	由良川	1,880	33	0.86	1.83	2.86	福知山 1,344	5.00	福知山 1,344
南	中国								
	斐伊川	2,070	29	1.42	2.56	3.07	伊萱 732	3.91	大津 911
日	江ノ川	3,870	16	—	—	—		3.03	尾関山 1,981
	旭川	1,800	37	0.78	1.94	3.15	下牧 1,570	3.82	下牧 1,570
本	四国								
	吉野川	3,750	17	0.93	2.04	3.48	池田 1,919	5.39	岩津 2,768
	仁淀川	1,560	43	0.94	2.00	4.05	伊野 1,463	9.21	伊野 1,463
	九州								
	大淀川	2,230	28	2.79	3.88	5.27	高岡 1,564	3.00	宮崎 2,174
	筑後川	2,860	21	1.17	1.78	2.37	瀬ノ下 2,315	5.90	長谷 1,440
	球磨川	1,880	34	1.93	2.57	4.28	人吉 1,136	3.77	萩原 1,882
	川内川	1,600	42	1.77	2.55	4.04	斧淵 1,434	2.87	川内 1,425

注1 流域面積は理科年表（1976年版）による．
注2 渇水，低水，平水の比流量は，建設省流量年表（1957年版）から算出したもの（日本農業と水利用，1960年から）．
注3 洪水比流量は河川便覧（1974年）の既往最大洪水流量より計算したもの．
注4 地点名は，それぞれの比流量の計算の基準とした地点を指す．地点名の下の数字はその地点での流域面積（km²）．
　なお，日平均流量に基づいて，渇水量とは年間355日利用し得る流量，すなわち355日間はこれを下回らない流量，同様に，低水量は年間275日，平水量は185日，豊水量は95日，それぞれ利用し得る流量．

表 A.3 主要河川の河況係数（大森博雄，前出：日本の川，p.225 より）

河川名	地点	河況係数	河川名	地点	河況係数
石狩川	橋本町	68 (573)	ナイル川	カイロ	30
十勝川	帯広	141 (1,751)	オハイオ川	シビクリー	319
天塩川	円山	76 (512)	オハイオ川	ルーイスビル	271
北上川	狐禅寺	28 (159)	オハイオ川	メトロポリス	86
阿賀野川	馬下	46 (190)	テネシー川	パデューカ	1,000
最上川	堀内	67 (423)	ミズーリ川	スーシチー	176
阿武隈川	木宮	77 (514)	コロラド川	グランドキャニオン	181
雄物川	椿川	37 (114)	コロラド川	国境	46
利根川	栗橋	74 (1,782)	ミシシッピ川	セントポール	20
鬼怒川	平片	345 (∞)	ミシシッピ川	クリントン	19
信濃川	小千谷	39 (117)	ミシシッピ川	セントルイス	3
荒川	寄居	424 (3,968)	ミシシッピ川	ビクスバーグ	21
多摩川	石原	191 (∞)	テムズ川	ロンドン	8
富士川	清水端	142 (1,142)	ドナウ川	ウィーン	4
天竜川	鹿島	74 (1,430)	ライン川	バーゼル	18
木曽川	犬山	106 (384)	オーデル川	ブロツラフ	111
黒部川	宇奈月	1,164 (5,075)	エルベ川	ドレスデン	82
常願寺川	瓶岩	1,952 (∞)	セーヌ川	パリ	34
淀川	枚方	28 (114)	ソーヌ川	シャロン	75
紀ノ川	橋本	264 (6,375)	ローヌ川	サンモリス	35
江ノ川	川平	223 (1,415)	ガロンヌ川	ツールーズ	167
斐伊川	大津	738 (∞)			
吉野川	中央橋	658 (∞)			
四万十川	具同	662 (8,920)			
筑後川	瀬ノ下	148 (8,671)			
球磨川	横石	272 (1,782)			
大淀川	柏田	125 (337)			
川内川	斧淵	94 (864)			

　日本の河川については，1971〜80年の10年間の河況係数の平均値．カッコ内は，1980年までの最大流量と最小流量の比（これも河況係数と呼ばれることが多い）．外国のものについては，既往最大流量と最小流量の比を表しているものが多いので，日本の河川のカッコ内に示したものと比較するのがよい．東北日本の河川に比べ，西南日本の河川の河況係数は大きい．最小流量が0になると，河況係数は無限大（∞）になり，砂漠の河川でよく見られる．日本の河川は湿潤地域を流れる河川の中では，著しく大きな値を示す．（日本の河川については，1971〜80年建設省流量年表から計算．外国の河川については，科学技術資源調査会，1961に，D.K.トッド，1970の資料から計算したものを追加．）

河川を問わず大きい．それがまた，治水を困難にし，特有な治水工法，治水戦略を取らねばならない原因となっている．

　ただし，日本の河川といえども地域差は大きく，中部山岳地域は浸食速度の特別に大きい例である．ついで，関東山地，奥羽山脈南部と続き，最も少ないのは200 m³/km²・年以下の西南日本内帯の山地，東北地方太平洋岸山地，奥羽山脈北部，日高山地

表 A.4 世界と日本の河川流域の浸食速度 ($m^3/km^2 \cdot$ 年)

ナイル川	13	利根川	137
ミシシッピ川	59		
アマゾン川	58		
東南アジア河川	>100		
黄　河	1,160		
台湾諸河川	>1,000		
山地河川		黒部川	6,872
ヨーロッパ・アルプス河川	100〜800	中部山岳河川	>1,000
ロッキー山脈の河川	<200	関東山地，奥羽山脈南部，両白山脈	400〜600
（ただし　エール川	819）		
コロラド川	230	西南日本外帯山地 奥羽山脈中部，日高山脈	200〜400
		西南日本内帯山地 東北地方太平洋岸山地 奥羽山脈北部	<200
		北海道（日高山脈を除く）	

を除く北海道山地である．日本列島の山地は世界でも隆起速度が大きく，特に中部山岳地域のそれは最も大きい．隆起速度の大きい山地ほど浸食速度は大きい．このような状況に加えて，激しい豪雨によって崖崩れや土石流が発生しやすいことも日本の河川の浸食速度を大きくしている．

(7)　河川の水質は軟水である．

日本の河川水に溶解している無機成分の合計は，欧米や東南アジア（降水量の特に多い地域を除く）などと比べ，濃度が低い．

その理由は，日本の降水量が多く，河川の流速が速いこともあって，水の循環速度が速く，蒸発の降水量に対する比が小さいことなどのため，蒸発による濃縮が妨げられるからと考えられる．

もう1つの河川水質の特色は，Ca^+，Mg^+ が少なく珪酸が多いことである．日本の岩石や土壌中に石灰分が少ないからである．一方，火山地帯に水源を持つ河川や火山岩中を貫流する河川には珪酸が多い．

日本の河川水は，元来は洪水時以外は濁度が少なく澄んでいる．しかし，流域に沙漠があって風で細かい物質が飛ばされやすい地域や，厚い風化層が発達し土壌浸食の激しい地域や，黄土のように浸食されやすい細かい土粒子の堆積している地域が広ければ，河川水の浮遊物質は多くなる．東南アジアや中国などの多くの河川の水が黄褐色を帯びているのはそのためである．

(8)　流域の高度な開発，治水事業の発展と普及のため，ほとんどの河川がきわめて人工的であり，純自然河川が少ない．

[日本の治水の特性]

日本ほど，全国的に高密度な河川工事を行った国はないであろう．アジア・モンスー

ン地域の河川の特性としての豪雨，大型洪水，それに(3)に述べた，人口が集中する沖積平野と洪水との関係に明瞭に示されるように，最も洪水氾濫しやすい低平地に，人口が集中し土地利用度を高めているために，大規模な治水事業を行って洪水を処理しなければならないからである．土地利用度が高まると，万一氾濫した場合の被害がいっそう大きくなるのみならず，土地利用の高度化が河道への流出条件を変え洪水を大規模化し，さらに大規模な治水事業を要求することになる（4.4節参照）．

日本の場合は流域開発が密であり，特に第二次大戦後の都市化が急速であったために，上述の変化が劇的であった．これはまさに，日本河川の自然的特性に社会的特性が重なり合って発生した日本の河川状況である．

日本の治水をめぐる状況を要約すれば，国土の7割を山地・丘陵地が占め，10%足らずの氾濫を受けやすい沖積平野に全人口の約半分，総資産の約4分の3が集中している．気候変動による高潮・津波の危険度が増す東京湾，伊勢湾，大阪湾の周辺にはゼロメートル地帯の面積が577 km^{2}もあり，居住人口404万人を越す．国土は環太平洋造山帯に位置し，急峻な山地，急勾配の河川，断層および地すべり地帯が広く分布している．加えて世界有数の多雨地帯に属し，気候変動により，今後猛烈な台風の接近，上陸も憂慮されている．

今後の国土の安全を期す治水，海岸保全には，新しい発想による政策転換が必要である．この困難な時代に即応した新しい技術と，それを支える水文学，河川工学の新たな飛躍が切望されている．

付録2 明治以降河川年表

西暦	年号	河川関係	一般
1869	明治2	民部省に土木・駅逓・地理の3司を置く．土木司が水利行政を所掌．	
1871	4	民部省，治水条目を定める．民部省廃止，工部省に土木寮など設置．	
1872	5	ドールン，リンドウ，オランダより来日．ドールン，最初の量水標を利根川境に設置．	
1873	6	河港道路修築規則．	
		デレーケ，エッセル，オランダより来日．内務省設置．般道論（ファンドールン Van Doorn）『治水總論』刊行．	
1874	7	淀川，大阪網島地先に粗朶水制設置．淀川修築工事着工．	
1880	13	ドールン離日．明治用水着工．	
1881	14	内務省土木局『土木工要録』刊行．北上運河竣工．	
1884	17	8月，9月にそれぞれ西日本大水害．	
1885	18	7月，台風災害大，淀川枚方破堤．	
1887	20	横浜上水道通水式（最初の近代上水道）．	大日本帝国憲法発布．
1889	22	7月，筑後川大洪水．8月，台風により紀伊半島など大災害，奈良県十津川村にて大規模地すべり．	
1894	27		日清戦争勃発．
1896	29	河川法公布．7月，木曽川洪水．9月，関東大洪水．	三陸大津波．
1897	30	砂防法，森林法公布．	
1903	36	デレーケ帰国．	
1904	37		日露戦争勃発．
1907	40	8月，関東中心に大暴風雨，特に富士川水系大災害，東京市江東地区大浸水．	
1910	43	淀川毛馬閘門，洗堰竣工．8月，関東・東北大水害（関東については明治最大の洪水）．臨時治水調査会設置．	
1914	大正3		第一次世界大戦はじまる．
1915	4	岡﨑文吉『治水』刊行．	

西暦	和暦	事項	関連事項
1917	大正6	9月30日〜10月1日にかけ沼津付近に上陸した台風により東海, 関東, 東北に暴風洪水高潮被害, 東京湾は明治以降最高の高潮.	
1923	12		関東大震災.
1930	昭和5	淀川改修, 利根川改修竣工.	
1931	6	信濃川補修竣工, 大河津分水完成. 福田次吉『河川工学』刊行.	
1932	7	眞田秀吉『日本水制工論』刊行.	
1933	8	物部長穂『水理学』刊行.	三陸大津波. TVA事業開始.
1934	9	9月, 室戸台風, 室戸上陸時の中心示度911.9 mbは史上最低, 大阪湾高潮, 死者・行方不明3,036人.	丹那隧道竣工.
1936	11	宮本武之輔『治水工学』刊行.	
1937	12	河水調査協議会, 河水統計調査を開始.	日中戦争はじまる.
1938	13	6月末梅雨前線豪雨, 近畿地方を中心に災害, 神戸の山津波による被害大.	
1939	14	河水統制事業はじまる.	第二次世界大戦はじまる.
1941	16		太平洋戦争はじまる.
1942	17		関門隧道竣工.
1944	19	安藝皎一『河相論』刊行.	
1945	20	9月, 枕崎台風, 西日本に水害, 枕崎上陸時中心示度916.6 mbは史上第2位, 死者・行方不明3,756人. 10月, 阿久根台風.	終戦.
1947	22	9月, カスリン台風, 利根川・北上川流域に大水害. 利根川破堤, 死者・行方不明1,930人.	
1948	23	9月, アイオン台風, 関東・東北に大水害. 北上川水系再び破堤.	温泉法制定.
1949	24	土地改良法公布.	
1950	25	9月, ジェーン台風, 大阪湾, 瀬戸内海東部に高潮. 国土総合開発法公布.	朝鮮戦争はじまる.
1951	26	10月, ルース台風, 西日本一帯に被害.	
1952	27	電源開発促進法公布.	サンフランシスコ平和条約調印.
1953	28	6月, 北九州に梅雨前線豪雨, 筑後川・矢部川・白川破堤. 国鉄関門トンネル水没, 門司市山崩れ, 死者・行方不明1,028人.	

1953	昭和28	7月,和歌山県に梅雨前線豪雨,死者・行方不明1,015人.	
		9月,台風13号,東海地方に高潮災害.	
1954	29	9月,洞爺丸台風,青函連絡船洞爺丸など沈没,死者・行方不明1,155人.	
1956	31	佐久間ダム(天竜川,電力)竣工.	
		橋本規明『新河川工法』刊行.	
1957	32	7月,長崎県中心に梅雨末期の記録的豪雨,特に諫早市の被害大,死者・行方不明992人.島原半島西郷にて日雨量1,109 mmを記録.	人工衛星スプートニク1号打上げ.
		特定多目的ダム法公布,水道法公布.小河内ダム竣工(多摩川,東京の水道).	
1958	33	9月,狩野川台風,伊豆半島,南関東に大被害.東京,横浜に都市水害発生,死者・行方不明1,269人.東京の日雨量391 mm.	
		改正下水道法公布,工業用水道事業法公布.	
1959	34	9月,伊勢湾台風,東海地方中心に全国的に大災害.9月23日発生後間もなく中心示度894 mb,最大風速70 m/s以上の超大型台風.潮岬付近上陸時929.6 mbは史上第3位(室戸,枕崎につぐ).名古屋港では潮位5.81 m.死者・行方不明5,041人.	
1960	35	田子倉ダム竣工(阿賀野川,電力).	
		治山治水対策緊急措置法公布.	
1961	36	6月,天竜川伊那谷に梅雨前線豪雨による土石流災害.	
		9月,第二室戸台風.愛知用水事業完成.	
		10月,御母衣ダム竣工(庄川,電力).	
		11月,水資源開発促進法,水資源開発公団法公布.	
1962	37	奥只見ダム竣工(阿賀野川,電力).	
1963	38	黒部ダム(堤高186 m,アーチダム)竣工.	
1964	39	8月,東京に深刻な水不足.	東京オリンピック.
		新河川法公布.	東海道新幹線開通.
1967	42	8月,羽越豪雨災害.加治川堤防,前年に引き続き破堤,被災者,河川管理者を起訴(本格的水害訴訟のはじまり).	
		矢木沢ダム竣工(利根川,多目的).	
		公害対策基本法公布.	

1968	昭和43	8月，台風7号，観光バス飛騨川に転落，死者104人.	
		下久保ダム竣工（利根川）．利根大堰竣工．	
1969	44	高山ダム竣工（淀川）．	
1970	45	水質汚濁防止法公布．	
1971	46	利根川河口堰竣工．	
1972	47	7月，梅雨前線豪雨，全国的に猛威，死者・行方不明444人．この水害を契機に水害訴訟頻発．	
1973	48	8月，高松，松江にて深刻な水不足．	オイルショック．
		水源地域対策特別措置法公布．	
1974	49	3月，土師ダム竣工（江ノ川）．	
		5月，香川用水事業完成．	
		7月，台風8号，東海地方に災害（七夕豪雨）．	
		9月，台風16号による多摩川破堤．	
1975	50	8月，台風5号西日本に豪雨，台風6号により石狩川破堤．	
		池田ダム竣工（吉野川）．	
1976	51	9月，台風17号，中部・西日本一帯に災害．長良川破堤，小豆島の土石流など．	
		岩屋ダム竣工（木曽川）．草木ダム竣工（利根川）．	
1977	52	河川審，総合治水対策答申．	
		河川管理施設等構造令．	
1978	53	福岡市水不足．寺内ダム竣工（筑後川）．	
1979	54	10月，台風20号，北海道近海の海難事故多発．	
1981	56	高瀬ダム竣工（信濃川，電力）．	
1982	57	7月，長崎梅雨末期豪雨災害，死者299人．	
		8月，台風10号，東日本にて猛威，富士川鉄道橋梁流失．	
1986	61	8月，台風10号，関東・東北にて災害，小貝川，阿武隈川破堤．	
1987	62	河川審，超過洪水対策答申．	
1991	平成3	台風19号，強風により青森県，広島県，福岡県などに大被害，死者62人．	湾岸戦争，ソ連消滅，バングラデシュにサイクロン大災害．
1992			地球サミット．
1993			ミシシッピ川大水害．
1994		西日本一帯に異常渇水．	
1995		河川審議会，河川環境のあり方答申．	オランダ，ドイツ，フランスなど大水害．

1997	9	河川法改正.	東ヨーロッパ・ドイツ・ポーランド・チェコで大水害, バングラディシュにてサイクロン水害, 中国長江大洪水, 中国広東省・湖南省・四川省大水害.
1999	11	広島豪雨土砂災害, 死者・行方不明者32人. 博多水害, 地下室にて死者1人.	
2000	12	東海豪雨災害, 庄内川水系新川破堤, 名古屋市西区など15万棟以上浸水.	
2001	13	特定都市河川浸水被害対策法.	
2002	14		ドイツ・チェコでエルベ川大水害.
2003	15	第3回世界水フォーラム（京都・大阪・滋賀にて）.	イラク戦争.
2004	16	日本列島への上陸台風10個, 特に台風23号（10月18〜20日）により円山川破堤, 死者98人. 新潟県中越水害, 新潟・福井・兵庫を中心に水害.	インド洋（スマトラ）大津波, 死者28万人以上.
2005	17		アメリカ南部のニューオリンズをはじめメキシコ湾岸をハリケーン・カトリーナ襲う, 死者1000人以上.
2006	18	豪雪により死者151人（2005年12月〜2006年1月）.	
2008	20	岩手・宮城内陸地震により磐井川などに堰き止め湖発生.	ミャンマーをハリケーンが襲う, 死者・行方不明者13万人以上. 中国四川大地震により堰き止め湖発生, 死者・行方不明者約8万人.
2011	23		チャオプラヤ川（タイ）氾濫, 日本の多

2012	平成24		数企業関連施設浸水．ハリケーン・サンディによりニューヨークのマンハッタン浸水．
2015	27	9月，関東・東北豪雨，鬼怒川堤防茨城県常総市にて決壊．	
2016	28	8月，台風10号，東北地方の太平洋岸に観測史上初めて上陸．岩手県小本川氾濫，岩泉町の高齢者グループホームにて9人死亡，死亡者計18人（岩手県16人，北海道2人）．	

付録3　文献解題

I　河川工学書の系譜

　明治以来の百年余にわたって，日本の河川工学は，西欧科学技術を積極的に輸入しつつも，それを日本の河川風土にどのように同化させるかに努力を傾けてきた．主要な古典的文献を例示しつつ，"河川工学"発展の系譜を辿ってみる．ここでは主として，河川工学全般を対象とした第二次大戦直後までの単行本について紹介する．

　(1)　D. J. Storm Buysing
熱海貞爾訳：治水摘要，治水学主河編，各3巻，1871年
　後述の治水総論に先立ち，この原著は1864年に発行され，7年後に翻訳が出版された．井口昌平によれば，オランダの大学教授兼治水官のストルム・ボイシン著のこれら大著はおそらく当時，最も権威ある成書であったという．

　(2)　般道論（ファンドールン），1872〜73：治水總論．
　1872年，明治政府のお雇い外国人として招かれたオランダのファン・ドールン（Van Doorn）は，1872年から73年にかけ，『治水總論』を著し，近代的河川工学の基本的考えとその方法を当時の土木技術者に提示した．本書は当時西欧における基本的常識を記した小冊子で，邦人技術者にとっては，斬新かつ魅力的であった．
　『治水總論』は，河川工学の基本的用語の定義にはじまり，そこで流域，分水嶺，縦断勾配，水面勾配，平均流速，流量，河床などの用語が科学的にはじめて認識された．これらを量的に把握することが，科学的河川工学の第一歩であった．その裏付けとして，ドールンは日本最初の水位の定期的観測を，利根川と淀川において開始したのである．
　たとえば，ガンギェ・クッター（Ganguillet-Kutter）公式とその計算法などを解説し，ついで水刎（みずはね），柴工などの護岸水制や堤防工法とその基準なども示している．たとえば，天端幅は16〜20尺（3.3尺が1m），往来の激しい堤頂道路は1丈2尺にし，堤頂に樹木を植えてはならないなどと指示している．
　本書の影響は大きく，1890年発刊の『治水雑誌』においても再録された．『治水雑誌』は金原明善，山田省三郎，西村捨三を発起人とする治水協会の機関誌であり，発起人やファン・ドールン，デレーケらの論説，当時の主要河川工事記録などが記録され，19世紀末の日本の河川技術を知る上で貴重な文献である．

　(3)　岡﨑文吉，1915：治水，丸善．〔現代語版〕は1996：北海道河川防災研究センター）
　本書は，もっぱら治水について説いており，治水の研究は独り技術者のみならず，為政者および軍人らにとっても重要であると力説している．
　著者は，河川工事は近代的科学や施工にのみ依存することなく，河川の自然性を十分理解し，それに順応した河川工法を行うべきである，と全篇にわたって力説している．

岡﨑は1909年，石狩川の調査書を河島醇北海道庁長官に提出しており，彼の石狩川調査の実績や，この報告でも参考としていた当時のライン川，ガロンヌ川などヨーロッパ河川の調査成果が，本著作に十二分に活用されている．19世紀末においては，舟運のための河川改修が，ドイツ，フランス，オランダ，ロシアなどでさかんに行われており，河川工学においてもまた，交互砂州などの河床形態の研究が，流路を固定するための低水工事のためにも重要であった．岡﨑はその頃の国際航路会議に多数発表されていたこの種の研究論文を熟読し，それらを高く評価していたことが，『治水』の第1篇「総論」，第3章第2節「治水工事ノ根本義沿革及ビ最近ノ自然主義」などにうかがわれる．

第2篇「一般ノ河工」第5章「河川氾濫ニ関スル理論及其応用」において「氾濫流量，氾濫貯水量，河道外流量ノ場合ノ粗度係数ノ算定」などについて詳細に触れていることも注目に値する．もっぱら石狩川治水に献身していた岡﨑は，氾濫が決して例外的事項ではなく，むしろ氾濫を前提として石狩川の河川改修が行われていたことに鑑み，氾濫についての河川水理学的検討が現実にきわめて重要であると考えていたのであろう．岡崎以後の河川工学の著作において，氾濫がほとんど扱われなくなったのは，洪水を河道内で処理することが，河川改修の基本方針となったためであろうが，氾濫が現実にしばしば発生していた時代においては，氾濫水理学の調査はなお重要であったと考えられる．

第6章「治水工事」はきわめて実際的であり，各種河川工事を行う場合の現場的知識が縦横に披瀝されているのも，それ以後の河川工学書に見られない特色である．

岡﨑の『治水』は大正時代までのわが国河川工学の最高水準を行くものであり，その河川観とともに今日もなお玩味すべき内容の名著である．縦書き，漢字による数字は歴史を感じさせるが，年号はすべて西暦で示され，多くの経験例を整理して一般性を与えようとしている努力に，すぐれた科学的思考力を感じさせる．

しかし，岡﨑は，数学万能を唱える沖野忠雄（内務技監）と対立し，岡﨑の治水思想はその後の河川行政の主流とはならなかった．

(4) 福田次吉，1931：河川工学，常磐書房．

昭和初期における代表的河川工学書であり，河川工学をはじめて教科書的に体系立てた書といえよう．内務省において，1909年以来，多くの河川工事を実施してきた福田は，その豊かな経験を本書に学問的体系としてまとめあげた．

本書は全19章から成り，水文循環の解説にはじまり，水位，流量，流出量，流速，さらに河川調査，改修計画，洪水，高水工事，堤防，護岸水制，低水工事，河口改良工事，閘門，堰，水門の順序に構成．この河川工学の体系が，わが国の河川工学書の原型となった．

本書での実例紹介はすべてわが国の河川工事である点が，岡崎の『治水』とは異なる．それは，福田自身が日本の近代的工法としての高水工事の経験を積んでいたからであり，主として低水工事に重点のあった西欧河川技術よりも，現実的であったからであろう．

(5) 眞田秀吉，1932：日本水制工論，岩波書店．

本書は河川工学全般にわたるものではなく，古来からのわが国の水制の淵源や発展について詳細に調査した河川の古典．当時，内務省東京土木出張所長の要職にあり，利根

川改修事業を一段落させていた眞田秀吉が，日本の水制工法について史的に集大成．水制についての深い考察の必要性を彼が認識していたことを物語る．

河川工学の基礎としての水理学に関しては，1933年，物部長穂による『水理学』（岩波書店）の大著が出版された．戦後出版された『物部水理学』の前身の本書は，戦前においては斯界の決定書としての名声をほしいままにした．

同じ年に，小著ではあるが，阿部謙夫による『水文学』が岩波講座の1冊として出版され，日本で最初の水文学の著作となった．この時期に河川工学のそれぞれの分野で先駆的著作が期せずして集中的に世に出たのは，河川技術，水文学，水理学についての1つの転機であったことも関係していると思われる．1933年はアメリカ合衆国の上院においてTVA法が可決され，典型的な河川総合開発事業としてのテネシー川開発が始まった年でもある．多目的ダムの集中的開発の嚆矢ともいえるこの事業推進の基礎に，この時代における水文学，水理学の発展，ダム施工技術の飛躍的発展がある．わが国ではこの頃，庄川に小牧，祖山の80 m級の高ダムが完成し，やがて1939年から河川総合開発の日本版ともいえる河水統制事業が始まった．

(6) 宮本武之輔，1936：治水工学，修教社．

本書は，第二次大戦までにおける河川工学書の一到達点を示す集大成といえる．第二次大戦前における代表的な河川技術者であった宮本には多数の著作があるが，若くして世を去った彼にとっては，本書が晩年の大著となった．その緒言に述べられているように，本書出版の2年前の室戸台風が西日本に空前の大水害を与えていただけに，河川技術者の身がひきしまっていた時期と思われる．緒言には，明治以来導入した西欧技術は，わが国古来の治水工法に消化され，わが国独特の近代的治水工学が完成したと自負している．

明治以来の指導的河川工学者は，つねに西欧技術を日本の自然と歴史に融合させることに努力してきたことが，本書にも明瞭にうかがえる．本書においては，自らの経験による日本の河川改修の実例を，欧米の例と対比しつつ，わが国治水工学の独自性を示している．

ただし，本書はハンドブック的教科書としてまとめられているため，宮本のほかの著書に見られるような技術観，治水思想は披瀝されていない．それについては，大淀昇一，1989：宮本武之輔と科学技術行政，東海大学出版会を参照されたい．本書は大淀が東京工業大学へ提出した博士論文であり，官本の生涯を通しての広範な活動について詳細に分析した大著である．

(7) 野満隆治，1943：河川学，地人書館．（瀬野錦蔵 補訂，1959：新河川学，地人書館）

本書は，理学的観点からの河川学（potamology）の貴重な集大成であり，当時のアメリカ合衆国における水文学の最新成果なども適切に紹介しており，技術書ではないが，河川工学の基礎としての価値も高い．水文学書がほとんど出版されていなかった時代においては，類例のない好著であった．新河川学は，1959年，速水頌一郎による教示を得て，瀬野錦蔵が補訂した．

(8) 安藝皎一，1944：河相論，常磐書房．（改訂版は1951，岩波書店）

本書についてはすでに紹介したとおりであり，河川工学の教科書的概説書ではなく，河川に対する技術観を富士川，鬼怒川の体験に基づいて提示した書である．

(9) 橋本規明，1956：新河川工法，森北出版．

第二次大戦後は，河川工学に関する書は，教科書をはじめ便覧，施工に関するものも含め汗牛充棟，枚挙にいとまない．敗戦直後の困難な時代に常願寺川を中心に，独特な急流河川工法を編み出した橋本規明の本書は，きわめて独創的技術書（7.2.2 護岸水制参照）．常願寺川は 1858 年（安政 5）の大地震によって上流山地の鳶山が大崩壊し，以後大量の土砂を流出する荒廃河川になった．明治以降，数々の名治水家がこの難治の川に挑んできた．1940 年代後半においては，橋本が下流改修区間に，さまざまな河川工法，特に根固め工法を考え，つぎつぎに現場に施工した．その考え方や工法が本書に紹介されている．

II 河川を知るための学術書

河川工学は第 1 章でも述べたように，ほかの多くの関連学問と密接な関係を保っている総合工学である．したがって，河川をより広く深く知るためには，自然地理学，地球科学，農業工学，林学などからの河川観，河川認識について最低限の常識を持っていることが望ましい．それによって，河川を単に別の観点から見た知識を得るだけではなく，それぞれの異なる分野からの学問的方法や異なる考え方に接することができる．

たとえば，治水と多種水利，異なる水利間には，しばしば対立や争いが生じやすい．この場合，狭義の河川工学的知識や考え方に偏していたのでは，問題の本質に迫ることはできない．河川工学者とは異なる分野からの河川の見方を学ぶことは，河川を知るためには必須の条件とさえ考えられる．河川をめぐる紛争や対立を検討する場合には，双方の主張とその論拠を知ることが前提である．その理解を深めるためにも，日頃から河川を広く認識する努力を怠ってはならない．

さらに重要なことは，他分野からの河川観に触れることは，河川工学的素養の底辺を広げ，河川工学を深めることになる．河川工学は単に当面の河川工事計画や，河川の水文水理現象の理解のためだけの工学ではないからである．

以下，この観点に立ち，私の読書経験から，主観的に若干の参考書をお勧めする．

(1) 新沢嘉芽統，1962：河川水利調整論，岩波書店．

農業工学者である新沢嘉芽統が，日本の各河川の紛争，特に農業水利と他種水利，もしくは治水との紛争を，古文書を含む多くの文献と現場調査から，それらの問題点と解決策を提示した報告であり，水利開発における各種水利間の調整の重要性を説いた力作．農業土木学会賞受賞．

(2) 小出　博，1970：日本の河川；1972：日本の河川研究；1973：日本の国土（上）（下），いずれも東京大学出版会．

林学，地質学を専攻した小出博は，河川を自然史と社会史の両面から思索することの重要性を主張し続け，現場調査を重ねるとともに，古今の文献を読破し，日本の各河川について継続的に多くの調査報告を世に出した．つとに，土石流免疫論や森林保水機能への批判など，独自の見解を発表し，注目されていたが，還暦記念の『日本の河川』以

後，立て続けに上記の諸著作を発表した．

『日本の河川』は，もっぱら日本の河川の特性について自然史と社会史的観点から，さらにそれぞれの河川の特質を，東北日本，西南日本および外帯に大分類して解説し，また河川の瀬替え，分水，分流に注目しつつ説き及ぶ．『日本の河川研究』は主要河川について，同様の趣向から調査研究した書．

『日本の国土』（上）（下）は，「自然開発」という副題に示すように，日本の国土の性格と地域性を，土地利用の展開すなわち開発との関連から説き明かした著作である．換言すれば，自然と土地利用の展開に根ざした風土論ともいえよう．

（上）（下）全12章から成る本書は，まず比較的浅い地表を理解するために必要な地質現象の解説にはじまり，地形（山地，火山，台地，低地）とその開発論を展開したのちに，個々の土地利用の史的展開を中心とする国土の開発と保全（水田，畑，山地農業，ミカン，スギ）について述べ，さらに地すべり現象，山地災害でしめくくる．これらはすべて河川流域の開発特性，治水利水と深く関わり合っていることが，本書によって理解される．

(3) 松原・下筌ダム問題研究会，1972：公共事業と基本的人権――蜂の巣城紛争を中心として，帝国地方行政学会．

1950年代後半から60年代前半にかけての，筑後川上流部の松原および下筌ダム反対運動は，激烈であるとともに異質な紛争であった．高度成長初期におけるダム反対運動は補償金闘争以外はまだ珍しかった．行政の計画する公共事業はすべて正しいはずであるという概念がまだ浸透していたこの時代のダム反対は，この運動自体が一風変わった方式をとったこともあり，珍しい社会現象としてのみ報道され理解された嫌いがある．

しかし，この紛争の本質は，公共事業と基本的人権の調和をどう求めるべきか，という困難かつきわめて重要なテーマであった．

この紛争では，河川事業のあり方を問う，日本最初の本格的治水裁判が行われたことも意義深い．本書は，この裁判に関わった原告被告両者が，事件後約10年を経て，この紛争を公式文書ともども回顧した記録である．行政と住民との関係を考える場合，本書の内容はいくたの示唆を与えてくれる．

(4) 安藝皎一，1985：川の昭和史，東京大学出版会．

『河相論』の著者は，一般向けの啓発書を多数出版している．本書はその中から抜粋して，その河川観の展開を時代の進行とともに展望したもの．安藝が大学を卒業したのが大正最後の年1926年（大正15）であり，その活躍がそのまま一河川工学者から見た昭和史になる．本書は著者が関東学院大学教授を去るに際しての記念出版である．

(5) 井口昌平，1979：川を見る，東京大学出版会．

東京大学教授時代の大学院講義録に基づく，著者の定年退官記念出版．主として"河床の動態と規則性"に注目し，もっぱら写真と図によって，この現象を解説したのは，河川への理解はまず実際の河川現象の観察からはじまるとの意図からである．

(6) 山本三郎，1993：河川法全面改正に至る近代河川事業に関する歴史的研究，日本河川協会．

著者は内務省時代から建設事務次官退官まで約30年間，河川行政の中枢にあって，

その技術と行政の発展に貢献した．その経験に基づいて，明治以来，1964年の新河川法成立に至るまでの推移を歴史的に系統立ててまとめた博士論文．河川技術が行政の推移を通してどのように具体的に計画されてきたかを知る上でも，著者ならではの貴重な歴史的証言といえる．

(7) 玉井信行・水野信彦・中村俊六編，1993：河川生態環境工学 —— 魚類生態と河川計画，東京大学出版会．

河川工学において魚類をはじめ生態環境との調和をどうすべきかが重要視されてきた．本書は河川に関する工学者・魚類学者などによって編集された学際的研究成果．

(8) 玉井信行・奥田重俊・中村俊六編，2000：河川生態環境評価法 —— 潜在自然概念を軸として，東京大学出版会．

前者が主として魚のすみよい川をめざす河川計画であったのを受けて，本書は植生と河川計画を中心テーマとしてまとめた学際的編集の成果．潜在自然の概念は植物生態の分野で発達していたが，編者はその他の分野でもこれを基礎概念として評価法を統一すべく努力した成果．

(9) 太田猛彦・高橋剛一郎編，1999：渓流生態砂防学，東京大学出版会．

渓流を中心に，山地や河川の自然生態系との調和を考慮した砂防および治山事業，上流部の河川事業を推進するための基本的考え方とその方法を提示．本書は関係者の学際的討論を経てまとめており，単なる手引書ではないと編者は強調．

(10) 広瀬利雄監修，応用生態工学序説編集委編，1997：1999増補，信山社サイテック　応用生態工学序説 —— 生態学と土木工学の融合を目指して．

本書は副題にもあるとおり，生態学と土木工学の融合を目指すことによって，環境に配慮した土木事業が展開できるとの期待を込めて編集された野心的成果．両学問の境界領域における新たな認識，技術体系としての"応用生態工学"の調査と研究の道筋を提案した本書は，何回かのシンポジウムに発表された論文，および全国に展開中の環境保全の実例を踏まえて編集．1997年に初版出版後，寄せられた指摘とその後の社会状況を入れて1999年に増補版．

(11) 島谷幸弘，(信原修撮影)，2000：河川環境の保全と復元 —— 多自然型川づくりの実際，鹿島出版会．

1990年代から，河川環境の保全と復元を目指して，多自然型川づくりを指導実践してきた著者の考え方と現場での経験の取りまとめ．著者が月刊誌"フロント"（財団法人リバーフロント整備センター刊）に1995年4月から1998年3月まで連載された記事に加筆したもので，全国の35の事例は，信原修による各河川の写真によって各現場をリアルに実感することができる．最後に景観工学の中村良夫と著者との対談が設けられ，そのタイトル"川のことは川に習え"が，本書を貫く河川観を如実に物語っている．

(12) 山本晃一，1994：沖積河川学，1996：日本の水制，1999：河道計画の技術史（土木学会出版文化賞），2003：護岸・水制の計画・設計，編者，いずれも山海堂．

山本晃一による"沖積河川学"に始まるこの一連の調査研究は，沖積地の大半が日本人の生活と生産の場であり，わが国の河川工事の主力がもっぱら沖積河川で行われていることに注目した画期的成果である．河川への技術的働きかけは，流水と土砂のコント

ロールのために，護岸，水制，堤防，堰などをいかに施工するかである．そのための基礎として著者は，水理学などの蓄積に加え，内外の文献を広汎に検討して堆積環境論を構築した．学部学生にはレベルは高過ぎるが，補章として流砂，移動床，砂洲に関する基本知識が整理紹介されている．

"日本の水制"は，昭和20年代まで日本の河川技術者にとって，胸ときめかすテーマであった水制について，その意義の復古を志し，日本の水制を技術史的に攻究し，水制の現代の課題，これからについて刻明に解説している．水制をそれが設置される河川の個性，その位置と出水と関連して調査することこそ，河川技術錬磨の醍醐味であることを理解している著者の河川への愛着が肌に伝わる好著である．

"河道計画の技術史"は2000年の土木学会出版文化賞を受賞した大作である．著者のそれまでの研究業績の蓄積を，古代からの技術，明治以降の河川行政，社会の動きとの観点で追究し，単に河道計画のみならず，日本の国土，社会と河川との変遷史を展望できる．著者は本書の構想を，すでに10年前から頭にあり，着々準備してきた技術史である．膨大な文献を訪ね，それぞれの技術史的評価を経ての力作である．

編著である"護岸・水制の計画・設計"は，これまでの河道調査結果に基づき，実務として，同好の志の施工経験を披瀝している．これはいわばお墨付きのマニュアルではなく，それぞれの個人的経験を重視し，それぞれの責任において将来の方向を示そうとする自負に溢れている．マニュアルは技術の普遍化にとって重要であることは論を待たないが，それにしがみついていては，河川技術の真の進歩がないことを，著者らが心得ているからに違いない．

(13) 福岡捷二，2005：洪水の水理と河道の設計法 —— 治水と環境の調和した川づくり，森北出版（2005年，土木学会出版文化賞）．

河川技術の中心課題としての，洪水流の挙動，洪水外力の評価とそれに対する河道の応答について，多くの実際河川の資料の解析に基づいて研究した成果である．すなわち，河川の水理現象の研究を河道設計に結び付けることを目指している．さらに河川環境を河道計画にどう取り込むか，流域規模での治水と環境の調和，生態学的，環境工学，景観工学，社会工学的視点に立つ困難な課題に挑戦している．

(14) 岩屋隆夫，2004：日本の放水路，東京大学出版会（2006年，土木学会出版文化賞）．

有史以来，洪水処理の有力手法として放水路は全国に数多築かれてきた．しかし，それらを技術的，歴史的，社会的に，本書ほどの広汎かつ詳細な調査研究はほかにない．著者は全国の放水路を隈なく歩き，放水路と判別した290水路について，可能な限りの文献を読破してこの大著をまとめた．現地を歩くという河川調査の基本を忠実に実行し，町史，土地改良史などを可能な限り精査した本書の姿勢は，古今東西を問わず河川調査の必須条件である．

(15) 玉井信行編，2004：河川計画論 —— 潜在自然概念の展開，東京大学出版会．

河川生態環境に関する前述2冊を世に問うた編者が，河川環境を取り込んだ新たな河川計画の論理体系を構築し，望ましい流域管理に向け野心的な本書を編集．

(16) 登坂博行，2006：地圏の水環境科学，地圏水循環の数理 —— 流域水循環の解析法，

東京大学出版会.

　相次いで出版された両書は，地圏，水の大循環に視点をおいた，資源開発工学者，特に石油地質技術者としての経験を持つ著者による網羅的，総括的な著作．想定読者は，理工農分野の研究者，技術者，さらには一般市民をも念頭においている．特に前者は読物風にやさしく興味深い筆致で，適宜著者の体験によるコラム欄も用意されている．後者は水循環に関する数理的知見を，解析法を含め，水理学，水文学，貯留層工学などに立脚し解説している．

⒄　大矢雅彦，1993：河川地理学，2006：河道変遷の地理学，いずれも古今書院.

　地理学者として河川地理学に新分野を開拓した著者により，主として扇状地，自然堤防，デルタに注目し，河川平野の基本型を例示．自然と人間の関わりにも触れている．木曽川，筑後川など日本の多くの河川調査はもとより，韓国，東南アジアなど諸外国の河川の地形分類図にも多くのページを割き，ブラマプトラ・ガンジス平野の詳細な地形分類図が付図に加えられている．なおこの著者には"河道変遷の地理学"があり，洪水ハザードマップの基礎となっている．

⒅　農業水利関連書

　農業水利に関する学術書はきわめて多数刊行されているが，

　　永田恵十郎，1971：日本農業の水利構造，岩波書店.

　志村博康の一連の書がいずれも東京大学出版会より刊行されている．

　　　志村博康，1977：現代農業水利と水資源；1982：現代水利論；1987：農業水利と国土.

　　　志村博康編，1992：水利の風土性と近代化，東京大学出版会.

　本書は志村教授の還暦祝を兼ねて，同教授の門下生を中心に28名が，風土と近代化を対立概念としてではなく，風土に根ざした現代農業水利を多様な視点から論じている．

　　新沢嘉芽統編，1978〜80：水利の開発と調整（上）（下），時潮社.

は前著『河川水利調整論』以後の事例調査報告集である．

⒆　その他

　水質に関する書も数限りないが，引用文献にも掲げた，

　　　半谷高久・小倉紀雄，1987：水質調査法，改訂２版，丸善.

　　　小島貞男・相沢金吾，1977：新水質の常識，日本水道新聞社.

が明快である．生物との関連では，山海堂からつぎの諸著書がある．

　　　津田松苗・森下郁子・1974：生物による水質調査法.

　　　森下郁子，1978：生物からみた日本の河川.

　　　森下郁子編，1982：河口の生態学.

　　　森下郁子，1983：ダム湖の生態学.

　なお，比較的類書の少ない書として，下記の文献も重要である．

　　　金沢良雄，1983：水資源制度論，有斐閣.

　　　須田政勝，2006：概説 水法・国土保全法，山海堂.

　著者は1972年，大東水害訴訟弁護団に加わって以来，日弁連の公害対策・環境保全の活動に参加し，水害訴訟の経験などを通して深く水問題への関心を高め，水法と国土

保全法とその社会的背景について研究を深めた成果．水法については，かつて金沢良雄の水法が法律学全集（有斐閣）の一巻としていわば水法の決定版とされていたが，現在では絶版となっている．本書は水害訴訟の原告側の弁護士の立場から，このテーマを戦後日本の社会史との関係でもとらえ，治水思想の変遷などにも考察を加え，水行政に対する市民の立場を理解する観点からの重要な指摘も貴重である．

　高橋浩一郎，1977：災害論――天災から人災へ，東京堂出版．
　ダム水源地環境整備センター編，広瀬利雄・中村俊六編著，1992：魚道の設計．
　中島健一，1977：河川文明の生態史観，校倉書房．
　西川　喬，1969：治水長期計画の歴史，水利科学研究所．
　華山　謙，1969：補償の理論と現実，勁草書房．
　三本木健治，1983：比較水法論集，水利科学研究所．

近年，河川改修，堰やダムの計画と設計にあたって生態系との調和が重視され，堰の魚道への関心が高まっている．『魚道の設計』は魚道を設計する立場からの具体的方法などについて集大成している．

　篠原　修，2018：河川工学者三代は川をどう見てきたのか――安藝皎一，高橋裕，大熊孝と近代河川行政一五〇年，農文協プロダクション（2019年，土木学会出版文化賞）．
　新潟市潟環境研究所編，2018：みんなの潟(かた)学――越後平野における新たな地域学．
　竹村公太郎，2003：日本文明の謎を解く――21世紀を考えるヒント，清流出版．
　竹村公太郎，2005：土地の文明――地形とデータで日本の都市の謎を解く，PHP研究所．
　竹村公太郎，2007：幸運な文明――日本は生き残る，PHP研究所．
　淵　真吉編著，1994：水のことわざ事典，水資源協会．
　梶原健嗣，2014：戦後河川行政とダム開発――利根川水系における治水・利水の構造転換，ミネルヴァ書房．
　森下郁子・池淵周一編著，2015：長江と黄河に行く――世界の川シリーズ7，淡水生物研究所．
　尾田栄章，2017：行基と長屋王の時代――行基集団の水資源開発と地域総合整備事業，現代企画室．
　エレン・ウォール著，穴水由紀子訳，2015：世界の大河で何が起きているのか――河川の開発と分断がもたらす環境への影響，一灯舎．

III　河川に関する一般教養書および河川工学関連の学術書など

河川や水に関する評論，報告などの一般啓発書は数限りない．以下に，比較的最近の書で私自身が読んで興味を覚えた図書の中から主観的に選んで紹介する．その内容は多様ではあるが，その考え方や知見に教えられる点が多い．

　大熊　孝 責任編集，1994：川を制した近代技術，平凡社．
　大熊　孝，2004：技術にも自治がある――治水技術の伝統と近代，農文協．
　大熊　孝，2007：増補　洪水と治水の河川史――水害の制圧から受容へ，平凡社ライ

ブラリー.
大森博雄, 1993：水は地球の命づな——地球を丸ごと考える 5, 岩波書店（第 2 版）.
大矢雅彦ほか, 1996：自然災害を知る・防ぐ, 古今書院.
科学・経済・環境のためのハインツセンター, 青山己織訳；2004, ダム撤去, 岩波書店.
沖　大幹, 2012：水危機　ほんとうの話, 新潮選書.
沖　大幹, 2016：水の未来——グローバルリスクと日本, 岩波新書.
榧根　勇, 1992：地下水の世界, NHK ブックス.
河田恵昭, 1995：都市大災害：阪神・淡路大震災に学ぶ, 近未来社.
河田恵昭, 2016：日本水没, 朝日新書.
小出　博, 1975：利根川と淀川, 中公新書.
国土文化研, 2008：大災害来襲——防げ国土崩壊.
小島貞男, 1994：水道水をおいしく飲む——身体にやさしい水を求めて, 講談社.
篠原　修, 三沢博昭, 河合隆當, 1997：日本の水景, 鹿島出版会.
篠原　修編, 2005：都市の水辺をデザインする, 彰国社.
関　正和, 1994：大地の川——甦れ, 日本のふるさとの川, 天空の川——ガンに出会った河川技術者の日々, 草思社（1995 年, 土木学会出版文化賞）.
高橋裕, 1971・2015：国土の変貌と水害, 岩波新書（2015 年日本国際賞受賞を機にアンコール復刊）.
高橋　裕, 2012：川と国土の危機——水害と社会, 岩波新書.
高橋　裕, 2014：土木技術者の気概——廣井勇とその弟子たち, 鹿島出版会（土木学会創立 100 周年記念出版）.
高山茂美, 1986：川の博物誌, 丸善.
竹林征三, 2016：風土工学への道——苦節 20 年・挫折の人生から生まれた起死回生の工学論, ツーワンライフ出版（風土工学を創成した著者の自伝的記録）.
谷川健一編, 2006：加藤清正——築城と治水, 冨山房インターナショナル.
玉城　哲, 1983：水社会の構造, 論創社.
土屋信行, 2014：首都水没, 文春新書.
土木学会関西支部編, 1998：川のなんでも小事典——川をめぐる自然・生活・技術, 講談社.
土木学会土木史研究委員会河村瑞賢小委員会（委員長高橋裕）編, 2001：河村瑞賢——国を拓いたその足跡, 土木学会.
土木学会土木図書館委員会・土木史研究委員会（委員長松浦茂樹）編, 2004：古市公威とその時代, 土木学会.
土木学会土木図書館委員会沖野忠雄研究資料調査小委員会（委員長松浦茂樹）編, 2010：沖野忠雄と明治改修, 土木学会.
中西準子, 1994：水の環境戦略, 岩波新書.
中西準子, 2004：環境リスク学——不安の海の羅針盤, 日本評論社.
中西準子・小島貞男 対談, 1988：日本の水道はよくなりますか, 亜紀書房.

旗手　勲・玉城　哲，1974：風土——大地と人間の歴史，平凡社．
堀　和久，1990：大久保長安（上・下），講談社文庫．
松浦茂樹，2016：利根川近現代史——附　戦国末期から近世初期にかけての利根川東遷，古今書院．
松浦茂樹・松尾　宏，2014：水と闘う地域と人々——利根川・中条堤と明治43年大水害，さきたま出版会．
水谷武司，1985：これだけは知っておきたい水害対策100のポイント，鹿島出版会．
水谷武司，1987：防災地形 第2版——災害危険度の判定と防災の手段，古今書院．
水谷武司，1993：自然災害調査の基礎，古今書院．
水谷武司，2002：自然災害と防災の科学，東京大学出版会．
宮村　忠，1985：水害——治水と水防の知恵，中公新書（1987年，土木学会著作賞）．
宮村　忠，2010：改訂　水害——治水と水防の知恵，関東学院大学出版会．
宮村　忠著，建設技術研究所編，2013：川を巡る——「河川塾」講義録，日刊建設通信新聞社（都道府県ごとに代表的河川の地理的条件，気候特性，歴史，文化的特性を解説．昭和40年から20年かけて全国の川を巡った，各河川の個性を求めた記録に基づく）．
森　洋久編著，2015：角倉一族とその時代，思文閣出版．
森下郁子監修，1991〜：川と湖の博物館——生物からのメッセージ，水の図鑑環境シリーズ；全11巻，山海堂．
守田　優，2012：地下水は語る——見えない資源の危機，岩波新書．

IV　河川に関する文学，ルポ，評伝

(1)　ルポタージュ

柳田邦男，1975：空白の天気図，新潮社．
上前淳一郎，1980：洞爺丸はなぜ沈んだか，文藝春秋．
松下竜一，1979：砦に拠る，筑摩書房，講談社文庫．
吉村　昭，1967：高熱隧道，新潮社（黒部第三発電所の難工事の苦闘記）．

(2)　小説および評伝

浅田英祺，1994：流水の科学者——岡﨑文吉，北海道大学図書刊行会（1999年，土木学会出版文化賞）．
稲葉紀久雄，1993：都市の医師——浜野弥四郎の軌跡，水道産業新聞社（明治時代台湾で活躍した浜野弥四郎の伝記）．
上林好之，1999：日本の川を甦らせた技師デ・レイケ，草思社．
井上ひさし，1990：四千万歩の男，講談社（1990年土木学会著作賞）．
城山三郎，1976：辛酸——田中正造と足尾鉱毒事件，中公文庫．
杉本苑子，1974：玉川兄弟，朝日新聞社．
杉本苑子，1975：孤愁の岸，角川文庫（1960年直木賞）．
曽野綾子，1969：無名碑，講談社文庫．
曽野綾子，1985：湖水誕生，中央公論社（1987年土木学会著作賞）．

新田次郎, 1976：怒る富士, 新潮社 (宝永年間における富士山爆発と酒匂川洪水).

田村喜子, 1982：京都インクライン物語, 中公文庫 (1984年度土木学会著作賞).

田村喜子, 1990：物語分水路 —— 信濃川に挑んだ人々, 鹿島出版会.

田村喜子, 2002：土木のこころ —— 夢追いびとたちの系譜, 山海堂.

高崎哲郎, 1994：評伝 技師・青山士の生涯, 講談社.

高崎哲郎, 1995：沈深, 牛の如し —— 慟哭の街から立ち上がった人々, ダイヤモンド社.

高崎哲郎, 1998：評伝 工人宮本武之輔の生涯, ダイヤモンド社.

高崎哲郎, 2003：評伝 山に向かいて目を挙ぐ —— 工学博士・広井勇の生涯, 鹿島出版会.

高崎哲郎, 2005：評伝 月光は大河に映えて —— 激動の昭和を生きた水の科学者・安藝皎一, 鹿島出版会.

古川勝三, 1989：台湾を愛した日本人 —— 嘉南大圳の父八田与一の生涯, 青葉図書.

三宅雅子, 1991：乱流 —— オランダ水理工師デレーケ, 講談社・東都書房 (1993年土木学会賞).

三宅雅子, 1998：熱い河, 講談社 (パナマ運河工事での青山士の奮闘).

索 引

［事　項］

ア行

アスワンハイダム（Aswan Highdam）　99
アーチダム（arch dam）　248
阿武隈川　210
荒川　207
アルベド（albedo）　60
安定水利権（stabilized water right）　154
移化帯河川（river in natural levee zone）　24
五十里ダム　129
石狩川　142, 211
出雲結　214
一時河川（ephemeral stream）　3
一の坂川　198
一級河川　153, 204
移動床（movable bed）　80
犬走り（cat walk）　210
磐井川　211
ウォッシュロード（wash load）　81
雨蝕谷（rain wash valley）　85
牛類　219
雨水利用（rainwater utilization）　177
鱗状砂州　88
運動波（kinematic wave）　78
越流堤（déversoir de crue, fuseplug levee）　207
塩水くさび（saline wedge）　102, 105
笈牛　219
おいしい水　48

大井川　88
大阪城　200
太田川　199
大利根用水　258
大鳶崩れ　231
帯工（river bed girdle）　225
お雇い外国人（invited foreign engineer）　117, 219
温泉（hot spring）　171

カ行

回収水　159
回収率　159
回春（renaissance）　85
海水の淡水化（desalination）　176
回転式流速計　39
開放系循環方式　176
回遊魚（migratory fish）　187
化学的酸素要求量（chemical oxygen demand）　51
河況係数　287
拡散波（diffusion wave）　78
確率降雨量　133
河口堰（estuary weir）　167
加治川　273
河床形態　81
河床構成材料（bed material）　81
河床波（sand wave）　81
過剰揚水（overpumping）　172
河水統制事業　129, 162
霞堤（open dyke）　124, 207
河川　2

——維持流量（discharge for maintenance） 154
——学（potamology） 10
——環境（fluvial environment） 193
——景観（aesthetic aspect of a river） 193
河川管理施設（river administrative facilities） 204
——等構造令 204
河川管理者（river administrator） 154, 155
河川区域（administrative limit of a river） 155
河川工学（river engineering） 9
河川砂防技術基準案 131
河川水文学（fluvial hydrology） 10
河川水理学（fluvial hydraulics） 11, 94
河川生態学（fluvial ecology） 12
河川整備計画 276
河川争奪（river capture） 3
河川地形学（fluvial geomorphology） 11, 83, 84
河川文化 12, 277
河川法（river law） 126, 153, 204
河相（river regime） 8
——論 8
渇水対策ダム 169
滑動（sliding） 81
可動堰（movable weir） 242, 243
河道特性 58
カナート（qanat） 171, 172
可能蒸発散量（potential evapo-transpiration） 61
狩野川台風 121
可搬型電磁流速計 39, 42
ガマ 213
釜無川 221
釜淵森林理水試験地 266

上高地地域 266
仮締切堤 207
川倉 212
間隙保水 63
慣行水利権（customary water right） 154
緩混合型（intermediately mixed type） 102
監査廊（inspection gallery） 255
かん水（brine water） 191
神田川 145
基準渇水流量（standard low-water discharge） 154
汽水（blackish water） 103
——湖（blackish lake） 103
基底流出（base flow, base runoff） 65
木流し工 140
気泡式 36
基本高水（design flood） 132
逆流堤（back levee） 207
丘陵堤（hill-shaped levee） 207
強混合型（strongly mixed type） 102
許可水利権（authorized water right） 154
魚道（fish ladder, fish way） 187, 243
近自然河川工法（Naturnaher Wasserbau） 191
空気揚水筒 101
計画高水流量（design flood discharge） 130～132
渓流工 231
渓流砂防（torrent control works） 228
渓流生態系 184
下水処理水（sewage treatment water） 168, 176
下水の再利用（reuse of treatment water） 174
結氷河川（freezed river） 42
ケレップ水制 222

限界掃流力（critical tractive force） 82
減水曲線（recession curve） 267
減水深 156
豪雨災害死者数 118
黄河 2, 216, 288
高規格堤防 136, 200
工業用水（industrial water） 158〜162
交互砂州（alternating bar） 88
恒常河川（perennial stream） 3
公水 153
降水（precipitation） 58
洪水処理（flood control） 123
洪水調節容量（flood control capacity） 164
洪水追跡（flood routing） 79
洪水吐き（spillway） 242
洪水流（flood flow） 75
洪水流出モデル（model for flood runoff） 69
降水量の単位 30
鋼製砂防ダム工（steel dam for debris control） 231
合理式（rational formula） 70
小貝川 214, 215
護岸（bank protection） 211
国土総合開発法 162
湖沼開発（lake development） 168
小段（berm） 210
コッグマ森林理水試験地 267
固定床（fixed bed） 80
固定堰（fixed weir） 242
コロラド川 288
コンクリートダム（concrete dam） 247
コンクリート動力ダム（concrete gravity dam） 247

サ行

西広堰（さいひろ） 243
相模ダム 129
佐久間ダム 248
砂州（bar） 88, 220
砂堆（sand dune） 86
雑用水道（中水道） 168
砂防（erosion and torrent control works） 183, 228
── ダム（debris control dam） 231
砂礫州（bar） 220
　交互── 243
砂礫堆（bar） 89
砂漣（sand ripple） 88
三角州河川（river in delta plain） 24
暫定水利権（provisional water right in wet period） 154
暫定豊水水利権 155
山腹階段工（hillside terracing） 228
山腹砂防（hillside works for debris control） 228, 229
山腹被覆工（hillside covering works） 228
潮止堰（saline barrier） 242
資源調査会（Resources Council） 152
止水壁（cutoff wall） 169
自然堤防帯河川（river in natural levee zone） 24
信濃川 198
　──放水路 182
締切堤（closing dike） 207
尺木牛 219
弱混合型（weakly mixed type） 102
遮断（interception） 58
集水域 3
縦断勾配（longitudinal gradient） 22
取水堰（intake weir） 183, 242
準定常流（quasi-steady flow） 77

準平原(peneplain) 85
常願寺川 224, 226, 232
小規模河床波(small-scale sand wave) 86
小規模生活ダム 170
蒸散(transpiration) 60
捷水路(cutoff) 127, 183
蒸発(evaporation) 60
——計 60
蒸発散(evapo-transpiration) 60, 61
——位 63
植栽工(planting works) 228
触針式 36
白川 210
人工衛星(artificial satellite) 34
浸出(seepage) 66
浸食速度 288, 290
深層地下水(deep groundwater) 44
浸透(infiltration) 62, 64
森林土壌 265, 266
森林伐採(deforestation) 268
浸漏(seepage) 64
水圧式 36
水位計(water gage) 36
水温躍層(thermocline) 92
水害訴訟 273, 274
水害被害額 118
水害防備林(flood restraining forest belt) 239
水害予防組合法 139
水系(river system) 5
——模様 5
水源地域対策基金(fund for reservoir area development) 280
水源地域対策特別措置法(law concerning special measures for upstream area development) 280
水質調査 47
水制(spur) 216

水道普及率 158
水防(flood fighting) 138
水豊ダム 252
水防法(flood fighing law) 139
水文学(hydrology) 7, 26
水文循環図(chart on hydrological cycle) 6
水利組合条例 139
水利権(water right) 153
水利土功会 139
水理模型(hydraulic model) 107
水流次数 6
数値計算 108
スーパー堤防(super levee) 136, 207
隅田川 278
生活用水(domestic water) 156, 157
聖牛 219
静振(seiche) 36
成層型貯水池 93
生息場所構造 184
生物学的河川工法 191
生物群集 184
生物指標 52, 181
堰(weir) 42
瀬田川 228
背割堤(separation levee) 207
扇状地河川(river in alluvial fan) 24
浅層地下水(shallow groundwater) 44
選択取水(selective withdrawal) 94
総合治水対策(comprehensive flood control measures) 130, 142
——ダム 170
相当雨量 165
掃流砂量(tractional load) 81
掃流輸送(tractional transportation) 82
藻類 100
粗朶(そだ) 191

――沈床（fascine mattress） 219
損失降雨 69

タ行

堆砂（sedimentation） 95
大東水害 274
大丸用水堰 188
大聖牛 221
第二室戸台風 142
高瀬ダム 250
出し類 219
縦工（longitudinal dyke） 217
棚牛 219
田上山（たのかみ） 228
多摩川 142, 213, 243
――水害訴訟 274
玉川上水 200
玉川用水 176
ダム湖（reservoir, man-made lake） 92
多目的ダム（multi-purpose dam） 129
多目的遊水地（multi-purpose reservoir） 150
単位図法（unit hydrograph method） 70
短期流出 69
タンクモデル 61, 73
地域整備ダム 170
地下河川（underground river） 143
地下水（groundwater） 44, 63
――障害 172, 173
――流出（groundwater runoff） 65
――利用（groundwater use） 171
地下水盆（groundwater basin） 174
地下ダム（underground dam） 168
地下調節池（underground retarding basin） 143
地下貯水池（underground reservoir） 143

地下分水路（underground floodway） 144
筑後川 126, 211
地質水文学（geohydrology） 11
治水計画（flood control project） 123
治水史（history of flood control） 112
地中水 63
窒素化合物（nitrogen compound） 51
地盤沈下（land subsidence） 172, 173
中間流出（interflow） 65
中規模河床形態 87
中規模河床波（medium-scale sand wave） 86, 88
中空重力ダム（hollow gravity dam） 248
中流堰（weir in middle-stream） 167
超音波流速計（supersonic current meter） 39, 41
超音波流速プロファイラー（acoustic doppler (current) profiler） 41
超過洪水 135
長期流出（long-term runoff） 69
――モデル 69
長江 2
跳水現象（hydraulic jump） 144
跳躍（saltation） 81
直接流出（direct runoff） 65
直読式 36
貯水池の濁度（turbidity in reservoir） 94
直轄河川 126
貯留関数法（storage function method） 74
追跡係数（routing coefficient） 81
月の輪工 140
積苗工 228
堤外地 206
底質流砂（bed-material load） 81
定常流（steady flow） 81

索引 315

低水工事　126
ティートンダム（Teton Dam）　256
堤内地（protected lowland by levee）　206
堤防（dyke, levee）　205
電気伝導度（electric conductivity）　50
天端（levee crown（crest））　144, 208
転動（rolling）　81
伝統河川工法　186, 280
透過（percolation）　66
透過水制（permeable spur dyke）　218
東京湾中等潮位（T. P. Tokyo Peil, Tokyo Bay mean sea level）　34
透視度　49
頭首工（head works）　244
透水係数（coefficient of permeability）　44
透明度（transparency）　49
等流（uniform flow）　79
導流堤（training dyke）　207
特殊堤　143
特定多目的ダム法（multi-purpose dam law）　162
床固め（ground sill）　224, 226
床止め（bed retaining works）　224, 231
都市河川　121
都市活動用水　157
都市水害　121, 142
土砂災害　119
土砂吐き　242
土壌水（soil-water）　63
土中水分　47
利根川　211
　　——河口堰　258
止まりダム湖　93
巴川　142
鳥脚　219

ナ行

長良川　212, 213
　　——河口堰　259
流れダム湖　93
斜め堰　243
軟水（soft water）　291
二級河川　153, 204
二風谷（にぶだに）ダム　190
布引ダム　247
根固め工（foot protection works）　211
根固め水制（spur for foot protection）　220
ネフバッハ川　276
農業用水（irrigation water）　156, 157
野火止用水　176, 200
のり覆（おおい）工（covering works）　217
のり止め工（foundation）　217

ハ行

バイオントダム（Vajont dam）　255
背水　78
排水機場（drainage pumping station）　227
排水工（drainage works）　228
ハゲ山　266
破堤　210
蜂の巣城　273
バットレスダム（buttress dam）　248
ハビタット（habitat）　180, 182
反砂堆（antidune）　87
反射能　60
氾濫原（flood plain）　123
氾濫常習地　126
被圧地下水（confined groundwater）　171
斐伊川　91
ビオトープ（Biotope）　193

被害軽減策　148
菱牛(ひしうし)　219
ピストル水制（pistol-type spur）　224
非定常流（unsteady flow）　79
ヒートポンプ（heat pump）　171
樋門（sluiceway）　227
表層取水（surface withdrawal）　94
表面保水　63
表面流出（surface runoff）　65
比流量　289
不圧地下水（unconfined groundwater）　171
フィルダム（fill dam）　249
富栄養化（eutrophication）　99
笛吹川　221
フォーレル水色標準液　48
副堤（secondary levee）　207
伏没浸漏（influent seepage）　64
伏流水（river-bed water）　155
複列砂州（double row bar）　88
浮子（float）　39, 40
富士川　223
ブーゼイダム（Bousey dam）　254
普通雨量計（rain gage）　31
不透過水制（impermeable spur dyke）　218
不等流（nonuniform flow）　79
舟通し　243
不飽和帯（unsaturated zone）　46, 63
浮遊砂量（suspended load）　81
浮遊輸送（suspended transportation）　81
フロート式　36
分水嶺　3
分流堰　242
平均流速公式　75
閉鎖系循環方式　176
平坦河床（flat bed）　86
豊水水利権（water right in wet period）　154
放水路（flood diversion channel, floodway）　127, 182
飽和帯（saturated zone）　46, 63
ボーエン比　60
保湿容量　64

マ行

マスキンガム法（Muskingum method）　79
益田川ダム　170
マルパッセダム（Malpasset dam）　255
茨田(まんだ)堤　9, 205
満濃池(まんのういけ)　249
水環境対策ダム　183
水資源（water resources）　152
水資源開発公団（Water Resources Development Public Corporation）　152
水資源開発促進法（Water Resources Development Promotion Law）　152
水資源賦存量　161
水社会　139, 278
水収支（water balance）　10, 65, 67
水叩き（rear apron）　226
水塚　153
水文化　13
水屋（refuge house in flood time）　124, 153
水利用高度化事業　168
御勅使川(みだいがわ)　236
御母衣(みぼろ)ダム　250
面積雨量（areal precipitation）　59
毛管水縁　63

ヤ行

矢木沢ダム　249

索引　317

躍層（layer of discontinuity） 93
　　一次—— 92
　　二次—— 92
野洲川 225
山付堤 207
有効降雨 69
有効貯水容量（effective storage capacity） 165
用水河川 213
用水型工業 139
用水権（water right） 153
溶存酸素（dissolved oxygen） 51
容量配分 162
横工 217
横堤（transverse levee） 207
淀川 127
余裕高（freeboard） 209

ラ行

落差工（falling works） 225
乱流構造 76
力学波（dynamic wave） 78
リードスィッチ式 36
流域（river basin, drainage basin, watershed） 3
　　——管理（watershed management） 262
　　——特性 58
　　——面積 3
流況調整河川 167
流砂水理学 75
流出浸漏（effluent seepage） 64
流出抑制策 148
流水型ダム（dry dam） 169

流水使用権 153
流水占用権 153
流送土砂浸食速度 288
流量（discharge） 65
流路工（torrential channel works） 231
量水標（water gage） 35
両総用水 258
リン酸（phosphoric acid） 51
輪廻 85
ルジオン試験 44
レーダー雨量計（radar rain gage） 31
連行係数（entrainment coefficient） 105

ワ行

枠類 219
ワジ（wadi） 2
輪中堤（ring levee） 124, 207

アルファベット

BOD 52
COD 51
DAD解析 59
IHD 26
LANDSAT 34
MSS 34
pH 50
RBV 34
RpH 52
seiche 35
TVA（Tennessee Valley Authority） 6, 262, 271

［人　名］

ア行

アインシュタイン（H. A. Einstein） 82
赤木正雄　231
安藝皎一　8, 18, 217
安藝周一　92
芦田和男　82, 95
市川義方　228
稲田忠三　228
井口昌平　222
岩垣雄一　82
岩屋隆夫　236
上田弘一郎　239
上野英三郎　244
内山　節　261
江崎一博　96
大熊　孝　165
大森博雄　288
大淀昇一　301
岡﨑文吉　222, 239

カ行

榧根　勇　59
カリンスキ（A. A. Kalinske）　82
木下良作　88
木村俊晃　72
クライツ・セドン（Kleitz - Seddon）　78
倉嶋　厚　121
栗原道徳　82
小出　博　24, 239
小島貞男　98, 101
コルクヴィッツ（R. Kolkwitz）　53

サ行

眞田秀吉　222
シェジー（A. Chézy）　75
シャーマン（L. K. Sherman）　71
シュテルンベルク（H. U. Sternberg）　22
白砂孝夫　92
シールズ（A. Shields）　82
須賀堯三　103
菅原正巳　61, 74
ストレーラー（A. N. Strahler）　5
ソーンスウェイト（C. W. Thornthwaite）　60, 63

タ行

武田信玄　221
武田　要　34
玉井信行　94, 103
玉城　哲　139, 278
津田松苗　53, 92
デュ・ボア（Du Boys）　81
デ・レーケ（J. de Rijke）　117
ドールトン（J. Dalton）　60

ナ行

中野秀章　267
中山秀三郎　108
野中兼山　243

ハ行

橋本規明　222
パーマー（H. S. Palmer）　158
ハモン（W. R. Hamon）　62
日高孝次　71
ファン・ドールン（Van Doorn）　134

索引　319

ブラウン（C. B. Brown）　82
プラサド（R. Prasad）　73
ベルヌーイ（D. Bernoulli）　11
ペンマン（H. L. Penman）　63
ホートン（R. E. Horton）　5, 59, 64

マ行

マニング（R. Manning）　75
マールソン（M. Marsson）　53
虫明功臣　267
室原知幸　273
物部長穂　129, 300
森下郁子　54

ヤ行

八幡敏雄　46
山本晃一　89

ラ行

ラウス（H. Rouse）　83
リープマン（R. L. Liepmann）　53
レーン（E. W. Lane）　83
ロールセン（E. M. Laursen）　84

ワ行

鷲尾蟄龍　222

著者略歴
高橋　裕（たかはし・ゆたか）
1927 年　静岡県に生れる
1950 年　東京大学第二工学部土木工学科卒業
1968〜87 年　東京大学工学部教授
1987〜98 年　芝浦工業大学教授
2000〜10 年　国際連合大学上席学術顧問
2010〜16 年　日仏工業技術会会長
東京大学名誉教授，工学博士．
2021 年　逝去．

主要著書
『日本の水資源』(1963 年，東京大学出版会)
『国土の変貌と水害』(1971 年，2015 年アンコール復刊，岩波新書)
『水と人間の文化史』(1985 年，日本放送出版協会)
『日本の川』(共著，1986 年，岩波書店)
『都市と水』(1988 年，岩波新書)
『首都圏の水』(編著，1993 年，東京大学出版会)
『岩波講座地球環境学 1，7，9 巻』(共編著，1998 年，岩波書店)
『地球の水が危ない』(2003 年，岩波新書)
『現代日本土木史　第二版』(2007 年，彰国社)
『川から見た国土論』(2011 年，鹿島出版会)
『川と国土の危機』(2012 年，岩波新書)
『土木技術者の気概』(2014 年，鹿島出版会)

新版　河川工学

1990 年 3 月 25 日　初　　　版
2008 年 9 月 19 日　新版第 1 刷
2024 年 3 月 25 日　新版第 5 刷

［検印廃止］

著　者　　高橋　裕

発行所　　一般財団法人　東京大学出版会
代表者　　吉見俊哉
153-0041 東京都目黒区駒場 4-5-29
https://www.utp.or.jp/
電話 03-6407-1069　FAX 03-6407-1991
振替 00160-6-59964

印刷所　　株式会社精興社
製本所　　牧製本印刷株式会社

© 2008　Yutaka Takahasi
ISBN 978-4-13-062817-4　Printed in Japan

JCOPY〈出版者著作権管理機構　委託出版物〉
本書の無断複写は著作権法上での例外を除き禁じられています．複写される場合は，そのつど事前に，出版者著作権管理機構（電話 03-5244-5088，FAX 03-5244-5089, e-mail: info@jcopy.or.jp）の許諾を得てください．

水資源対策としての森林管理
A5 判・260 ページ・5200 円
大規模モニタリングデータからの提言
恩田裕一・五味高志―編

河川計画論
A5 判・520 ページ・6000 円
潜在自然概念の展開
玉井信行―編

水と社会
A5 判・160 ページ・2200 円
水リテラシーを学ぶ8つの扉
林　大樹・西山昭彦・大瀧友里奈―編

東大塾　水システム講義
A5 判・312 ページ・3800 円
持続可能な水利用に向けて
古米弘明・片山浩之―編

洪水と確率
A5 判・208 ページ・4800 円
基本高水をめぐる技術と社会の近代史
中村晋一郎

ここに表記された価格は本体価格です．ご購入の際には消費税が加算されますのでご了承ください．